bQUEST

1000 preguntas tipo test de bioquímica para universitarios

José Ramón Blas Pastor
(Febrero'2013)

Índice

Principales bioelementos y grupos químicos

1. Los cuatro elementos más abundantes de la materia viva son...

   a. C, H, O, P
   b. C, O, S, P
   c. C, N, O, P
   d. C, O, H, N
   e. C, N, P, S

2. Si clasificamos los elementos de la tabla periódica en tres grupos...

- **Tipo A.** los que han de ser ingeridos por el ser humano, en condiciones normales, en grandes cantidades (varios gramos diarios)
- **Tipo B.** los que han de ser ingeridos por el ser humano, en condiciones normales, en pequeñas cantidades (suficiente con miligramos diarios)
- **Tipo C.** los que no han de ser ingeridos en absoluto por el ser humano para mantener sus funciones vitales

... ¿cuál de las siguientes listas contiene sólo elementos del tipo A?

   a. C, N, O, F, P, S, Cl
   b. C, N, O, H, Be, Mg, Ca
   c. C, O, P, S, Cl, Na, K
   d. C, H, N, Fe, Cu, Zn, Mn
   e. C, N, P, S, Cu, Zn, Mg

3. Algunos elementos químicos son indispensables para los seres vivos, aunque están presentes en concentraciones muy bajas. Por ejemplo, el elemento X, un metal, está presente en el centro activo de la hemocianina, proteína encargada del transporte de O_2 en muchos invertebrados ¿De qué metal se trata?

   a. hierro
   b. níquel
   c. mercurio
   d. cobre
   e. zinc

4. ¿Cuál de los siguientes grupos químicos es un tioéster?

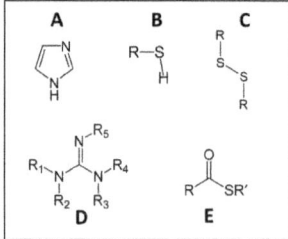

a. A
b. B
c. C
d. D
e. E

5. ¿Cuál de los siguientes valores te parece más creíble como medida de la cantidad total de hierro en el organismo de una persona adulta viva?

a. 2 ng
b. 2 µg
c. 2 mg
d. 2 g
e. 2 Kg

6. Algunos elementos químicos son indispensables para los seres vivos, aunque están presentes en concentraciones muy bajas. Por ejemplo, el elemento X, un metal, está presente en la vitamina B_{12} ¿De qué metal se trata?

a. hierro
b. níquel
c. cobalto
d. paladio
e. platino

7. ¿Cuál de los siguientes grupos químicos es un imidazol?

a. A
b. B
c. C
d. D
e. E

8. ¿Cuál de los siguientes grupos químicos es un sulfhidrilo?

a. A
b. B
c. C
d. D
e. E

9. La mayoría de las hidrogenasas biológicas cuya función es oxidar hidrógeno molecular (H_2) contienen un metal en su centro activo ¿de cuál se trata?

a. litio
b. cobalto
c. níquel
d. cobre
e. platino

10. ¿Cuál de los siguientes grupos químicos es un disulfuro?

a. A
b. B
c. C
d. D
e. E

11. Más del 65% del hierro presente en el cuerpo humano está unido a una proteína llamada...

a. citocromo C
b. hemoglobina
c. actina
d. inmunoglobulina
e. albúmina

12. ¿Cuál de los siguientes grupos químicos es una amina?

a. A
b. B
c. C
d. D
e. E

13. La ureasa es una enzima bacteriana que cataliza la conversión de urea en CO_2 y NH_3. Cuando se ressolvió su estructura en 1995, se vio que en su centro activo contiene un metal importante para la catálisis ¿de cuál se trata?

a. níquel
b. paladio
c. litio
d. plomo
e. manganeso

14. ¿Cuál de los siguientes grupos químicos es una amida?

a. A
b. B
c. C
d. D
e. E

15. En seres humanos no está demostrado que el vanadio sea un elemento esencial. Ahora bien, incorporado en forma de vanadato como coadyuvante de algunos compuestos farmacéuticos se ha visto que potencia los efectos de una conocida hormona. ¿Cuál es?

a. la insulina
b. la T4 (tetraiodotironina)
c. la adrenalina
d. la testosterona
e. el cortisol

16. ¿Cuál de los siguientes grupos químicos es una imina?

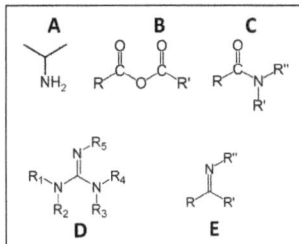

a. A
b. B
c. C
d. D
e. E

17. Se ha visto que algunos organismos marinos acumulan vanadio en concentraciones hasta un millón de veces superiores a las encontradas en el agua circundante. Este metal lo acumulan en unas células específicas, principalmente formando una molécula llamada hemovanadina. ¿De qué organismos se trata?

a. tiburones
b. lampreas
c. holoturias
d. estrellas de mar
e. ascidias

18. El boro es un elemento esencial para muchas plantas ¿Cuál de los siguientes es su papel?

a. Forma parte del centro activo del receptor de giberelinas
b. Fortalece la pared celular
c. Interviene en la transcripción de algunos genes
d. Actúa de dieléctrico en la membrana mitocondrial interna, para permitir que se mantenga un gradiente de protones durante la fase lumínica de la fotosíntesis
e. Actúa en la señalización mediante auxinas, por lo que es indispensable en los procesos de crecimiento apical

19. ¿Cuál de los siguientes grupos químicos es un anhidrido?

a. A
b. B
c. C
d. D
e. E

9

20. ¿Cuál de los siguientes alimentos tiene una mayor cantidad de hierro por unidad de masa?

    a. Leche entera
    b. Yema de huevo
    c. Filete de ternera
    d. Hígado de cerdo
    e. Jamón serrano

21. ¿Cuál de los siguientes grupos químicos es un acetil?

    a. A
    b. B
    c. C
    d. D
    e. E

22. Algunas oxotransferasas (enzimas involucradas en procesos de oxidación) como la xantina oxidasa, la aldehído oxidasa o la nitrato reductasa, contienen el siguiente cofactor en su centro activo.

Se trata de un compuesto heterocíclico que alberga, en la posición marcada con X, un metal no muy abundante en los seres vivos ¿de qué metal se trata?

    a. molibdeno
    b. niobio
    c. vanadio
    d. níquel
    e. litio

23. ¿Cuál de los siguientes alimentos tiene una mayor cantidad de hierro por unidad de masa?

a. Almendras
b. Avellanas
c. Nueces
d. Piñones
e. Pistachos

24. La disminución drástica de la concentración de cobre en el cuerpo humano es causa de una extraña patología hepática conocida como...

a. enfermedad de Wilson
b. colangitis esclerosante primaria
c. esteatohepatitis no alcohólica
d. síndrome de Gilbert
e. síndrome de Crigler-Najjar

25. ¿Cuál de los siguientes grupos químicos es un fenil?

a. A
b. B
c. C
d. D
e. E

26. Algunos elementos químicos son indispensables para los seres vivos, aunque están presentes en concentraciones muy bajas. Por ejemplo, el elemento X, un metal, está presente en el centro activo de la hemoglobina, proteína encargada del transporte de O_2 en los vertebrados ¿De qué metal se trata?

a. hierro
b. níquel
c. mercurio
d. cobre
e. zinc

11

27. ¿Cuál de los siguientes grupos químicos es un éster?

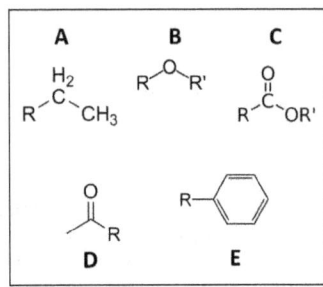

a. A
b. B
c. C
d. D
e. E

28. ¿Cuál de los siguientes grupos químicos es un éter?

a. A
b. B
c. C
d. D
e. E

29. ¿Cuál de los siguientes grupos químicos es un etil?

a. A
b. B
c. C
d. D
e. E

30. Ordenados de mayor a menor abundancia, los 5 elementos más abundantes (en términos de masa total) de la vía Láctea son:

a. hidrógeno > helio > oxígeno > carbono > neón
b. hidrógeno > helio > oxígeno > carbono > hierro
c. hidrógeno > oxígeno > carbono > nitrógeno > silicio
d. oxígeno > hidrógeno > carbono > nitrógeno > silicio
e. hidrógeno > oxígeno > carbono > silicio > nitrógeno

31. Ordenados de mayor a menor abundancia, los 2 elementos más abundantes (en términos de masa total) de la corteza terrestre son:

a. hidrógeno > oxígeno
b. oxígeno > silicio
c. hidrógeno > aluminio
d. oxígeno > nitrógeno
e. hidrógeno > carbono

32. ¿Cuál de los siguientes grupos químicos es un metil?

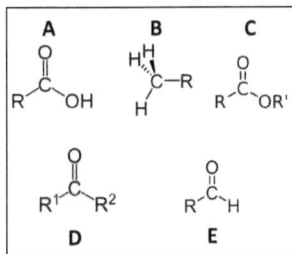

a. A
b. B
c. C
d. D
e. E

33. ¿Cuál de los siguientes grupos químicos es un aldehído?

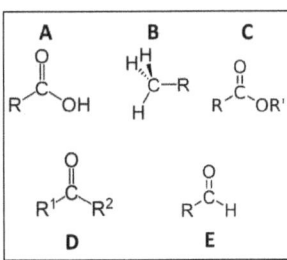

a. A
b. B
c. C
d. D
e. E

34. ¿Cuál de los siguientes grupos químicos es una cetona?

a. A
b. B
c. C
d. D
e. E

35. ¿Cuál de las siguientes listas presenta los elementos químicos ordenados de mayor a menor según su abundancia (en masa) en el cuerpo humano?

   a. oxígeno > hidrógeno > nitrógeno > sodio > calcio
   b. oxígeno > hidrógeno > calcio > cloro > cobalto
   c. oxígeno > carbono > fósforo > potasio > flúor
   d. a y b son correctas
   e. b y c son correctas

36. ¿Cuál de los siguientes grupos químicos es un carboxilo?

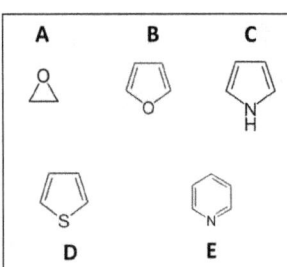

   a. A
   b. B
   c. C
   d. D
   e. E

37. ¿Cuál de las siguientes moléculas corresponde al pirrol?

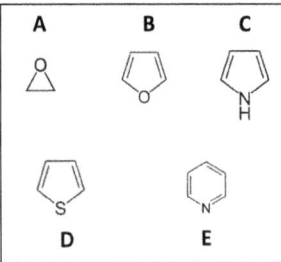

   a. A
   b. B
   c. C
   d. D
   e. E

38. ¿Cuál de las siguientes moléculas corresponde al furano?

   a. A
   b. B
   c. C
   d. D
   e. E

39. ¿Cuál de las siguientes moléculas corresponde al tiofeno?

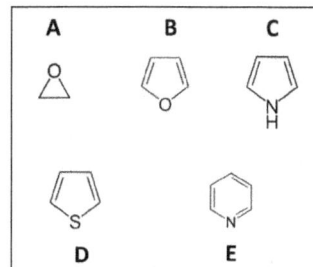

a. A
b. B
c. C
d. D
e. E

40. ¿Cuál de las siguientes moléculas corresponde a la piridina?

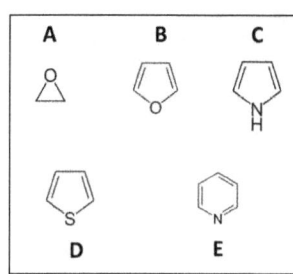

a. A
b. B
c. C
d. D
e. E

41. ¿Cuál de las siguientes moléculas corresponde a un epóxido?

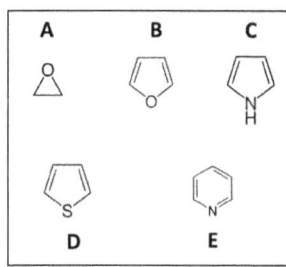

a. A
b. B
c. C
d. D
e. E

42. ¿Cuál de las siguientes moléculas corresponde al Acetil-coenzima A?

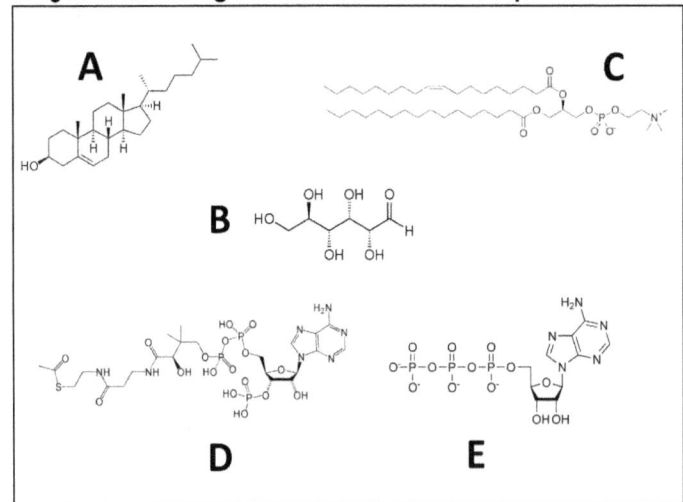

a. A
b. B
c. C
d. D
e. E

43. ¿Cuál de las siguientes moléculas corresponde al ATP?

a. A
b. B
c. C
d. D
e. E

44. ¿Cuál de los siguientes grupos químicos es un guanidinio?

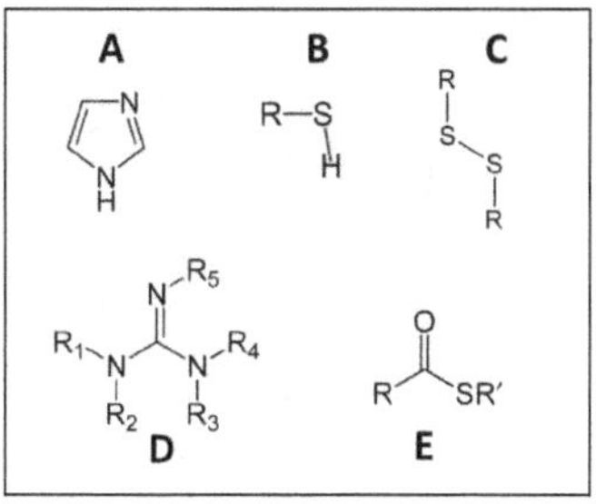

a. A
b. B
c. C
d. D
e. E

45. ¿Cuál de las siguientes moléculas corresponde a la fosfatidilcolina?

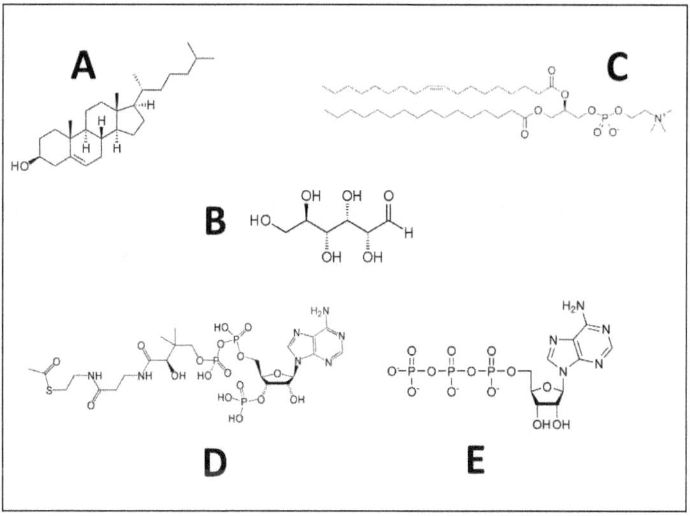

a. A
b. B
c. C
d. D
e. E

46. ¿Cuál de los siguientes elementos es más abundante (en % en peso) en el cuerpo humano?

a. calcio
b. fósforo
c. azufre
d. sodio
e. potasio

47. ¿Cuál de las siguientes moléculas corresponde al colesterol?

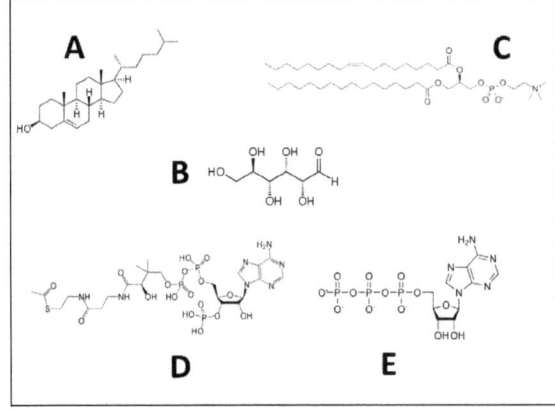

a. A
b. B
c. C
d. D
e. E

48. ¿Cuál de los siguientes elementos es más abundante (en % en peso) en el cuerpo humano?

a. cobre
b. magnesio
c. azufre
d. sodio
e. potasio

49. ¿Cuál de las siguientes moléculas corresponde a la glucosa?

a. A
b. B
c. C
d. D
e. E

Agua y sales minerales

50. ¿Cuál es el valor promedio del ángulo H-O-H en una molécula de agua a temperatura ambiente?

   a. 104,5°
   b. 106,5°
   c. 109,5°
   d. 112,5°
   e. 120,5°

51. El agua ...

   a. tiene un calor de evaporación (energía calorífica necesaria para elevar 1 g de agua 1 °C) superior al de otros compuestos similares como el H_2S o el CH_4
   b. es más densa en estado líquido (a 3 °C) que en estado sólido
   c. tiene el punto de fusión a una temperatura inferior al amoniaco (NH_3)
   d. a, b y c son ciertas
   e. a es falsa, b y c son ciertas

52. Cada puente de hidrógeno aporta una estabilización entálpica de...

   a. ~ 0,5 cal·mol^{-1}
   b. ~ 5 cal·mol^{-1}
   c. ~ 50 cal·mol^{-1}
   d. ~ 0,5 kcal·mol^{-1}
   e. ~ 5 kcal·mol^{-1}

53. Si comparamos el agua con un disolvente orgánico, por ejemplo el n-pentano, en términos de viscosidad (g/cm s) y tensión superficial (N/cm^2)...

   a. el agua tiene una mayor viscosidad pero una menor tensión superficial
   b. el agua tiene una menor viscosidad y una menor tensión superficial
   c. el agua tiene una mayor viscosidad y una mayor tensión superficial
   d. el agua tiene una menor viscosidad pero una mayor tensión superficial
   e. las diferencias en viscosidad y tensión superficial entre ambos líquidos no son apreciables (son menores del 10% del valor superior, en cada caso)

54. Desde la Antigüedad, se pensaba que el agua era un elemento químico, fue en 1781 cuando se descubrió que se trataba de una sustancia compuesta y no un elemento. ¿Quién fue el autor de este descubrimiento?

   a. Antoine-Laurent de Lavoisier
   b. James Watt
   c. Isaac Newton
   d. Claude Bernard
   e. Henry Cavendish

55. En 1804 dos científicos demostraron que el agua estaba compuesta por dos volúmenes de hidrógeno y uno de oxígeno. ¿De quienes se trata?

   a. Antoine-Laurent de Lavoisier y Henry Cavendish
   b. Joseph Louis Gauy-Lussac y Alexander von Humboldt
   c. Isaac Newton y Robert Hooke
   d. Henry Moseley y Dmtri Mendeleiev
   e. Stephen Boltzmman y Jaques Dobbereiner

56. El agua...

   a. Es una molécula polar, con una mayor densidad de carga negativa localizada sobre el oxígeno
   b. Es una molécula polar, con una mayor densidad de carga negativa localizada sobre los hidrógenos
   c. Tiene una elevada constante dieléctrica comparada con disolventes apolares como los hidrocarburos (n-pentano, n-hexano,...)
   d. a y c son ciertas
   e. b y c son ciertas

57. Señala la afirmación FALSA. El agua...

   a. hierve a menor temperatura en la cima del Everest que a nivel del mar. La diferencia puede ser de unos 30°C.
   b. gracias a la fuerza de capilaridad puede avanzar en dirección opuesta a la fuerza de gravedad
   c. es un potente medio dieléctrico, por lo que su presencia disminuye la magnitud de la fuerza de atracción/repulsión electrostática entre dos cargas eléctricas
   d. tiene una elevada tensión superficial, debida en parte a su carácter dipolar y a su capacidad de formar puentes de hidrógeno
   e. por tener sales disueltas, conduce la electricidad, midiéndose esta capacidad mediante una magnitud llamada conductividad. La conductividad del agua del mar (medida en miliSiemens/m) es menor que la del agua potable

58. La energía de interacción entre un anión cloruro y un catión sodio separados 30 angstroms ¿varía si el medio que hay entre ellos es agua, etanol o n-pentano, todos ellos a 25°C? (Dato: constante dieléctrica del agua = 78,54 C^2/Nm^2, constante dieléctrica del etanol = 24 C^2/Nm^2, constante dieléctrica del n-pentano = 1,84 C^2/Nm^2)

    a. no varía excesivamente, ya que su valor depende de la temperatura y no de la naturaleza de los materiales interpuestos entre ambas cargas
    b. sí varía. Es de más intensidad en el caso del agua que en el caso del n-pentano
    c. sólo variaría si la temperatura de las disoluciones fuese diferente
    d. sí varía. Es de más intensidad cuanto más apolar sea el disolvente. En este caso la intensidad decrecerá según la siguiente serie: n-pentano → etanol → agua
    e. a y c son correctas

59. El agua líquida...

    a. a presión de 1 atm, alcanza su máxima densidad a la temperatura de 3,8°C
    b. a presión de 1 atm, alcanza su máxima densidad a la temperatura de 0°C
    c. a presión de 1 atm, alcanza su máxima densidad a la temperatura de 100°C
    d. a presión de 1 atm, tiene un mínimo de densidad a 98°C
    e. a presión de 1 atm, tiene un mínimo de densidad de 0,89 kg/l, a 100°C

60. ¿Cuál de las siguientes afirmaciones es FALSA? En el planeta Tierra...

    a. hay más agua dulce en el subsuelo que agua en la atmósfera
    b. hay más agua en la atmósfera que en los ríos
    c. hay más agua subterránea salada que agua subterránea dulce
    d. hay más agua salada en los océanos y mares que agua dulce en los casquetes polares y glaciares
    e. hay más agua en ríos, embalses y lagos de agua dulce que en los glaciares continentales y el permafrost

61. La ecuación de van't Hoff calcula el valor de la presión osmótica en función de las características del soluto, su concentración y la temperatura. En este contexto, ¿cuál de las siguientes afirmaciones es CORRECTA?

    a. a mayor temperatura, mayor presión osmótica
    b. a mayor osmolaridad, mayor presión osmótica
    c. a mayor concentración de soluto, mayor presión osmótica
    d. a, b y c son correctas
    e. a es falsa, b y c son correctas

62. La ósmosis...

a. es un fenómeno físico que determina que, entre dos disoluciones separadas por una membrana semipermeable, el flujo del disolvente va desde el medio hipertónico al hipotónico
b. es un fenómeno físico que determina que, entre dos disoluciones separadas por una membrana semipermeable, el flujo del disolvente va desde el medio hipotónico al hipertónico
c. es un fenómeno físico que determina que, entre dos disoluciones separadas por una membrana permeable, el flujo del disolvente va desde el medio hipertónico al hipotónico
d. es un fenómeno físico que determina que, entre dos disoluciones separadas por una membrana permeable, el flujo del disolvente va desde el medio hipotónico al hipertónico
e. es un fenómeno físico que determina que, entre dos disoluciones separadas por una membrana semipermeable, el flujo del soluto va desde el medio hipertónico al hipotónico

63. El factor de van't Hoff...

a. es la magnitud que indica la solubilidad de una sal
b. es un parámetro que indica la cantidad de especies químicas que vienen de un soluto tras la disolución de éste en un disolvente dado
c. es un parámetro que indica la diferencia de osmoralidad asociada a un soluto entre dos temperaturas dadas (T_a y T_b).
d. Es un parámetro que indica la tasa de cambio en la osmoralidad de una especie química cuando ésta duplica su concentración a temperatura constante
e. es un factor de proporcionalidad constante ($i = 0,73$ N $\cdot$M^{-1}) que multiplica a la concentración, la temperatura y la constante de los gases en la ecuación de van't Hoff para el cálculo de la presión osmótica

64. Extraemos los lisosomas de un cultivo celular de hepatocitos y los conservamos en una disolución de glucosa. La concentración de NaCl y KCl en estos orgánulos es de 0,1 M y 0,05 M, respectivamente. Sabiendo que ambas sales tienen un factor de van't Hoff igual a 2, ¿cuál deberá ser la concentración de glucosa en la disolución para que los cambios de volumen en los lisosomas, debidos a ósmosis, sean mínimos? NOTA: el factor de van'y Hoff de la glucosa es igual a 1.

a. 0,075 M
b. 0,150 M
c. 0,225 M
d. 0,300 M
e. 0,375 M

Carbohidratos

65. Podemos definir 'hidratos de carbono' como 'aquellas moléculas de fórmula estequiométrica _____ o derivados químicos de éstas' ¿Cuál es esta fórmula estequiométrica?

a. $(C_2HO)_n$
b. $(CH)_n$
c. $(CHO)_n$
d. $(CH_2O)_n$
e. $(C_2H_4O)_n$

66. ¿Cuál de las siguientes moléculas, mostradas en proyección de Fisher, corresponde a la D-glucosa?

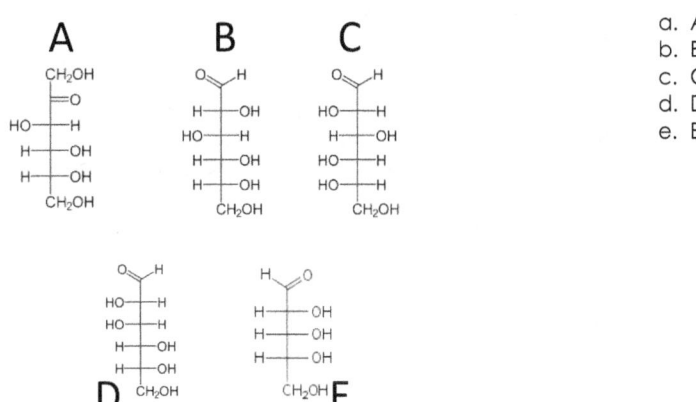

a. A
b. B
c. C
d. D
e. E

67. ¿Cuál de las siguientes afirmaciones es FALSA?

a. El gliceraldehído y la dihidroxiacetona son tautómeros
b. Dos enantiómeros son moléculas que estructuralmente son imágenes especulares no superponibles una de otra
c. El gliceraldehído puede estar en forma de 2 enantiómeros, llamados formas D y L
d. Si en una disolución tenemos formas D de un monosacárido cualquiera, esta disolución desviará el plano de la luz polarizada hacia la derecha
e. Una disolución de L-gliceraldehído desviará el plano de la luz polarizada hacia la izquierda

68. ¿Cuál de las siguientes moléculas, mostradas en proyección de Fisher, corresponde a la D-fructosa?

a. A
b. B
c. C
d. D
e. E

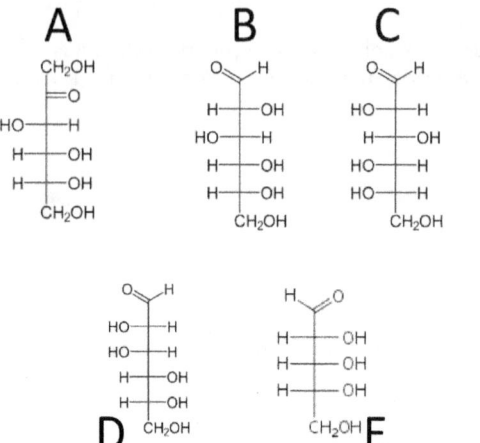

69. Existe un glucosaminoglucano muy sulfatado (con tres grupos sulfato por cada dos monosacáridos de los que lo integran) que, mediante la unión a la antiprotrombina III, inhibe el proceso de coagulación sanguínea. Se trata de...

a. ...el condroitín sulfato
b. ...la heparina
c. ...el heparán sulfato
d. ...el ácido hialurónico
e. ...el dermatán sulfato

70. ¿Cuál es la forma correcta de nombrar el siguiente disacárido?

a. β-D-glucopiranosil(1→6)β-D-glucopiranosa
b. β-D-galactopiranosil(1→4)β-D-glucopiranosa
c. β-D-glucopiranosil(1→4)β-D-glucopiranosa
d. α-D-glucopiranosil(1→2)β-D-fructofuranósido
e. α-D-glucopiranosil(1→1)α-D-glucopiranosa

71. ¿Cuál de las siguientes afirmaciones es FALSA?

a. Las formas más abundantes en los monosacáridos naturales son las formas D
b. Una molécula de glucosa tiene 6 átomos de C
c. Las tetrosas tienen la siguiente fórmula empírica: $(CH_2O)_4$
d. Una aldotetrosa tiene dos centros quirales, por lo tanto tiene 4 posibles estereoisómeros
e. En los monosacáridos no cíclicos, la nomenclatura D y L hace referencia a la configuración del carbono quiral más cercano al grupo carbonilo

72. ¿Cuál de las siguientes moléculas, mostradas en proyección de Fisher, corresponde a la D-manosa?

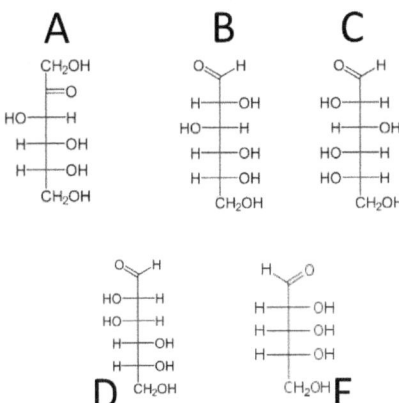

a. A
b. B
c. C
d. D
e. E

73. ¿Cuáles de las siguientes moléculas son glucósidos?

a. ouabaína
b. ácido murámico
c. amigdalina
d. eritritol
e. a y c son correctas

74. Entre las siguientes moléculas hay un glucósido característico porque algunas tribus primitivas de la zona de Somalia lo emplean como veneno en las puntas de flecha. Es un inhibidor de la bomba Na+/K+ y se utiliza actualmente como fármaco para determinadas afecciones cardiacas. ¿cuál es?

a. amigdalina
b. ouabaína
c. trehalosa
d. manitol
e. sorbitol

75. ¿Cuál de las siguientes moléculas es un glucósido?

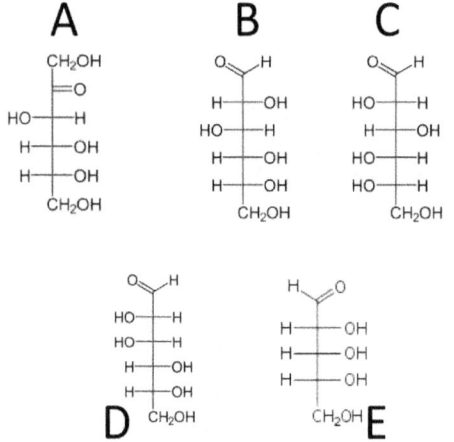

a. A
b. B
c. C
d. D
e. B y D

76. ¿Cuál de las siguientes moléculas, mostradas en proyección de Fisher, corresponde a la L-glucosa?

a. A
b. B
c. C
d. D
e. E

77. ¿Cuál de las siguientes moléculas corresponde a la dihidroxiacetona?

a. A
b. B
c. C
d. D
e. E

78. ¿Cuál de las siguientes moléculas corresponde al monómero que constituye la unidad básica de la quitina?

a. A
b. B
c. C
d. D
e. E

79. La sacarosa es un disacárido formado por la unión de...

a. 2 α-D-glucosas unidas mediante enlace O-glucosídico (1→4)
b. 2 β-D-glucosas unidas mediante enlace O-glucosídico (1→4)
c. 2 β-D-glucosas unidas mediante enlace O-glucosídico (1→6)
d. β-D-galactosa y β-D-glucosa unidas mediante enlace O-glucosídico (1→4)
e. α-D-glucosa y β-D-fructosa unidas mediante enlace O-glucosídico (1→2)

80. ¿Cuál es la forma correcta de nombrar el siguiente disacárido?

a. β-D-glucopiranosil(1→6)β-D-glucopiranosa
b. β-D-galactopiranosil(1→4)β-D-glucopiranosa
c. β-D-glucopiranosil(1→4)β-D-glucopiranosa
d. α-D-glucopiranosil(1→2)β-D-fructofuranósido
e. α-D-glucopiranosil(1→1)α-D-glucopiranosa

81. ¿Cuál de las siguientes moléculas, mostradas en proyección de Fisher, corresponde a la D-ribosa?

a. A
b. B
c. C
d. D
e. E

82. ¿Cuál de las siguientes moléculas es un monosacárido?

a. lactosa
b. maltosa
c. galactosa
d. celobiosa
e. almidón

83. ¿Cuál de las siguientes afirmaciones es FALSA?

a. las enzimas mutarrotasas catalizan la interconversión entre las formas α y β de un monosacárido cíclico

b. las formas cíclicas (del tipo furanosa y piranosa) de los monosacáridos en disolución adoptan preferentemente estructuras planas

c. en la forma cíclica de la α-D-glucopiranosa, es más estable la conformación de silla que la de bote

d. cualquier monosacárido cíclico con estructura de piranosa adoptará preferentemente, en disolución, la conformación en la que se maximice el número de sustituyentes voluminosos (-OH) en posición ecuatorial

e. la α-D-sedoheptulopiranosa presenta una estructura cíclica de forma hexagonal, preferentemente en conformación de barco

84. La β-D-glucopiranosa en forma de silla y la β-D-glucopiranosa en forma de bote son...

a. estructuras cíclicas pentagonales en las que el anillo está formado por 4 carbonos y 1 oxígeno

b. aldohexosas lineales

c. moléculas con la misma configuración estereoquímica pero que difieren en su conformación tridimensional

d. estructuras cíclicas hexagonales en las que el anillo está formado por 6 carbonos

e. dos formas de la glucosa que son isómeros configuracionales entre sí

85. ¿Cuál de las siguientes moléculas corresponde a la eritrulosa?

a. A
b. B
c. C
d. D
e. E

29

86. ¿Cuál de las siguientes afirmaciones es FALSA?

a. en condiciones fisiológicas, los ésteres fosfato de los monosacáridos naturales se encuentran como una mezcla de monoaniones y dianiones

b. la oxidación suave de la β-D-glucopiranosa con Cu(II) en medio básico (solución de Fehling) produce ácido D-glucónico, Cu_2O y agua

c. en condiciones fisiológicas, el ácido D-glucónico presente en disolución está en equilibrio con la D-δ-gluconolactona

d. la producción de un precipitado rojo (Cu_2O) proveniente de la oxidación de los monosacáridos, es una prueba clásica de detección de azúcares libres, y se ha empleado históricamente en análisis de orina para la detección de diabetes

e. la reducción del grupo carbonilo de un monosacárido natural da lugar a la formación de alditoles (como el eritritol, D-manitol, sorbitol,...)

87. Entre los siguientes disacáridos, uno de ellos es característico porque, al no dejar ningún carbono hemiacetálico libre, no tiene poder reductor. ¿Cuál es?

a. maltosa
b. lactosa
c. celobiosa
d. trehalosa
e. sacarosa

88. ¿Cuál de las siguientes moléculas corresponde a la treosa?

a. A
b. B
c. C
d. D
e. E

89. La maltosa es un disacárido formado por la unión de...

a. 2 α-D-glucosas unidas mediante enlace O-glucosídico (1→4)

b. 2 β-D-glucosas unidas mediante enlace O-glucosídico (1→4)

c. 2 β-D-glucosas unidas mediante enlace O-glucosídico (1→6)

d. β-D-galactosa y β-D-glucosa unidas mediante enlace O-glucosídico (1→4)

e. α-D-glucosa y β-D-fructosa unidas mediante enlace O-glucosídico (1→2)

90. La glucosa es una...

a. triosa
b. tetrosa
c. pentosa
d. hexosa
e. heptosa

91. Un alditol...

a. se forma por oxidación de los azúcares, como ocurre en la reacción de Fehling
b. se forma por la reducción del carbonilo de un monosacárido
c. se forma por reacción de cetohexosas con Ag^+, como ocurre en la reacción de Tollens
d. es una molécula como por ejemplo la amigdalina
e. es un derivado aminado de un monosacárido natural

92. ¿Cuál de las siguientes moléculas corresponde a la eritrosa?

a. A
b. B
c. C
d. D
e. E

93. ¿Cuál es la forma correcta de nombrar el siguiente disacárido?

a. β-D-glucopiranosil(1→6)β-D-glucopiranosa
b. β-D-galactopiranosil(1→4)β-D-glucopiranosa
c. β-D-glucopiranosil(1→4)β-D-glucopiranosa
d. α-D-glucopiranosil(1→2)β-D-fructofuranósido
e. α-D-glucopiranosil(1→1)α-D-glucopiranosa

94. Las cataratas que se forman con más frecuencia en el cristalino de algunas personas diabéticas son acumulaciones de un derivado de los monosacáridos naturales denominado...

   a. ácido murámico
   b. ácido glucónico
   c. ácido siálico
   d. manitol
   e. sorbitol

95. Un oligosacárido con la siguiente secuencia (glucosa-lixosa-xilosa-arabinosa-fructosa), si lo escribiésemos con las abreviaturas estándar de 3 letras, sería...

   a. Glu-Lix-Xil-Ara-Fru
   b. Glc-Lyx-Xyl-Ara-Fru
   c. Glc-Lyx-Xyl-Arb-Frc
   d. Glc-Lix-Xyl-Ara-Fru
   e. Glu-Lyx-Xyl-Ara-Frc

96. Las bacterias pueden clasificarse en Gram positivas o Gram negativas. Esta diferenciación se basa en el comportamiento de las bacterias en una tinción de Gram, que a su vez depende de la presencia de peptidoglucanos expuestos en la pared bacteriana. Así pues...

   a. ... las bacterias Gram positivas tienen una sola capa de peptidoglucanos, recubierta por una bicapa lipídica, que absorbe el colorante de la tinción Gram
   b. ... las bacterias Gram negativas tienen múltiples capas de peptidoglucanos, en las que queda retenido el colorante de la tinción Gram
   c. ... las bacterias Gram positivas tienen múltiples capas de peptidoglucanos, en las que queda retenido el colorante de la tinción Gram
   d. ... las bacterias Gram negativas tienen múltiples capas de peptidoglucano, que repele el colorante de la tinción Gram
   e. a y d son ciertas

97. La ribulosa es una...

   a. triosa
   b. tetrosa
   c. pentosa
   d. hexosa
   e. heptosa

98. ¿Cuál de los siguientes esquemas o fórmulas moleculares corresponde a un ácido lipoteicoico de los que encontramos en la membrana de algunas bacterias?

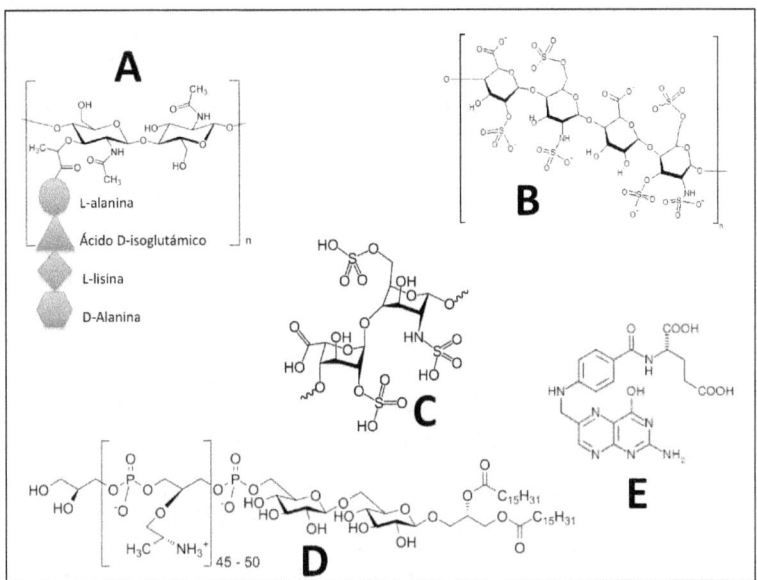

a. A
b. B
c. C
d. D
e. E

99. ¿Cuál de las siguientes moléculas corresponde a la gliceraldehido?

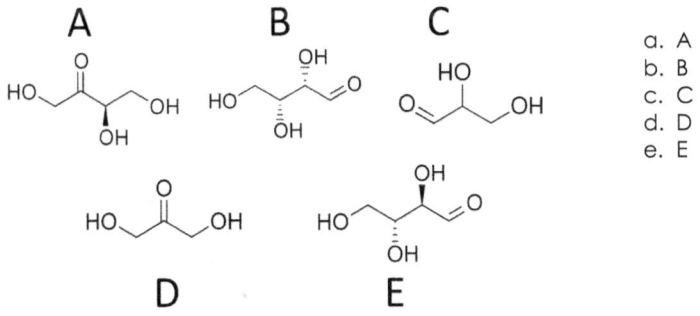

a. A
b. B
c. C
d. D
e. E

100. ¿Cuál de los siguientes polisacáridos es 'el polímero más abundante de la biosfera'?

a. celulosa
b. glucógeno
c. almidón
d. quitina
e. condroitín sulfato

101. La sorbosa es una...

a. triosa
b. tetrosa
c. pentosa
d. hexosa
e. heptosa

102. La gentiobiosa es un disacárido formado por la unión de...

a. 2 α-D-glucosas unidas mediante enlace O-glucosídico (1→4)
b. 2 β-D-glucosas unidas mediante enlace O-glucosídico (1→4)
c. 2 β-D-glucosas unidas mediante enlace O-glucosídico (1→6)
d. β-D-galactosa y β-D-glucosa unidas mediante enlace O-glucosídico (1→4)
e. α-D-glucosa y β-D-fructosa unidas mediante enlace O-glucosídico (1→2)

103. La celulosa es...

a. un polímero de D-glucosa
b. un polímero de monosacáridos enlazados por enlaces β(1→4)
c. un polímero en el que cada D-glucosa presenta un giro de ~180° respecto al residuo adyacente
d. a y b son correctas, c es falsa
e. a, b y c son correctas

104. La dihidroxiacetona es una...

a. triosa
b. tetrosa
c. pentosa
d. hexosa
e. heptosa

105. El ser humano posee enzimas capaces de metabolizar el almidón. Se llaman amilasas y son incapaces de fragmentar la celulosa. ¿Cuál de estas diferencias entre almidón y celulosa puede ser responsable de este comportamiento?

   a. el almidón está formado por fructosas y la celulosa por glucosas
   b. el almidón está formado por glucosas y la celulosa por fructosas
   c. en el almidón las glucosas se unen mediante enlaces $\alpha(1\rightarrow4)$ y en la celulosa las glucosas se unen mediante enlaces $\beta(1\rightarrow4)$
   d. en el almidón las glucosas se unen mediante enlaces $\beta(1\rightarrow4)$ y en la celulosa las glucosas se unen mediante enlaces $\alpha(1\rightarrow4)$
   e. la celulosa presenta numerosas ramificaciones, que están ausentes en el almidón, y que dificultan el acceso de las amilasas a los enlaces O-glucosídicos

106. ¿Cuáles de los siguientes disacáridos NO son reductores y, por tanto, darían negativo en un test de Fehling?

   a. C y B
   b. A y C
   c. A y D
   d. B y D
   e. A y B

107. El gliceraldehido es una...

   a. triosa
   b. tetrosa
   c. pentosa
   d. hexosa
   e. heptosa

108. ¿Cuál es la forma correcta de nombrar el siguiente disacárido?

a. β-D-glucopiranosil(1→6)β-D-glucopiranosa
b. β-D-galactopiranosil(1→4)β-D-glucopiranosa
c. β-D-glucopiranosil(1→4)β-D-glucopiranosa
d. α-D-glucopiranosil(1→2)β-D-fructofuranósido
e. α-D-glucopiranosil(1→1)α-D-glucopiranosa

109. Muchos chicles *"sin azúcar"* en realidad están edulcorados con sorbitol, que es menos energético que la sacarosa o el almidón ya que sólo produce 2,4 cal/g, frente a las ~4 cal/g producidas por éstos. El sorbitol es...

a. un derivado que se produce por aminación de la glucosa
b. un derivado que se produce por oxidación de la glucosa
c. un derivado que se produce por reducción de la glucosa
d. un derivado que se produce por formación de un enlace glucosídico, con pérdida de una molécula de H_2O, entre la glucosa y un pequeño residuo aromático muy similar al fenol
e. un derivado que se produce por fosforilación de la glucosa

110. La eritrulosa es una...

a. triosa
b. tetrosa
c. pentosa
d. hexosa
e. heptosa

111. Para nombrar a algunos derivados de los monosacáridos naturales, se emplea una nomenclatura estándar, generalmente en consonancia con el nombre de la molécula en inglés. Aplicando esta nomenclatura ¿cuál de las siguientes relaciones es incorrecta?

a. GlcN → N-acetil glucosa
b. GlcUA → ácido glucurónico
c. GalN → galactosamina
d. GlcNAc → N-acetilglucosamina
e. NeuNAc → ácido N-acetilneuramínico

112. La treosa es una...

a. triosa
b. tetrosa
c. pentosa
d. hexosa
e. heptosa

113. La hemicelulosa...

a. es un tipo de celulosa de origen fúngico que sí que es metabolizable por las enzimas digestivas humanas, por lo que se emplea, junto con alginatos, gelatinas y otros derivados, en la industria alimentaria
b. es un término que se emplea para denominar a un grupo de polisacáridos complejos, entre los que se encuentran los xilanos y los glucomananos, que suele localizarse en los tallos leñosos de numerosos vegetales
c. es una forma de la celulosa, en la que los enlaces O-glucosídicos entre glucosas sucesivas no son de ~180° sino de aproximadamente la mitad (en un rango de 80° a 100°)
d. es un heteropolisacárido similar a la celulosa, en el que aproximadamente la mitad de las D-glucosas han sido sustituidas por otros monosacáridos, muy frecuentemente galactosa aunque no exclusivamente
e. es un derivado de la celulosa en el que los enlaces intracatenarios son de menor intensidad, dando lugar a complejos de menor tamaño. Históricamente se empezó a detectar en polímeros con un peso molecular cercano al 50% del peso molecular de la celulosa, de ahí el uso del prefijo hemi- en su denominación original

114. ¿Cuál de las siguientes afirmaciones es FALSA?

a. La celulosa se encuentra en el reino animal en el manto externo duro de algunos tunicados
b. La celulosa se ha encontrado formando parte del tejido conjuntivo humano
c. La celulosa, como sustancia de soporte estructural, ha sido mayoritariamente abandonada en la evolución animal
d. Los hongos emplean a menudo, como agentes de soporte estructural, homopolisacáridos de glucosa (glucanos) similares a la celulosa aunque con enlaces $\beta(1\rightarrow3)$ o $\beta(1\rightarrow6)$
e. La celulosa se ha encontrado como constituyente relativamente abundante (~1%) en estructuras córneas como las barbas de las ballenas

115. ¿Cuál de los siguientes esquemas o fórmulas moleculares corresponde a la heparina, que es un glucosaminoglicano empleado como anticoagulante?

a. A
b. B
c. C
d. D
e. E

116. En los proteoglucanos, en ocasiones, dos cadenas largas de polisacárido se unen mediante un puente covalente en el que participa un curioso elemento químico de la naturaleza. Estas uniones son bastante frecuentes, de forma que suele haber una de ellas por cada 100 monosacáridos aproximadamente. ¿De qué elemento químico se trata?

a. silicio
b. níquel
c. litio
d. calcio
e. cobalto

117. La tagatosa es una...

a. triosa
b. tetrosa
c. pentosa
d. hexosa
e. heptosa

118. La formación del enlace O-glucosídico entre dos monosacáridos para formar un disacárido comporta la eliminación neta...

a. de un protón
b. de una molécula de O_2
c. de una molécula de H_2
d. de dos protones
e. de una molécula de agua

119. En condiciones fisiológicas, la hidrólisis de un disacárido estándar (p.e. lactosa)...

a. está favorecida por una energía libre de estado estándar de ~2 kJ/mol
b. está favorecida por una energía libre de estado estándar de ~15 kJ/mol
c. está desfavorecida por una energía libre de estado estándar de ~2 kJ/mol
d. está desfavorecida por una energía libre de estado estándar de ~15 kJ/mol
e. está desfavorecida por una energía libre de estado estándar de ~150 kJ/mol

120. La hidrólisis de los polisacáridos en condiciones fisiológicas...

a. es espontánea y rápida
b. para ocurrir a una velocidad adecuada a la mayoría de necesidades fisiológicas requiere de catálisis enzimática
c. es termodinámicamente desfavorable
d. no puede ocurrir a una velocidad adecuada a la mayoría de necesidades fisiológicas, ya que necesitaría pHs cercanos a 12
e. está muy desfavorecida (en términos de energía libre) tanto cinética como termodinámicamente

121. ¿Cuál de los siguientes polisacáridos NO es, en términos generales, un polisacárido de reserva?

a. Amilosa
b. Amilopectina
c. Glucógeno
d. Quitina
e. Todos son polisacáridos empleados esencialmente para funciones de reserva

122. ¿En cuál de los siguientes tejidos o materiales encontraríamos, en mayor concentración, glucógeno?

a. Hígado de mamífero
b. Fécula de patata
c. Dermis
d. Matriz ósea
e. Floema

123. ¿En cuál de los siguientes materiales o tejidos encontraríamos, en mayor concentración, almidón?

a. Hígado de mamífero
b. Xilema
c. Leche de coco
d. Glándulas amígdalas
e. Arroz

124. La amilosa, el glucógeno y la amilopectina son polímeros de...

a. β-D-glucopiranosa
b. α-D-glucopiranosa
c. β-D-fructofuranosa
d. α-D-fructofuranosa
e. β-D-galactopiranosa

125. La amilosa...

a. ...es un polímero lineal formado por glucosas entre las que se establecen enlaces $\alpha(1\rightarrow2)$
b. ...es un polímero lineal formado por glucosas entre las que se establecen enlaces $\alpha(1\rightarrow3)$
c. ...es un polímero lineal formado por glucosas entre las que se establecen enlaces $\alpha(1\rightarrow4)$
d. ...es un polímero lineal formado por glucosas entre las que se establecen enlaces $\alpha(1\rightarrow5)$
e. ...es un polímero lineal formado por glucosas entre las que se establecen enlaces $\alpha(1\rightarrow6)$

126. La amilopectina...

a. ...es un polímero ramificado formado por glucosas entre las que se establecen enlaces $\alpha(1\rightarrow2)$ y $\alpha(1\rightarrow4)$
b. ...es un polímero ramificado formado por glucosas entre las que se establecen enlaces $\alpha(1\rightarrow6)$ y $\alpha(1\rightarrow4)$
c. ...es un polímero ramificado formado por glucosas entre las que se establecen enlaces $\alpha(1\rightarrow4)$ y $\beta(1\rightarrow4)$
d. ...es un polímero ramificado formado por glucosas entre las que se establecen enlaces $\alpha(1\rightarrow2)$ y $\beta(1\rightarrow6)$
e. ...es un polímero ramificado formado por glucosas entre las que se establecen enlaces $\alpha(4\rightarrow6)$ y $\alpha(4\rightarrow4)$

127. El glucógeno...

a. ...es un polímero ramificado formado por glucosas entre las que se establecen enlaces $\alpha(1\rightarrow2)$ y $\alpha(1\rightarrow4)$
b. ...es un polímero ramificado formado por glucosas entre las que se establecen enlaces $\alpha(1\rightarrow6)$ y $\alpha(1\rightarrow4)$
c. ...es un polímero ramificado formado por glucosas entre las que se establecen enlaces $\alpha(1\rightarrow4)$ y $\beta(1\rightarrow4)$
d. ...es un polímero ramificado formado por glucosas entre las que se establecen enlaces $\alpha(1\rightarrow2)$ y $\beta(1\rightarrow6)$
e. ...es un polímero ramificado formado por glucosas entre las que se establecen enlaces $\alpha(4\rightarrow6)$ y $\alpha(4\rightarrow4)$

128. Señala cuál de las siguientes afirmaciones es FALSA...

a. El glucógeno es un polímero más ramificado que la amilosa
b. El glucógeno es un polímero más ramificado que la amilopectina
c. La liberación de glucosa libre a partir de glucógeno es más rápida que desde almidón
d. Las ramificaciones, por enlaces $\alpha(1\rightarrow6)$ entre glucosas, aparecen aproximadamente cada 8-12 glucosas en la amilopectina
e. La amilosa es un polímero lineal

129. La amilosa es un polímero lineal, con estructura helicoidal, en el que encontramos...

a. ... 4 glucosas por vuelta de hélice
b. ... 6 glucosas por vuelta de hélice
c. ... 8 glucosas por vuelta de hélice
d. ... 10 glucosas por vuelta de hélice
e. ... 12 glucosas por vuelta de hélice

130. La polimerización de los monosacáridos formando grandes macromoléculas en el interior celular confiere, a las células que son capaces de realizarla, la siguiente peculiaridad adaptativa...
- a. Evita variaciones bruscas de la presión osmótica intracelular
- b. Permite regular el flujo de generación de monosacáridos solubles mediante el control de la expresión génica
- c. Permite la captación de monosacáridos solubles del exterior celular, aunque ésta se realice en contra de gradiente de concentración
- d. Permite almacenar más monosacáridos en menos espacio
- e. Todas las anteriores son correctas

131. ¿Cuál de las siguientes moléculas NO es un glucosaminoglucano?
- a. ácido hialurónico
- b. condroitín sulfato
- c. dermatán sulfato
- d. heparina
- e. ácido siálico

132. ¿Cuál de los siguientes esquemas o fórmulas moleculares corresponde a la estructura básica del peptidoglucano que encontramos en las bacterias Gram positivas?

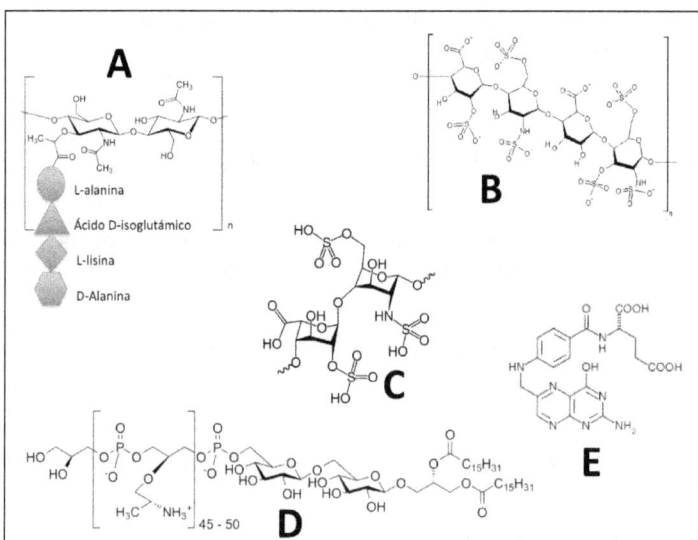

- a. A
- b. B
- c. C
- d. D
- e. E

133. La psicosa es una...

a. triosa
b. tetrosa
c. pentosa
d. hexosa
e. heptosa

134. Existe un polisacárido de origen natural cuya unidad básica repetida se puede simbolizar como GlcUAβ(1→3)GlcNAc, y en el que estas subunidades de disacárido se unen mediante enlaces β(1→4). ¿De qué polisacárido se trata?

a. almidón
b. mureína
c. glucógeno
d. heparán sulfato
e. ácido hialurónico

135. La eritrosa es una...

a. triosa
b. tetrosa
c. pentosa
d. hexosa
e. heptosa

136. La talosa es una...

a. triosa
b. tetrosa
c. pentosa
d. hexosa
e. heptosa

137. ¿Cuál es la forma correcta de nombrar el siguiente disacárido?

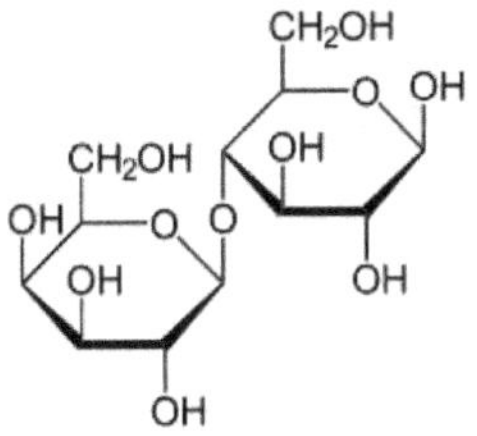

a. β-D-glucopiranosil(1→6)β-D-glucopiranosa
b. β-D-galactopiranosil(1→4)β-D-glucopiranosa
c. β-D-glucopiranosil(1→4)β-D-glucopiranosa
d. α-D-glucopiranosil(1→2)β-D-fructofuranósido
e. α-D-glucopiranosil(1→1)α-D-glucopiranosa

43

138. La sedoheptulosa es una...

a. triosa
b. tetrosa
c. pentosa
d. hexosa
e. heptosa

139. Los antígenos responsables de los grupos sanguíneos principales en el ser humano (ABO) son una serie de oligosacáridos unidos a proteínas y/o lípidos de la membrana plasmática de los eritrocitos. En relación con dichos antígenos, ¿cuál de las siguientes afirmaciones es FALSA?

a. cada antígeno del grupo A contiene una fucosa, una galactosa, dos residuos de N-acetilgalactosamina y uno de ácido siálico
b. cada antígeno del grupo B contiene, al menos, una galactosa
c. cada antígeno del grupo 0 contiene ácido siálico y, al menos, una fucosa
d. cada antígeno del grupo 0 contiene dos residuos de N-acetilgalactosamina
e. todos los antígenos del sistema ABO están anclados a la membrana mediante un residuo de N-acetilgalactosamina

140. La arabinosa es una...

a. triosa
b. tetrosa
c. pentosa
d. hexosa
e. heptosa

141. A grandes rasgos, podemos decir que en la evolución, cuando los organismos alcanzaron ciertos tamaños, se hizo beneficioso, en términos de eficiencia biológica, el desarrollo de estructuras de soporte mecánico (esqueletos). En diferentes grupos de seres vivos prevalecieron diferentes estrategias. En los vertebrados, se desarrollaron esqueletos internos basados en la mineralización sobre una matriz basal de _____. En los anélidos, se optó por exosequeletos formados por materia mineral cristalizada sobre una matriz de _____. En los artrópodos, la estrategia más exitosa fue la formación de exoesqueletos por mineralización sobre una matriz de _____.

a. colágeno / carbonato cálcico / colágeno
b. hidroxiapatito / colágeno / quitina
c. colágeno / colágeno / quitina
d. carbonato cálcico / quetamina / quitina
e. colágeno / carbonato cálcico / quitina

142. Los glucosaminoglucanos son...

a. oligosacáridos de glucosamina
b. heteropolisacáridos con carga neta positiva
c. homopolisacáridos con carga neta negativa
d. heteropolisacáridos con carga neta negativa
e. homopolisacáridos con carga neta negativa

143. La altrosa es una...

a. triosa
b. tetrosa
c. pentosa
d. hexosa
e. heptosa

144. La xilulosa es una...

a. triosa
b. tetrosa
c. pentosa
d. hexosa
e. heptosa

145. La manoheptulosa es una...

a. triosa
b. tetrosa
c. pentosa
d. hexosa
e. heptosa

146. Para nombrar a algunos derivados de los monosacáridos naturales, se emplea una nomenclatura estándar, generalmente en consonancia con el nombre de la molécula en inglés. Aplicando esta nomenclatura ¿cuál de las siguientes relaciones es incorrecta?

a. GlcA → ácido glucónico
b. GlcUA → ácido glucurónico
c. GalN → galactosamina
d. GalNAc → N-acetilgalactosamina
e. NeuNAc → N-acetilneubrufeno

147. ¿Cuál de los siguientes esquemas o fórmulas moleculares corresponde al glicosaminoglicano llamado heparán sulfato?

a. A
b. B
c. C
d. D
e. E

148. La psicosa es una...

a. triosa
b. tetrosa
c. pentosa
d. hexosa
e. heptosa

149. La celobiosa es un disacárido formado por la unión de...

a. 2 α-D-glucosas unidas mediante enlace O-glucosídico (1→4)
b. 2 β-D-glucosas unidas mediante enlace O-glucosídico (1→4)
c. 2 β-D-glucosas unidas mediante enlace O-glucosídico (1→6)
d. β-D-galactosa y β-D-glucosa unidas mediante enlace O-glucosídico (1→4)
e. α-D-glucosa y β-D-fructosa unidas mediante enlace O-glucosídico (1→2)

150. La idosa es una...

a. triosa
b. tetrosa
c. pentosa
d. hexosa
e. heptosa

151. ¿Cuáles de los siguientes disacáridos son reductores y, por tanto, darían positivo en un test de Fehling?

a. C y B
b. A y C
c. A y D
d. B y D
e. A y B

152. La gulosa es una...

a. triosa
b. tetrosa
c. pentosa
d. hexosa
e. heptosa

153. Señala la afirmación CORRECTA

a. La quitina se encuentra en el tabique o septo que se forma entre dos células de levadura en división
b. La quitina se ha encontrado en algunos hongos
c. La quitina se ha encontrado en algunas algas
d. La quitina es especialmente abundante en el exoesqueleto de los artrópodos
e. Todas son correctas

154. La galactosa es una...
   a. triosa
   b. tetrosa
   c. pentosa
   d. hexosa
   e. heptosa

155. Una disolución de α-D-galactopiranogalactosa provoca la rotación del plano de la luz polarizada. Si esta disolución es tratada con un agente reductor como el galactitol (bromohidruro de sodio) pierde dicha propiedad. ¿A qué es debido?
   a. a que la α-D-galactopiranosa se fragmenta en dos triosas
   b. a que los carbonos quirales de la α-D-galactopiranosa pierden su quiralidad
   c. a que la α-D-galactopiranosa polimeriza formando cadenas análogas a las de la amilosa, con enlaces $\alpha(1\rightarrow4)$
   d. a que la α-D-galactopiranosa se transforma en CO_2 y agua
   e. a que la α-D-galactopiranosa polimeriza formando cadenas análogas a las de la amilosa, con enlaces $\beta(1\rightarrow4)$

156. La lactosa es un disacárido formado por la unión de...
   a. 2 α-D-glucosas unidas mediante enlace O-glucosídico $(1\rightarrow4)$
   b. 2 β-D-glucosas unidas mediante enlace O-glucosídico $(1\rightarrow4)$
   c. 2 β-D-glucosas unidas mediante enlace O-glucosídico $(1\rightarrow6)$
   d. β-D-galactosa y β-D-glucosa unidas mediante enlace O-glucosídico $(1\rightarrow4)$
   e. α-D-glucosa y β-D-fructosa unidas mediante enlace O-glucosídico $(1\rightarrow2)$

157. ¿De dónde viene el término 'racémico' para referirse a disoluciones de moléculas quirales en las que la proporción de cada enantiómero es aproximadamente del 50%?
   a. En textos de atribuidos a la ciencia babilónica, se emplea el término 'raknnus' para hacer referencia a mezclas. Este término fue adaptado por Pasteur al descubrir la actividad óptica del ácido para-tartárico, denominando 'racémicos' a las mezclas sin actividad óptica.
   b. En los sedimentos acumulados en botellas de vino, se encontraba ácido para-tartárico, que también se denominaba ácido racémico (del latín: *racemus*, racimo de uvas). Este compuesto fue el que cristalizó Pasteur para posteriormente separar cristales con actividad óptica opuesta.
   c. Pasteur no empleó la terminología 'racémico' para referirse a muestras de compuestos, sino que fue la Royal Society de Londres la que acuñó el término ya a finales del siglo XIX. Dado que para separar enantiómeros se empleaban cromatografías, que en el argot de los científicos británicos eran conocidas como 'races' (carreras), la mezcla de los compuestos que participaban en una cromatografía se dio en llamar 'race mixture' en algunos trabajos, derivando en el adjetivo 'racemic', estandarizado al poco tiempo por la citada institución.
   d. El término deriva del latín: *racemis*, mezcla, conjunto de víveres. En algunas lenguas románicas encontramos palabras con la misma raíz (rebost, racomat, reossi...)

e. En los primeros experimentos que le sirven para demostrar la actividad óptica opuesta de cristales enantioméricamente puros, realizados con ácido para-tartárico, Pasteur no utiliza el término racémico. Pocos años más tarde, encuentra que este fenómeno de separación enantiomérica es particularmente difícil de obtener en el ácido racémico (uno de los múltiples compuestos fenólicos presentes en el vino) y pasa a denominar 'racémicos' a las mezclas de enantiómeros.

158. La quitina es un homopolisacárido formado por unidades de...
a. α-D-glucosa
b. N-metil-α-D-fructosa
c. ácido N-acetilsiálico
d. N-acetil-β-D-glucosamina
e. ácido siálico

159. Entre las siguientes moléculas hay un glucósido característico por su peculiar olor a almendras amargas ¿cuál es?
a. amigdalina
b. ouabaína
c. trehalosa
d. manitol
e. sorbitol

160. La siguiente figura representa la α-D-glucopiranosa en conformación de silla. ¿Qué carbonos quirales presentan los OH en posición ecuatorial?

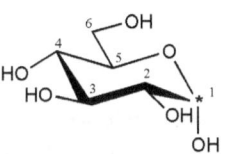

a. el 1, 2, 3 y 4
b. el 1, 2 y 3
c. el 1 y el 2
d. el 2, 3 y 4
e. ninguna de las anteriores

161. Los residuos glucídicos que se unen a las proteínas mediante enlaces tipo N-, se unen a residuos de...
a. serina
b. treonina
c. metionina
d. asparagina
e. fenilalanina

162. Los oligosacáridos que se unen a las proteínas mediante enlaces de tipo N- emplean normalmente, como monosacáridos de unión a asparagina...
a. glucosa o N-acetilglucosa
b. N-acetilglucosamina o N-acetilgalactosamina
c. manosa o trehalosa
d. manitol o sorbitol
e. N-acetilpiridina o N-metilglucosamina

163. Los oligosacáridos que se unen a las proteínas mediante un enlace tipo O-suelen formar un enlace entre la _____ y el grupo hidroxilo de la _____ o la _____.

   a. N-acetilgalactosamina / treonina / serina
   b. galactosamina / fenilalanina / tirosina
   c. N-metilglucosamina / fenilalanina / tirosina
   d. glucosamina / treonina / serina
   e. N-metilglucosamina / treonina / serina

164. Los antígenos responsables de los grupos sanguíneos principales en el ser humano (ABO) son una serie de oligosacáridos unidos a proteínas y/o lípidos de la membrana plasmática de los eritrocitos. En relación con dichos antígenos, ¿cuál de las siguientes afirmaciones es FALSA?

   a. los antígenos del grupo B contienen ácido siálico
   b. los antígenos del grupo A contienen ácido siálico
   c. los antígenos del grupo 0 contienen ácido siálico
   d. cada antígeno del grupo B contiene dos residuos de N-acetilgalactosamina
   e. cada antígeno del grupo B contiene dos residuos de galactosa

165. Los residuos glucídicos que se unen a proteínas mediante enlace N- suelen unirse a un residuo de asparragina inmerso en la siguiente secuencia (X=cualquier aminoácido; / = una de ambas posibilidades)
   a. Asn-X-Asn/Gln
   b. Asn-X-Trp/Phe
   c. Asn-X-Tyr/Phe
   d. Asn-X-Asp/Glu
   e. Asn-X-Ser/Thr

166. Los residuos glucídicos que se unen al colágeno mediante enlace O- suelen unirse a dos residuos aminoacídicos modificados muy característicos de esta proteína, que son...

   a. hidroxiprolina e hidroxilisina
   b. acetiltirosina e hidroxiprolina
   c. hidroxitirosina e hidroxiserina
   d. selenocisteína y 6-metiltreonina
   e. 2-OH-prolina y 4-OH-alanina

Lípidos

167. Los ácidos grasos...

a. tienen un pK_a de alrededor de 0,5. Por ello suelen estar, a pH fisiológico, en forma aniónica

b. tienen un pK_a de alrededor de 2,5. Por ello suelen estar, a pH fisiológico, en forma aniónica

c. tienen un pK_a de alrededor de 4,5. Por ello suelen estar, a pH fisiológico, en forma aniónica

d. tienen un pK_a de alrededor de 6,5. Por ello suelen estar, a pH fisiológico, en forma neutra

e. tienen un pK_a de alrededor de 8,5. Por ello suelen estar, a pH fisiológico, en forma catiónica

168. El ácido mirístico, también llamado, n-tetradecanoico, se indica en notación abreviada como 14:0. Esto nos indica...

a. ...que tiene 1 insaturación

b. ...que está totalmente insaturado

c. ...que no tiene insaturaciones

d. ...que su fórmula química es $CH_3(CH_2)_{10}COOH$

e. ...c y d son correctas

169. El ácido oleico, también llamado, cis-9-octadecenoico, se indica en notación abreviada como 18:1cΔ9. Esto nos indica...

a. ...que tiene 1 insaturación con configuración cis

b. ...que tiene un mínimo de 9 insaturaciones, todas ellas con configuración cis

c. ...que su fórmula química es $CH_3(CH_2)_7CH=CH(CH_2)_7COOH$

d. ...a y c son correctas

e. ...b y c son correctas

170. A continuación, se enumeran una serie de ácidos grasos saturados, indicando entre paréntesis el punto de fusión en °C. Ácido lignocérico (86,0); Ácido araquídico (76,5); Ácido láurico (44,2), Ácido esteárico (69,6). Según estos datos, es cierto que...

a. ...el ácido araquídico es el que más átomos de carbono tiene

b. ...el ácido lignocérico tiene un mayor peso molecular que el ácido láurico

c. ...el ácido esteárico presenta un mayor número de dobles enlaces que el ácido lignocérico

d. ...si ordenásemos estas moléculas según el número creciente de átomos de carbono, el orden sería: ácido lignocérico → ácido araquídico → ácido esteárico → ácido láurico

e. todas son ciertas

171. La notación abreviada del ácido all-cis-5,8,11,14-eicosatetraenoico (también llamado ácido araquidónico) se escribe como sigue:

a. 20:4cΔ5,8,11,14
b. 22:4c
c. 22:4cΔ14,11,8,5
d. 22:4cΔ5,8,11,14
e. 22:4c5,8,11,14

172. ¿Cuál de las siguientes afirmaciones es FALSA?

a. En la mayoría de los ácidos grasos insaturados que encontramos en la naturaleza, la configuración de los dobles enlaces es trans
b. La mayoría de los ácidos grasos que encontramos en la naturaleza tiene un número par de átomos de carbono
c. Los ácidos grasos insaturados son aquellos que tienen dobles enlaces en su cadena hidrocarbonada
d. Los ácidos grasos saturados son aquellos que NO tienen dobles enlaces en su cadena hidrocarbonada
e. Los ácidos grasos son moléculas anfipáticas

173. Llamamos grasas...

a. ...a unas moléculas que son triésteres de ácidos grasos y glicerol
b. ...al producto de la saponificación de los triglicéridos
c. ...a un conjunto de ácidos grasos formando una micela
d. ...a los ésteres fosfato de los ácidos grasos
e. ...a las sales (generalmente sódicas o potásicas) de los ácidos grasos

174. Las grasas...

a. ...con elevado contenido en ácidos grasos insaturados son líquidas a temperatura ambiente
b. ...con elevado contenido en ácidos grasos saturados son más fluidas que las que contienen mayoritariamente ácidos grasos insaturados
c. ...que constituyen el aceite de oliva tienen un bajo porcentaje (10-20%) de ácidos grasos insaturados, como puede ser el oleico
d. ...vegetales como la de maíz son generalmente poco fluidas y han de someterse a hidrogenación para adquirir consistencia líquida
e. Todas las opciones son correctas

175. Si las grasas se hidrolizan con sosa (NaOH) o potasa (KOH), obtenemos...

a. ...micelas
b. ...jabones
c. ...fosfolípidos
d. ...grasas más líquidas
e. ...la saturación completa de sus ácidos grasos

176. Los jabones procedentes de la saponificación de las grasas tienen un problema en su uso doméstico. ¿Cuál es?

a. Se hidrogenan completamente (se saturan) al contacto con agua formando acumulaciones sólidas.
b. En presencia de aguas duras (con alto contenido en cationes Ca^{2+} o Mg^{2+}) se transforman en grasas
c. Al ser jabones de sodio o potasio (ocurre más con los primeros), su acidez se eleva mucho al contacto con el agua y pueden dañar los tejidos
d. Son excesivamente solubles en agua en comparación con los jabones sintéticos de nueva generación como el dodecil sulfato sódico (SDS)
e. En presencia de aguas duras (con alto contenido en cationes Ca^{2+} o Mg^{2+}) los ácidos grasos precipitan, quedando inutilizados para emulsionar las grasas

177. Podríamos definir 'una cera' como...

a. ...un ácido graso de cadena corta esterificado con un alcohol de cadena corta
b. ...un ácido graso de cadena corta esterificado con un alcohol de cadena larga
c. ...un ácido graso de cadena larga esterificado con un alcohol de cadena corta
d. ...un ácido graso de cadena larga esterificado con un alcohol de cadena larga
e. Ninguna de las anteriores

178. ¿Cuál de las siguientes afirmaciones es FALSA?

a. La dureza de las ceras aumenta en la medida en que aumenta la longitud y el grado de saturación de las cadenas hidrocarbonadas de los ácido grasos y los alcoholes que las forman
b. Algunos microorganismos marinos utilizan las ceras como fuente de energía
c. El grupo éster (-COO-) confiere cierto grado de hidrofilia a una molécula de cera
d. Una cera es el producto de la esterificación de dos ácidos grasos de cadena larga
e. Las insaturaciones introducidas en las cadenas hidrocarbonadas de las ceras incrementan su fluidez

179. ¿Cuáles de los siguientes fosfolípidos son los más abundantes de la naturaleza?

a. D-esfingosfolípidos
b. L-glicerofosfolípidos
c. L-glucoesfingolípidos
d. D-glucoglicerolípidos
e. L-glucoglicerolípidos ·

180. ¿Cuál de los siguientes listados contiene sólo nombres de glicerofosfolípidos?

a. ácido fosfatídico, fosfatidilcolina, fosfatidilinositol
b. fosfatidiletanolamina, esfingomielina, ceramida
c. fosfatidilcolina, fosfatidilserina, colesterol
d. ácido fosfórico, fosfatidilcolina, ácido fosfatídico
e. diglicérido de monogalactosa, fosfoserina, fosfatidilinositol

181. ¿Cuáles de las siguientes moléculas son glicerofosfolípidos?

a. A
b. A y B
c. B
d. C y D
e. A y D

R = cadena hidrocarbonada de un ácido graso

182. La siguiente tabla especifica el % en peso de una serie de lípidos de membrana en diversos tipos de membranas celulares.

¿Cuál de las siguientes afirmaciones es CIERTA de acuerdo con los datos de la tabla?

Lípido	En eritrocito	En mielina	En mitocondria de célula cardiaca	En E.coli
Ácido fosfatídico	1,5	0,5	0	0
Fosfatidilcolina	19	10	39	0
Fosfatidiletanolamina	18	20	27	65
Fosfatidilglicerol	0	0	0	18
Fosfatidilinositol	1	1	7	0
Fosfatidilserina	8	8	0,5	0
Esfingomielina	17,5	8,5	0	0
Glucolípidos	10	26	0	0
Colesterol	25	26	3	0
Otros	0	0	23,5	17

Datos tomados de la tercera edición de "Bioquímica: Mathews et al."

a. en los ejemplos de membranas de células procariotas estudiados, el colesterol es mucho más abundante que en los casos de membranas de células eucariotas
b. los glicerofosfolípidos constituyen al menos el 50% de la composición de todas las membranas analizadas
c. en membranas plasmáticas de células eucariotas (concretamente en eritrocito y mielina) el colesterol constituye al menos un cuarto de los lípidos totales de membrana
d. la esfingomielina no es especialmente abundante en la mielina, en comparación con otros tejidos eucariotas
e. los lípidos derivados de la esterificación de la esfingosina están ausentes en procariotas, en los casos analizados

183. ¿Cuáles de las siguientes moléculas son esfingolípidos?

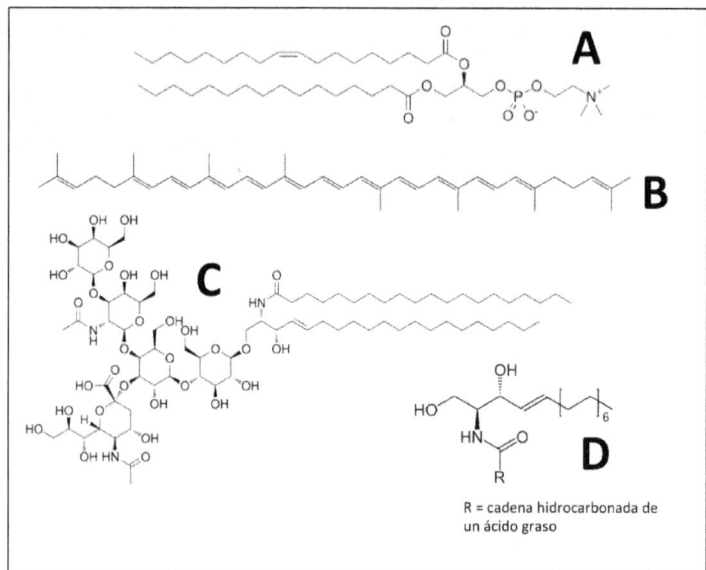

R = cadena hidrocarbonada de un ácido graso

a. A
b. B
c. C y A
d. D y C
e. A y D

184. ¿Cuál de las siguientes moléculas es un glucoesfingolípido?

R = cadena hidrocarbonada de un ácido graso

a. A
b. B
c. C
d. D
e. Ninguna

185. ¿Cuál de las siguientes moléculas es una cera?

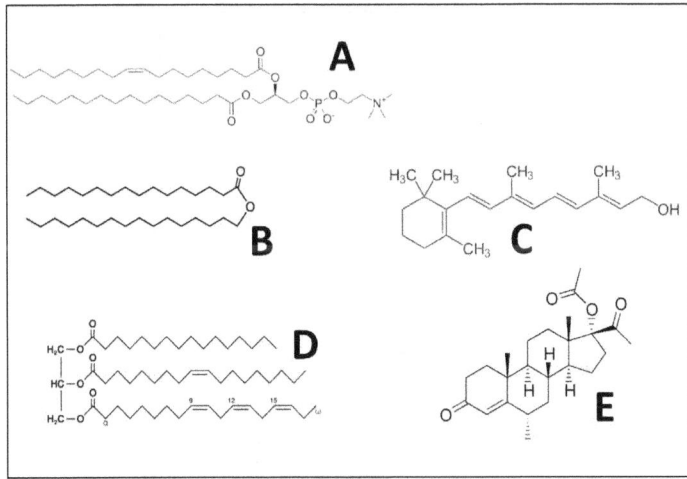

a. A
b. B
c. C
d. D
e. E

186. ¿Cuál de las siguientes moléculas es un terpeno?

a. A
b. B
c. C
d. D
e. E

187. ¿Cuál de las siguientes moléculas es un esteroide?

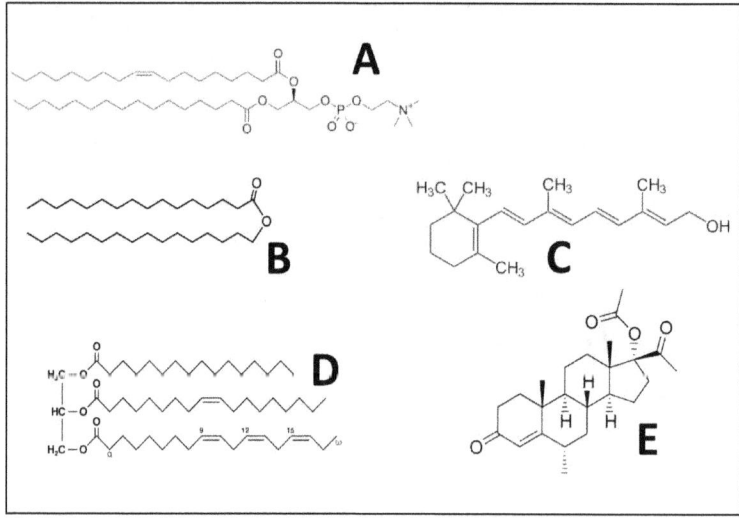

a. A
b. B
c. C
d. D
e. E

188. ¿Cuál de las siguientes moléculas es una grasa?

a. A
b. B
c. C
d. D
e. E

189. ¿Cuál de las siguientes moléculas es un fosfolípido?

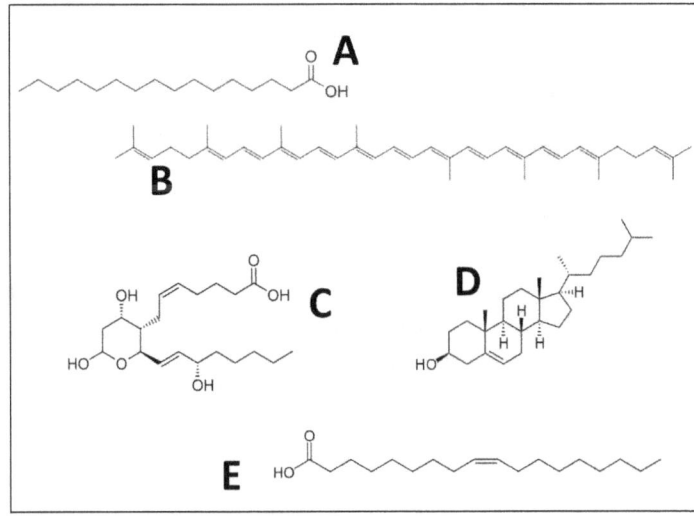

a. A
b. B
c. C
d. D
e. E

190. ¿Cuál de las siguientes moléculas es un eicosanoide?

a. A
b. B
c. C
d. D
e. E

191. ¿Cuál de las siguientes moléculas es un ácido graso saturado?

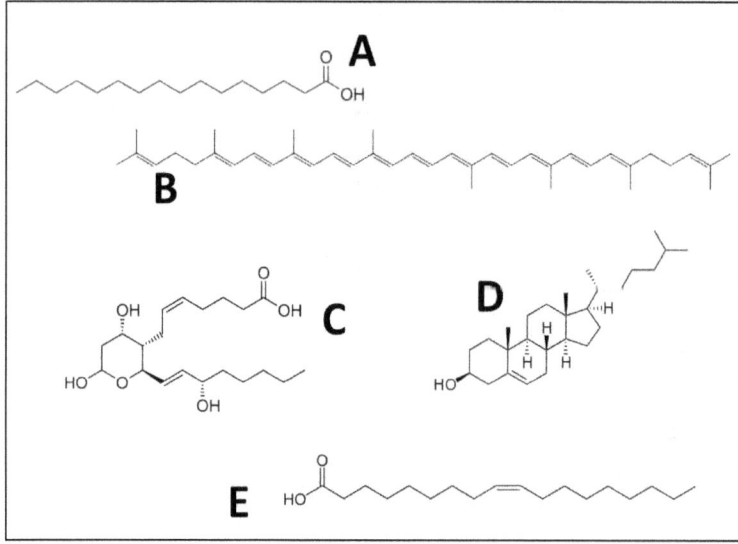

a. A
b. B
c. C
d. D
e. E

192. ¿Cuál de las siguientes moléculas es el colesterol?

a. A
b. B
c. C
d. D
e. E

193. ¿Cuál de las siguientes moléculas es un ácido graso insaturado?

a. A
b. B
c. C
d. D
e. E

194. ¿Cuál de las siguientes moléculas es un pigmento carotenoide?

a. A
b. B
c. C
d. D
e. E

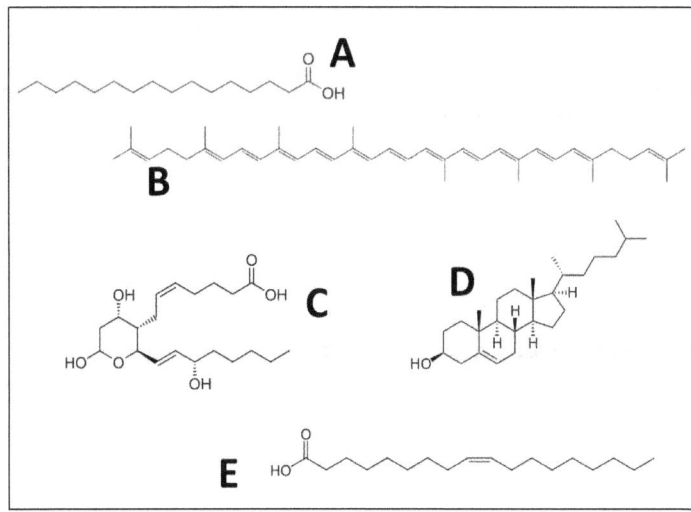

195. Los glicerofosfolípidos...
A. ...son los fosfolípidos más abundantes de la naturaleza
B. ...presentes en la naturaleza son mayoritariamente derivados del enantiómero L del glicerol 3-fosfato
C. ...existen en bacterias, hongos, protistas, vegetales y animales

    a. Todas son ciertas
    b. A y B son ciertas, C es falsa
    c. A es correcta, B y C son falsas
    d. B es correcta, A y C son falsas
    e. B y C son correctas, A es falsa

196. Los glicerofosfolípidos derivan del glicerol-3-fosfato, que es una de las siguientes moléculas. ¿De cuál se trata?

    a. A
    b. B
    c. C
    d. D
    e. E

197. ¿Cuál de los siguientes ácidos grasos tiene la temperatura de fusión más elevada?

A. 18:0	a. A
B. 18:1cΔ9	b. B
C. 18:1cΔ16	c. C
D. 18:2cΔ9,16	d. D
E. 18:3cΔ3,9,16	e. E

198. ¿Cuál de los siguientes ácidos grasos tiene la temperatura de fusión más elevada?

A. 22:1cΔ9
B. 22:2tΔ9,16
C. 22:2cΔ9,16
D. 22:3cΔ3,9,16
E. 22:3tΔ3,9,16

a. A
b. B
c. C
d. D
e. E

199. ¿Cuáles de los siguientes grupos químicos están presentes en el mentol?

A. glicerol
B. alcohol de cadena larga
C. grupo fosfato
D. isopreno
E. colina

a. A y C
b. A
c. C y D
d. D
e. B

200. ¿Cuáles de los siguientes grupos químicos están presentes en las ceras?

A. glicerol
B. alcohol de cadena larga
C. grupo fosfato
D. monosacárido
E. colina

a. A y B
b. B y C
c. C y E
d. B y C
e. B

201. ¿Cuáles de los siguientes grupos químicos están presentes en la fosfatidilcolina?

A. glicerol
B. alcohol de cadena larga
C. grupo fosfato
D. isopreno
E. colina

a. A, B y C
b. A, B y D
c. A, B y E
d. A, C y E
e. A y C

202. ¿Cuál de las siguientes estructuras químicas corresponde al ácido linoléico?

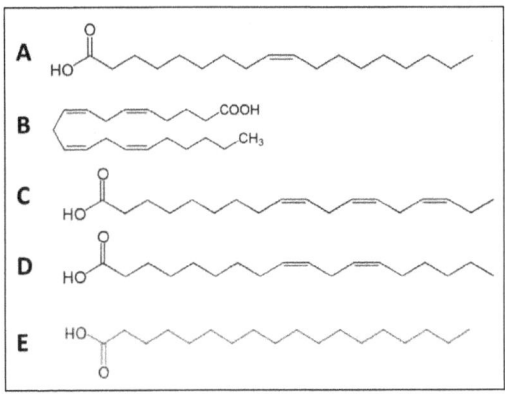

a. A
b. B
c. C
d. D
e. E

203. ¿Cuál de las siguientes estructuras químicas corresponde al ácido oleico?

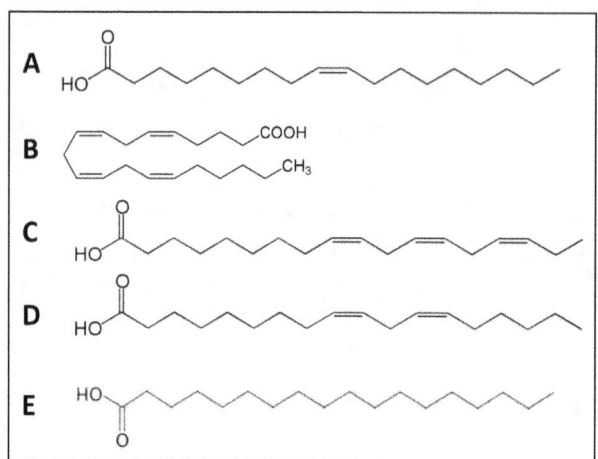

a. A
b. B
c. C
d. D
e. E

204. ¿Cuál de las siguientes estructuras químicas corresponde al ácido esteárico?

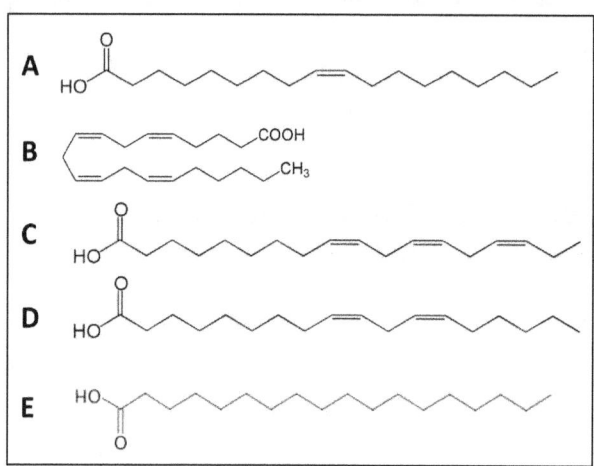

a. A
b. B
c. C
d. D
e. E

205. ¿Cuál de las siguientes estructuras químicas corresponde al ácido α-linolénico?

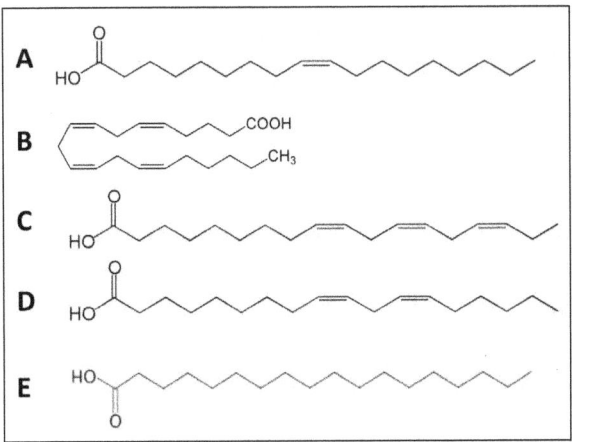

a. A
b. B
c. C
d. D
e. E

206. ¿Cuál de las siguientes estructuras químicas corresponde al ácido araquidónico?

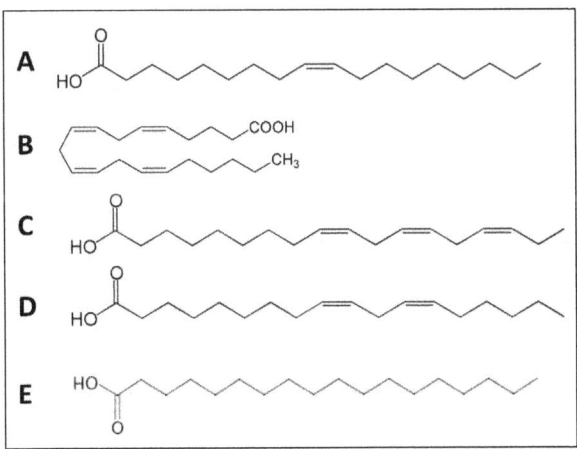

a. A
b. B
c. C
d. D
e. E

Membranas biológicas y transporte

207. El modelo del mosaico fluido sobre las membranas biológicas fue propuesto en 1972 por...

a. S.J. Singer y G.L. Nicholson
b. S. Miller y J. Oró
c. P. Mitchell
d. J. Watson y F. Crick
e. F. Burlington y M. Perutz

208. En el libro de W.M.Becker et al. ('The world of the cell', 2000) aparece un curioso estudio. Los investigadores fusionan una célula de ratón en cuya membrana hay proteínas marcadas con fluorescencia de color rojo, con una célula humana en cuya membrana hay proteínas marcadas con fluorescencia de color verde. ¿Cuál de los siguientes resultados te parece que es la que observan?

a. Pocos minutos tras la fusión de las membranas, la distribución del marcaje rojo y verde es homogénea y ambos marcadores están completamente entremezclados.
b. Aún tras horas después de la fusión de las membranas, las proteínas rojas se mantienen recluidas en una zona de la membrana, mientras la señal de fluorescencia verde difunde libremente.
c. Aún tras horas después de la fusión de las membranas, las proteínas verdes se mantienen recluidas en una zona de la membrana, mientras la señal de fluorescencia roja difunde libremente.
d. Aún tras horas después de la fusión de las membranas, las proteínas rojas se mantienen recluidas en una zona de la membrana y las verdes también se mantienen recluidas aunque en una zona diferente.
e. Tras algunas horas después de la fusión celular, todas las proteínas expresadas a nivel de membrana mantienen una fluorescencia de color rojo, que indica que prevalece el contenido proteico murino sobre el humano.

209. Sobre una bicapa lipídica pura de dipalmitoilfosfatidilcolina se realiza el siguiente experimento. Desde una temperatura de 0°C, se aumenta progresivamente la temperatura y se mide por calorimetría la cantidad de calor absorbida por la bicapa (J/°C). La absorción de calor presenta un pico muy brusco que se inicia a 35°C, llega a su máximo en 40°C y vuelve al valor basal en 45°C. ¿Qué esperas que ocurra en un experimento análogo si a la misma membrana se le añade un 20% de colesterol?

a. El pico de absorción de calor es igual de brusco pero se desplaza hacia menores temperaturas
b. El pico de absorción de calor es igual de brusco pero se desplaza hacia mayores temperaturas

67

c. El pico de absorción de calor es mucho más amplio y suave. Afecta a un rango de unos 30°C y el valor máximo de absorción de calor es muy inferior al del caso anterior. Ahora bien, la temperatura a la que encontramos el máximo no varía.
d. El pico de absorción de calor es mucho más amplio y suave. Afecta a un rango de unos 30°C y el valor máximo de absorción de calor es muy inferior al del caso anterior. La temperatura a la que encontramos el máximo, además, disminuye.
e. El pico de absorción de calor es mucho más amplio y suave. Afecta a un rango de unos 30°C y el valor máximo de absorción de calor es muy inferior al del caso anterior. Ahora bien, la temperatura a la que encontramos el máximo, además, se incrementa.

210. La temperatura de transición gel→líquido de una bicapa sintética nos da una idea de su fluidez. Una bicapa de dipalmitoilfosfatidilcolina tiene una temperatura de transición de ~40°C. ¿Qué ocurrirá con esta temperatura si la misma bicapa se construye totalmente con un derivado de este fosfolípido que presente una insaturación a nivel del carbono 9 de cada una de las dos cadenas hidrocarbonadas?

a. No variará, puesto que sólo depende del número de carbonos de la cadena.
b. Aumentará ligeramente (unos 5-10°C)
c. Aumentará considerablemente (unos 70-80°C)
d. Disminuirá ligeramente (unos 5-10°C)
e. Disminuirá considerablemente (unos 70-80°C)

211. Se ha observado, en renos, que las células más próximas al extremo de la pata presentan membranas plasmáticas más ricas en ácidos grasos insaturados que las que están próximas al cuerpo. ¿Qué ventaja adaptativa te parece que le reporta esta circunstancia a los renos?

a. Ninguna, puesto que el nivel de insaturación de los lípidos de membrana no afecta a la temperatura de transición entre gel y líquido de dichas membranas.
b. Hace que la temperatura de transición gel→líquido en dichas membranas sea muy inferior a la encontrada en células próximas al cuerpo, evitando así la congelación de las células del extremo de la pata.
c. Hace que la temperatura de transición gel→líquido en dichas membranas sea muy superior a la encontrada en células próximas al cuerpo, evitando así la congelación de las células del extremo de la pata.
d. Favorece la congelación de las células del extremo de la pata, disparando procesos apoptóticos y aumentando su velocidad de renovación celular.
e. Permite la inserción de canales de Ca^{2+} en la membrana plasmática, permitiendo una mayor 'desecación' de dichas células y reduciendo con ello su riesgo de congelación.

212. ¿Cuál de las siguientes afirmaciones es falsa?

a. Las células del cuerpo humano, y los microorganismos que en él se hospedan, mantienen por lo general una composición tal en sus membranas plasmáticas que la temperatura de transición de dichas membranas quede por debajo de la temperatura corporal.

b. En algunos artriodáctilos de zonas frías, como los renos, se ha observado que, en comparación con el común de sus células, las células del extremo de las patas tienen membranas con muchas más insaturaciones en sus fosfolípidos.

c. La adición de colesterol a una membrana sintética aumenta la temperatura de transición de la misma.

d. El movimiento de un ácido graso libre desde una cara a otra de la membrana plasmática es más favorable (en términos de energía libre) que el movimiento análogo realizado por un fosfolípido.

e. La estructura secundaria predominante en los segmentos proteicos que atraviesan la membrana plasmática es la hélice α

213. ¿Cuál de las siguientes afirmaciones sobre los sistemas y mecanismos de transporte a través de membranas biológicas es FALSA?

a. los sistemas de transporte facilitado que utilizan exclusivamente poros son poco dependientes de la temperatura

b. los sistemas de transporte facilitado que utilizan exclusivamente transportadores son muy dependientes de la temperatura

c. la tasa de transporte en un mecanismo de transporte pasivo es directamente proporcional a la diferencia de concentración de la sustancia transportada a ambos lados de la membrana

d. la tasa de transporte en un mecanismo de transporte facilitado mediante transportador es directamente proporcional a la diferencia de concentración de la sustancia transportada a ambos lados de la membrana

e. los sistemas de transporte facilitado que utilizan exclusivamente poros son poco dependientes de la fluidez de la membrana

214. Los valores habituales de concentración de Na$^+$ y K$^+$ en el entorno extracelular de las células animales son aproximadamente...

a. [Na$^+$]=140 mM ; [K$^+$]=5 mM

b. [Na$^+$]=1 M ; [K$^+$]=5 µM

c. [Na$^+$]=5 mM ; [K$^+$]=140 mM

d. [Na$^+$]=140 µM ; [K$^+$]=5 µM

e. [Na$^+$]=5 µM ; [K$^+$]=140 µM

215. Los valores habituales de concentración de Na$^+$ y K$^+$ en el citosol de las células animales son aproximadamente...

a. [Na$^+$]=100 mM ; [K$^+$]=10 mM

b. [Na$^+$]=10 mM ; [K$^+$]=10 µM

c. [Na$^+$]=10 mM ; [K$^+$]=10 mM

d. [Na$^+$]=10 µM ; [K$^+$]=100 µM

e. [Na$^+$]=10 mM ; [K$^+$]=100 mM

216. Una bicapa lipídica tiene un grosor de ~3nm. ¿Cuántos residuos de una hélice α caben en un segmento transmembrana que atraviese dicha bicapa sin que el eje principal de la hélice experimente ningún giro?

a. 20
b. 30
c. 40
d. 50
e. 60

217. ¿Cuál de los siguientes fármacos tiene su efecto terapéutico al unirse a la cadena α de la bomba de sodio/potasio de las células musculares cardiacas?

a. ouabaína
b. digitoxina
c. indometacina
d. a y b son correctas
e. b y c son correctas

218. La bomba de sodio/potasio...

a. ...bombea al exterior celular 1 Na^+ por cada 2 K^+ que introduce en la célula
b. ...bombea al exterior celular 2 Na^+ por cada 2 K^+ que introduce en la célula
c. ...bombea al exterior celular 3 Na^+ por cada 2 K^+ que introduce en la célula
d. ...bombea al exterior celular 1 Na^+ por cada 3 K^+ que introduce en la célula
e. ...bombea al exterior celular 2 Na^+ por cada 3 K^+ que introduce en la célula

219. La valinomicina...

a. ...es un transportador de cationes K^+
b. ...adopta una forma plegada en la que muchos átomos de N y O quedan en la parte interior, de forma que puede quelar bien cationes
c. ...adopta una forma plegada en la que la cara externa es fuertemente hidrófoba, de forma que puede desplazarse por el interior de la bicapa lipídica
d. a y b son ciertas; c es falsa
e. a, b y c son ciertas

220. Se ha propuesto que la bomba de sodio/potasio, para acoplar la hidrólisis de ATP al transporte de cationes, podría estar oscilando entre dos conformaciones mayoritarias: una abierta hacia el citoplasma (C), y otra abierta hacia el exterior celular (E). En relación a esto, ¿cuál de las siguientes afirmaciones es correcta?

a. La conformación C favorece la captación de K^+ y la cesión de Na^+.
b. La transición de E a C se desencadena tras la unión de ATP y la liberación de fosfato inorgánico.
c. La transición de C a E se desencadena tras la fosforilación de la subunidad α y la liberación de ADP.
d. La conformación E favorece la liberación de K^+.
e. b y c son correctas

221. El funcionamiento de la bomba sodio/potasio se puede inhibir mediante esteroides cardiotónicos como la ouabaína o la digitoxina. Estos fármacos...

a. ...se unen a la bomba preferentemente en su conformación abierta al citosol.
b. ...provocan el aumento de la [K^+] en el interior celular.
c. ...causan un aumento de la [Na^+] intracelular, lo que desencadena mecanismos para eliminar este exceso de Na^+, como puede ser la activación de la bomba de intercambio Na^+/Ca^{2+}.
d. ..., al activar indirectamente la bomba de intercambio Na^+/Ca^{2+}, aumentan la [Ca^{2+}] en el retículo sarcoplásmico de las células musculares, potenciando la contracción. Por ello se emplean como estimulantes cardiacos.
e. c y d son correctas

222. Imaginemos un modelo simplificado de transporte de iones a través de la membrana de una célula en el que sólo interviene un determinado tipo de catión monovalente, por ejemplo, el Na^+. En esta célula-modelo, el potencial de membrana ($\Delta\psi$) se puede calcular mediante la siguiente fórmula (ecuación de Nernst), en la que R es la constante de los gases ideales, T es la temperatura absoluta y F es la constante de Faraday.

a. $\Delta\psi = (RTF) \cdot (\ln([Na^+]_{exterior}/[Na^+]_{interior}))$
b. $\Delta\psi = (RT/F) \cdot (\ln([Na^+]_{exterior}/[Na^+]_{interior}))$
c. $\Delta\psi = (RT/F) \cdot ([Na^+]_{exterior}/[Na^+]_{interior})$
d. $\Delta\psi = (RT/F) \cdot ([Na^+]_{interior}/[Na^+]_{exterior})$
e. $\Delta\psi = (RT/F) \cdot (\ln([Na^+]_{interior}/[Na^+]_{exterior}))$

223. Para los cationes monovalentes, la ecuación de Nernst para calcular el potencial eléctrico de una membrana biológica tendría la siguiente forma, considerando que queremos el valor del potencial de membrana ($\Delta\psi$) en milivoltios (mV).

a. $\Delta\psi = 59 \cdot \log_{10}([catión]_{exterior}/[catión]_{interior})$
b. $\Delta\psi = 59 \cdot 10^{-3} \cdot \log_{10}([catión]_{exterior}/[catión]_{interior})$
c. $\Delta\psi = -59 \cdot \log_{10}([catión]_{exterior}/[catión]_{interior})$
d. $\Delta\psi = -59 \cdot 10^{-3} \cdot \log_{10}([catión]_{exterior}/[catión]_{interior})$
e. $\Delta\psi = 59 \cdot \log_{10}([catión]_{interior}/[catión]_{exterior})$

224. Para los aniones monovalentes, la ecuación de Nernst para calcular el potencial eléctrico de una membrana biológica tendría la siguiente forma, considerando que queremos el valor del potencial de membrana ($\Delta\psi$) en milivoltios (mV).

a. $\Delta\psi = 59 \cdot \log_{10}([anión]_{exterior}/[anión]_{interior})$
b. $\Delta\psi = 59 \cdot 10^{-3} \cdot \log_{10}([anión]_{exterior}/[anión]_{interior})$
c. $\Delta\psi = -59 \cdot \log_{10}([anión]_{exterior}/[anión]_{interior})$
d. $\Delta\psi = -59 \cdot 10^{-3} \cdot \log_{10}([anión]_{exterior}/[anión]_{interior})$
e. $\Delta\psi = 59 \cdot 10^{-6} \cdot \log_{10}([anión]_{interior}/[anión]_{exterior})$

225. En el axón de neurona de calamar...

a. la permeabilidad para el Na^+ es mayor que para el K^+
b. el potencial de membrana en reposo está cercano a los -60mV
c. el potencial de membrana puede calcularse mediante la ecuación de Goldman, que requiere que conozcamos la permeabilidad de cada uno de los iones presentes en el proceso
d. a y b son correctas
e. a, b y c son correctas

226. El umbral para la apertura de los canales de sodio en la membrana de axón de calamar es de -40mV. Cuando se alcanza este potencial, el efecto más relevante que se observa es...

a. una entrada masiva de K^+ en la célula
b. una salida masiva de Na^+ de la célula
c. una entrada masiva de Na^+ en la célula
d. una salida masiva de K^+ en la célula
e. una entrada masiva de Ca^{2+} en la célula

227. Ordena en el tiempo los siguientes eventos correspondientes a un ciclo de excitabilidad de la membrana de una neurona:

A. Se cierran los canales de sodio y el K^+ continúa saliendo al exterior por canales específicos dependientes de voltaje, lo que lleva el potencial de membrana a -70mV.
B. El potencial de membrana es de -60mV, similar al potencial de membrana correspondiente exclusivamente a la acción del K^+
C. Los canales de Na^+ permanecen durante unos instantes resistentes a la apertura (periodo refractario).
D. Se produce una entrada masiva de sodio, que sitúa el potencial de membrana en +40mV, cercano al potencial de +55mV que corresponde exclusivamente a la acción del Na^+
E. El potencial de membrana asciende a -40mV y se abren los canales de Na^+ dependientes de voltaje

a. $B \rightarrow D \rightarrow E \rightarrow A \rightarrow C$
b. $E \rightarrow B \rightarrow D \rightarrow C \rightarrow A$
c. $B \rightarrow E \rightarrow A \rightarrow D \rightarrow C$
d. $B \rightarrow C \rightarrow E \rightarrow D \rightarrow A$
e. $B \rightarrow E \rightarrow D \rightarrow A \rightarrow C$

228. La tetrodotoxina...

a. Se une específicamente a los canales de Na⁺ de la membrana axonal e inhibe el flujo catiónico
b. Bloquea específicamente los canales de K⁺ de la membrana axonal e inhibe el flujo catiónico
c. Desencadena la apertura de los canales de Na⁺ dependientes de voltaje, mejorando la permeabilidad de la membrana por este catión sin necesidad de que cambie el voltaje previamente
d. Desencadena la apertura de los canales de K⁺ dependientes de voltaje, mejorando la permeabilidad de la membrana por este catión sin necesidad de que cambie el voltaje previamente
e. Ninguna de las anteriores

229. La saxitoxina...

a. Se une específicamente a los canales de Na⁺ de la membrana axonal e inhibe el flujo catiónico
b. Bloquea específicamente los canales de K⁺ de la membrana axonal e inhibe el flujo catiónico
c. Desencadena la apertura de los canales de Na⁺ dependientes de voltaje, mejorando la permeabilidad de la membrana por este catión sin necesidad de que cambie el voltaje previamente
d. Desencadena la apertura de los canales de K⁺ dependientes de voltaje, mejorando la permeabilidad de la membrana por este catión sin necesidad de que cambie el voltaje previamente
e. Ninguna de las anteriores

230. ¿Cuál de las siguientes afirmaciones, referentes a la *veratridina*, es correcta o falsa?
A. Inhibe la apertura de los canales de Na⁺
B. Inhibe la apertura de los canales de K⁺
C. Estabiliza, mediante unión directa, la conformación 'abierta' de los canales de Na⁺
D. Se encuentra en las semillas de una planta denominada *Schoenocaulon officinale*
E. Se encuentra en algunos órganos del pez burbuja, muy apreciado en la cultura japonesa

a. C y D son ciertas, el resto son falsas
b. Sólo E es cierta
c. Sólo C y E son ciertas
d. A, C y E son falsas, el resto son ciertas
e. B, C y E son falsas, el resto son ciertas

231. La tetrodotoxina...

a. ...puede encontrarse en el veneno de víboras y otros reptiles de climas áridos
b. ...es fabricada por los cefalópodos como contenido de la tinta y es empleada como mecanismo de defensa ante depredadores
c. ...puede encontrarse en algunos órganos del pez burbuja
d. ...está presente en las algas microscópicas responsables de la llamada 'marea roja' (dinoflagelados) y puede incorporarse al marisco que come estas algas microscópicas
e. ...está presente en un parásito de peces denominado *Anisakis*

232. La saxitoxina...

a. ...puede encontrarse en el veneno de víboras y otros reptiles de climas áridos
b. ...es fabricada por los cefalópodos como contenido de la tinta y es empleada como mecanismo de defensa ante depredadores
c. ...puede encontrarse en algunos órganos del pez burbuja
d. ...está presente en las algas microscópicas responsables de la llamada 'marea roja' (dinoflagelados) y puede incorporarse al marisco que come estas algas microscópicas
e. ...está presente en un parásito de peces denominado *Anisakis*

233. Tenemos tres bicapas lipídicas de eritrocito de rata. En cada una de ellas, medimos la relación molar entre colesterol (C) y fosfolípidos de membrana (PL) y la representamos en la siguiente tabla.

	C:PL
Membrana X	0,2:1
Membrana Y	0,7:1
Membrana Z	1:1

La observación microscópica de las tres membranas nos ofrece los siguientes datos, algunos de los cuales pueden ser falsos.

A. La membrana X es más estrecha que la Y
B. En la membrana Z se formarán con frecuencia islotes más estrechos formados básicamente por una bicapa de colesterol e islotes más amplios formados por una bicapa de fosfolípidos con algo de colesterol insertado.
C. La membrana X es más ancha que la Y
D. En la membrana Y se formarán con frecuencia islotes más estrechos formados básicamente por una bicapa de colesterol e islotes más amplios formados por una bicapa de fosfolípidos con algo de colesterol insertado.

a. Sólo la A es cierta
b. Sólo la C es cierta
c. Sólo la A y la B son ciertas
d. Sólo la A, la B y la D son ciertas
e. Sólo la B, la C y la D

234. Tenemos una membrana semipermeable que separa dos compartimentos A y B. En estos compartimentos tenemos un determinado soluto X a diferentes concentraciones (que llamaremos C_A, C_B). La variación de energía libre de Gibbs (ΔG) asociada al transporte de 1 mol del soluto X a través de la membrana desde el compartimento A al B viene dada por la siguiente ecuación:

a. $\Delta G = \ln(C_A/C_B)$
b. $\Delta G = RT\ln(C_A/C_B)$
c. $\Delta G = \ln(C_B/C_A)$
d. $\Delta G = RT\ln(C_B/C_A)$
e. $\Delta G = -T\ln(C_B/C_A)/R$

235. La tasa neta de transporte (J) de una determinada sustancia a través de una membrana mediante difusión pasiva puede expresarse en moles por centímetro cuadrado por segundo, y se calcula mediante la siguiente ecuación (en la que C_2 y C_1 son las concentraciones a ambos lados de la membrana, l es el grosor de la membrana, D_1 es el coeficiente de difusión de la sustancia y k es el coeficiente de reparto entre el lípido de la membrana y el agua, para dicha sustancia.

a. $J = klD_1(C_2-C_1)$
b. $J = (kD_1(C_2-C_1)/l)$
c. $J = (k(C_2-C_1)/(l\,D_1))$
d. $J = (D_1(C_2-C_1)/lk)$
e. $J = l(kC_2-C_1D_1)$

236. La tasa neta de transporte (J) de una determinada sustancia a través de una membrana mediante difusión pasiva puede expresarse en moles por centímetro cuadrado por segundo, y se calcula mediante la siguiente ecuación (en la que C_2 y C_1 son las concentraciones a ambos lados de la membrana, y P es el llamado 'coeficiente de permeabilidad'. $P=kD_1l/l$, donde l es el grosor de la membrana, D_1 es el coeficiente de difusión de la sustancia y k es el coeficiente de reparto entre el lípido de la membrana y el agua, para dicha sustancia.

a. $J = P(C_2-C_1)$
b. $J = (C_2-C_1)/P$
c. $J = -P(C_2-C_1)$
d. $J = -(C_2-C_1)/P$
e. $J = -(C_1-C_2)/P$

237. La facilidad de difusión simple de una determinada sustancia a través de una bicapa lipídica puede expresarse mediante su 'coeficiente de permeabilidad', que depende tanto de la sustancia como de la membrana. ¿Cuál de las siguientes sustancias te parece que presentará un mayor coeficiente de permeabilidad en una bicapa lipídica sintética de fosfatidilserina?

a. K^+
b. Na^+
c. Cl^-
d. Glucosa
e. Agua

238. La gramicidina A...
   a. ...actúa como un poro específico para el transporte de cationes a través de membranas
   b. ...facilita el paso de los cationes K^+ y, en menor medida, de los de Na^+
   c. ...actúa de forma dimérica
   d. a y b son ciertas; c es falsa
   e. a, b y c son ciertas

239. Si, en un proceso de transporte facilitado de una sustancia A a través de membrana, representamos la tasa o velocidad de transporte en el eje de ordenadas y, en el eje de abscisas, indicamos la diferencia de concentración de la sustancia A a ambos lados de la membrana, ¿qué forma tendrá la gráfica bidimensional resultante?

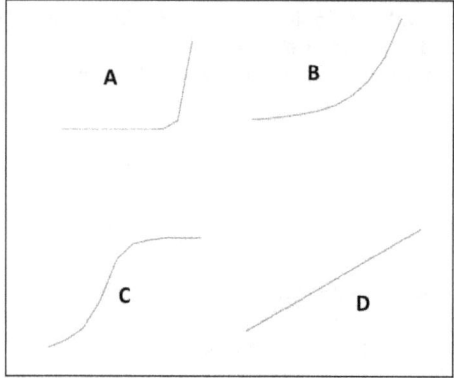

   a. A
   b. B
   c. C
   d. D
   e. la A o la B en función de la concentración inicial de transportadores de membrana

240. Si, en un proceso de transporte pasivo de una sustancia A a través de membrana, representamos la tasa o velocidad de transporte en el eje de ordenadas y, en el eje de abscisas, indicamos la diferencia de concentración de la sustancia A a ambos lados de la membrana, ¿qué forma tendrá la gráfica bidimensional resultante?

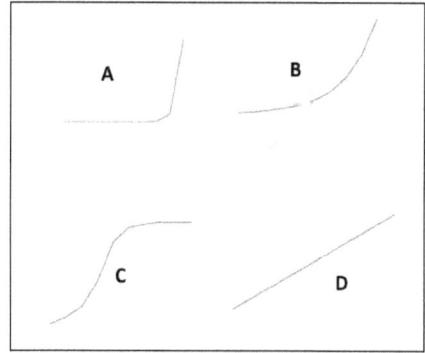

   a. A
   b. B
   c. C
   d. D
   e. la A o la B en función de la concentración inicial de transportadores de membrana

Proteínas: aminoácidos y péptidos

241. ¿Cuál de los siguientes aminoácidos tiene una carga positiva en su cadena lateral a pH fisiológico?

a. glicina
b. ácido aspártico
c. serina
d. tirosina
e. lisina

242. ¿Qué es el glutatión?

a. es un tripéptido de glutamato, cisteína y glicina que permite regular el potencial redox en la mayoría de las células
b. es un dipéptido formado por ácido aspártico y glicina. Se emplea como edulcorante artificial
c. es una pequeña proteína (33 aminoácidos) que antagoniza los efectos hormonales de la insulina y regula la glucemia
d. es el anión monovalente del ácido glutámico, que sólo está presente en disolución a pH neutro, dado que a pH ácido este aminoácido es un dianión
e. es una medida de la capacidad amortiguadora del pH de una disolución de aminoácidos

243. ¿Cuál de los siguientes aminoácidos NO presenta un grupo cíclico en su cadena lateral?

a. fenilalanina
b. glutamina
c. tirosina
d. triptófano
e. histidina

244. Imagina que tienes una disolución a pH neutro con concentraciones 0,05 M de cada uno de los siguientes aminoácidos. A medida que aumenta el pH de 7 a 12. ¿Cuál de ellos perderá más pronto un protón de su cadena lateral?

a. fenilalanina
b. glutamina
c. tirosina
d. triptófano
e. histidina

245. La cristalografía de rayos X puede determinar dónde se encuentra cada uno de los átomos pesados (C,N,O,S) de una proteína, pero no tiene suficiente precisión para ver los hidrógenos. De este modo, las estructuras tridimensionales de proteína determinadas por rayos X nos ofrecen una imagen de la proteína sin hidrógenos. Conociendo el pH de la disolución, podemos saber si una cadena lateral de un aminoácido de esta proteína estará protonada o no. Para la mayoría de los aminoácidos, a pH entre 6 y 8, esto es tarea fácil, porque el estado de protonación de las cadenas laterales no varía en ese rango de pH. Existe una excepción a este comportamiento, se trata del aminoácido...

a. fenilalanina
b. glutamina
c. tirosina
d. triptófano
e. histidina

246. La fenilcetonuria es una enfermedad genética caracterizada por la incapacidad del paciente para transformar fenilalanina en tirosina. Suele deberse a un deficiencia en la enzima fenilalanina hidrolasa o la enzima tetrahidrobiopterina reductasa. ¿Qué se observa en los pacientes de dicha patología?

a. son más claros de piel, dado que la tirosina es un precursor de la síntesis de melanina
b. presentan un incremento de fenilalanina en orina
c. es necesario suplementar la dieta de estos pacientes con tirosina
d. a, b y c son correctas
e. sólo b y c son correctas

247. ¿Cuál de los siguientes aminoácidos se representa con la letra W?

a. triptófano
b. tirosina
c. fenilalanina
d. valina
e. treonina

248. Las proteínas pueden sufrir N-glicosilación en algunos residuos. ¿Cuál es la forma más común?

a. Un residuo de N-acetilglucosamina unido al nitrógeno amida de cualquier enlace peptídico
b. Un residuo de N-acetilglucosamina unido al nitrógeno amina de una lisina
c. Un residuo de N-acetilglucosamina unido al nitrógeno amida de una glutamina
d. Un residuo de N-acetilglucosamina unido al nitrógeno amida de una asparagina
e. Un residuo de N-acetilglucosamina unido al nitrógeno amina de una arginina

249. Los aminoácidos más abundantes en las proteínas son...

a. L-α-aminoácidos
b. D-α-aminoácidos
c. L-β-aminoácidos
d. D-β-aminoácidos
e. Las respuestas b y d son correctas

250. ¿Cuál de los siguientes aminoácidos se representa con la letra Q?

a. isoleucina
b. tirosina
c. fenilalanina
d. arginina
e. glutamina

251. ¿Cuál de los siguientes aminoácidos se representa con la letra R?

a. ácido aspártico
b. treonina
c. asparagina
d. arginina
e. glutamina

252. En la figura se muestra el equilibrio ácido base de la alanina y los pKₐ asociados a cada reacción. Si la concentración de la especie A es de 0,8 M y la de la especie B es de 0,4 M ¿cuál es el pH de la disolución?

a. 1,66
b. 2,05
c. 2,65
d. 3,04
e. 6,11

253. ¿Cuál de los siguientes aminoácidos tiene una carga positiva en su cadena lateral a pH fisiológico?

a. fenilalanina
b. glutamina
c. valina
d. tirosina
e. arginina

254. Las proteínas pueden sufrir O-glucosilación en algunos residuos. ¿Cuál es la forma más común?

a. Un residuo de N-acetilgalactosamina unido a un residuo de valina o histidina
b. Un residuo de N-acetilgalactosamina unido a un residuo de triptófano o tirosina
c. Un residuo de N-acetilgalactosamina unido a un residuo de alanina o glutamina
d. Un residuo de N-acetilgalactosamina unido a un residuo de glicina o alanina
e. Un residuo de N-acetilgalactosamina unido a un residuo de serina o treonina

255. ¿Cuál de los siguientes aminoácidos tiene una carga negativa en su cadena lateral a pH fisiológico?

a. glutamina
b. ácido glutámico
c. lisina
d. a y b son correctas
e. b y c son correctas

256. La cristalografía de rayos X puede determinar dónde se encuentra cada uno de los átomos pesados (C,N,O,S) de una proteína, pero no tiene suficiente precisión para ver los hidrógenos. De este modo, las estructuras tridimensionales de proteína determinadas por rayos X nos ofrecen una imagen de la proteína sin hidrógenos. Conociendo el pH de la disolución, podemos saber si una cadena lateral de un aminoácido de esta proteína estará protonada o no. Para la mayoría de los aminoácidos, a pH entre 6 y 8, esto es tarea fácil, porque el estado de protonación de las cadenas laterales no varía en ese rango de pH. Existe una excepción a este comportamiento, se trata del aminoácido...

a. fenilalanina
b. glutamina
c. ácido aspártico
d. asparagina
e. histidina

257. Las siguientes afirmaciones se refieren a las investigaciones sobre el origen de la preferencia L vs D en la quiralidad de los aminoácidos naturales. Señala la afirmación FALSA.

a. Se ha visto que en los α-metil-aminoácidos presentes en el meteorito Murchison (Australia, 1969) hay cierta preferencia por las formas L
b. En las reacciones de Strecker los aminoácidos se generan como mezcla racémica
c. La luz polarizada de algunas estrellas parece que destruye parcialmente las formas D de los aminoácidos
d. Un importante problema es que no se ha conseguido, a día de hoy, que los α-metil-aminoácidos se transformen en α-aminoácidos en condiciones naturales
e. La pérdida de la preferencia L (racemización) en los aminoácidos se utiliza como medida del tiempo en métodos de datación de cadáveres

258. La siguiente figura muestra el equilibrio ácido-base de la histidina, indicando el valor de pK_a de cada reacción. Según estos datos, ¿cuál es el valor del punto isoeléctrico (pI) de la histidina?

a. 3,91
b. 5,50
c. 5,66
d. 7,59
e. 8,50

259. ¿Cuál de los siguientes aminoácidos se representa con la letra Y?

a. triptófano
b. tirosina
c. fenilalanina
d. valina
e. treonina

260. La base molecular de los diferentes grupos sanguíneos del sistema ABO estriba en la naturaleza de unos oligosacáridos unidos a las proteínas de superficie de los eritrocitos. ¿Cuál de las siguientes afirmaciones referente a estos oligosacáridos es CIERTA?

a. se trata de O-glicosilaciones en las que intervienen los siguientes azúcares: fucosa, galactosa, N-acetilgalactosamina y ácido siálico
b. se trata de O-glicosilaciones en las que intervienen los siguientes azúcares: glucosa y galactosa
c. se trata de N-glicosilaciones en las que intervienen los siguientes azúcares: N-acetilgalactosamina y ácido siálico
d. se trata de N-glicosilaciones en las que intervienen los siguientes azúcares: N-acetilgalactosamina, N-acetilglucosamina, glucosa y ácido siálico
e. se trata de O-glicosilaciones en las que intervienen los siguientes azúcares: fucosa, fructosa y ácido siálico

261. Algunos aminoácidos, cuando forman parte de las proteínas, pueden fosforilarse ¿Cuáles?

a. Ácido aspártico, Serina, Leucina
b. Glicina, Fenilalanina, Treonina
c. Valina, Ácido glutámico, Ácido aspártico
d. Alanina, Lisina, Glutamina
e. Tirosina, Serina, Treonina

262. ¿Cuál de los siguientes aminoácidos posee la cadena lateral más voluminosa?

a. glicina
b. leucina
c. triptófano
d. valina
e. serina

263. Llamamos punto isoeléctrico de un aminoácido...

a. Al pH en el que la carga del aminoácido es 0.
b. Al pK_a en el que la carga del aminoácido es 0.
c. Al pK_a sumado al logaritmo del cociente entre la concentración de la forma protonada y desprotonada de un aminoácido.
d. Al pK_a sumado al logaritmo del cociente entre la concentración de la forma desprotonada y protonada de un aminoácido.
e. Al promedio de todos los valores de pK_a asociados a ese aminoácido.

264. ¿Cuál de los siguientes aminoácidos es capaz de formar puentes disulfuro en las proteínas?

a. cisteína
b. treonina
c. serina
d. tirosina
e. lisina

265. El lugar de unión de los oligosacáridos ligados por N a las proteínas es mayoritariamente una asparagina que se encuentra en la siguiente secuencia de aminoácidos ("X" indica cualquier aminoácido, "/" indica alternancia entre dos o más aminoácidos)...

a. Asn-X-X-X-Glu-Pro
b. Asn-X-Ser/Thr
c. Pro-Asn-X-His
d. Gly/Ala-X-Asn-Phe/Trp
e. Asn-X-Glu/Asp

266. ¿Cuál de los siguientes aminoácidos se representa con la letra T?

a. triptófano
b. tirosina
c. timina
d. tiamina
e. treonina

267. Las interacciones catión-π...

a. pueden darse entre un catión como el sodio y un aminoácido tipo glutamina
b. pueden darse entre la cadena lateral de una tirosina y la de una alanina
c. pueden darse entre un catión y la cadena lateral de la asparagina
d. pueden darse entre lisina y fenilalanina
e. a y d son correctas

268. La β-alanina es un precursor de la síntesis del Coenzima A. Un intermediario de esta síntesis se emplea en la industria cosmética (cremas, champús,...) como potenciador del crecimiento de la piel. Estamos hablando de...

a. ácido pantoténico
b. ornitina
c. fenilalanina
d. glucagón
e. miosina

269. Señala la afirmación FALSA.

a. La dermorfina es una proteína fabricada por algunos anfibios, que tiene una acción anestésica actuando a nivel del receptor de opioides del sistema nervioso humano.
b. La dermorfina tiene un aminoácido con isomería D, concretamente el segundo, que es una D-tirosina.
c. La nisina es un conservante alimentario de naturaleza peptídica.
d. El aspartamo se emplea como edulcorante y es de naturaleza peptídica.
e. Algunos caracoles utilizan acathin-I, un péptido pequeño que contiene D-fenilalanina y potencia la contracción muscular.

270. ¿Cuál de los siguientes aminoácidos se representa con la letra K?

a. lisina
b. cisteína
c. ácido glutámico
d. arginina
e. tirosina

271. ¿Cuál de los siguientes aminoácidos se representa con la letra E?

a. metionina
b. ácido aspártico
c. ácido glutámico
d. asparagina
e. fenilalanina

272. La base molecular de los diferentes grupos sanguíneos del sistema AB0 estriba en la naturaleza de unos pentasacáridos unidos a las proteínas de superficie de los eritrocitos. ¿Cuál es la diferencia entre el antígeno A y el B?

a. una galactosa del A desaparece en el B
b. una galactosa del A está sustituída por una glucosa en el B
c. un ácido siálico del A cambia por una N-acetilgalactosamina en el B
d. una N-acetilgalactosamina del A está sustituída por una galactosa en el B
e. una fructosa del A está sustituída por una glucosa en el B

273. ¿Cuál de los siguientes aminoácidos se representa con la letra D?

a. serina
b. ácido aspártico
c. ácido glutámico
d. histidina
e. valina

274. ¿Cuál de los siguientes aminoácidos tiene una carga negativa en su cadena lateral a pH fisiológico?

    a. asparagina
    b. ácido aspártico
    c. serina
    d. a y b son correctas
    e. b y c son correctas

275. La ornitina es un importante derivado de los aminoácidos naturales, ¿a cuál de las siguientes estructuras química corresponde dicha molécula?

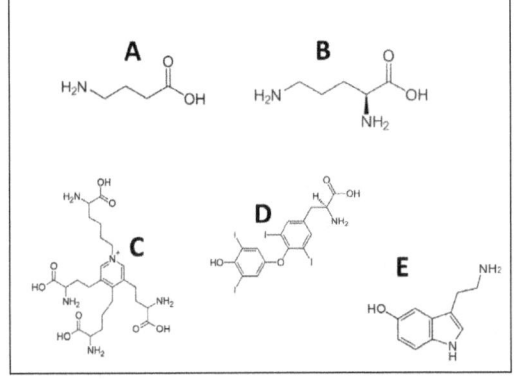

    a. A
    b. B
    c. C
    d. D
    e. E

276. El ácido γ-aminobutírico (GABA) es un importante derivado de los aminoácidos naturales, ¿a cuál de las siguientes estructuras química corresponde dicha molécula?

    a. A
    b. B
    c. C
    d. D
    e. E

277. La serotonina es un importante derivado de los aminoácidos naturales, ¿a cuál de las siguientes estructuras química corresponde dicha molécula?

a. A
b. B
c. C
d. D
e. E

278. La desmosina es un importante derivado de los aminoácidos naturales, ¿a cuál de las siguientes estructuras química corresponde dicha molécula?

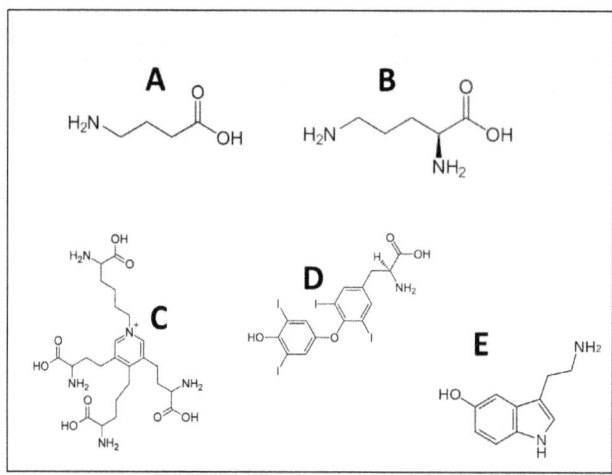

a. A
b. B
c. C
d. D
e. E

279. La tiroxina es un importante derivado de los aminoácidos naturales, ¿a cuál de las siguientes estructuras química corresponde dicha molécula?

a. A
b. B
c. C
d. D
e. E

280. La melanotropina es una hormona peptídica de 13 aminoácidos que fue descrita por primera vez por A.B. Lerner (U.Yale) Existen diferentes variantes, y su función es estimular la multiplicación de melanocitos en vertabrados. Una secuencia común es la siguiente:

Ser-Tyr-Ser-Met-Glu-His-Phe-Arg-Trp-Gly-Lys-Pro

¿Cómo se escribe su secuencia con el código de 1 letra?

a. STSMGHFRWGLP
b. SYSMUHFRWGLP
c. SYSMEHFRWGKP
d. SYSMDHFRWGKP
e. SYSMEHFAWGKP

281. ¿Cuál de los siguientes aminoácidos es más hidrofóbico?

a. fenilalanina
b. glutamina
c. ácido glutámico
d. ácido aspártico
e. glicina

282. La glutatión peroxidasa contiene algunos residuos especiales, semejantes a la cisteína, en los que se ha sustituido el azufre por otro elemento, ¿de qué elemento se trata?

a. Níquel

b. Selenio

c. Plata

d. Boro

e. Oxígeno

283. ¿Cuál de los siguientes aminoácidos es más pequeño?

a. fenilalanina

b. glutamina

c. ácido glutámico

d. ácido aspártico

e. glicina

Proteínas: estructura general

284. En una hélice alfa...

a. el sentido de giro de la hélice es levógiro
b. el ángulo phi de los aminoácidos se mantiene alrededor de -140°
c. los extremos N-terminales son especialmente ricos en lisina o arginina
d. encontramos 3.6 aminoácidos por cada vuelta de hélice
e. b y d son correctas

285. Una hélice de colágeno...

a. tiene 3,6 aminoácidos por vuelta
b. tiene 5,4 aminoácidos por vuelta
c. tiene 4,4 aminoácidos por vuelta
d. es una estructura formada por 3 cadenas. Cada una de ellas es una hélice levógira
e. c y d son correctas

286. El diagrama de Ramachandran...

a. es una representación gráfica de los ángulos phi y psi de cada aminoácido de una proteína
b. es el diagrama que relaciona la polaridad de los aminoácidos con su propensión a encontrarse en estructuras de lámina b
c. es una matriz de 20 por 20 que recoge la energía de interacción entre todos los aminoácidos, representando dicha energía mediante una escala colorimétrica
d. es la representación gráfica de la ecuación de Henderson-Hasselbalch para un aminoácido concreto. El eje X indica el pH de una disolución 1 M pura de dicho aminoácido, y el eje Y indica la concentración de la especie zwitterión.
e. fue propuesto en 1969 por Cyrus Levinthal, y trata de explicar gráficamente la paradoja que lleva su nombre

287. Observa la siguiente secuencia y los tramos A, B, C, D y E. Señala la opción FALSA.

B

(N-terminal) ...AKRLKNGWAVLFILIYKAWQRPACERGLQILENCASTEDFGTRYHC... (C-terminal)

A   C D   E

a. el tramo B presenta una disposición de residuos aromáticos típica de una hélice α
b. el tramo D puede formar un giro β con más probabilidad que el tramo C
c. en toda la secuencia hay más residuos cargados que aromáticos
d. el tramo A puede formar una hélice α con alta probailidad
e. los extremos del tramo E podrían quedar unidos por un puente disulfuro

288. En una hélice alfa...

a. cada oxígeno del carbonilo de la cadena principal interacciona mediante puente de hidrógeno con el protón de la amida del siguiente residuo en la hélice
b. cada oxígeno del carbonilo de la cadena principal interacciona mediante puente de hidrógeno con el protón de la amida del segundo residuo más adelantado de la hélice
c. cada oxígeno del carbonilo de la cadena principal interacciona mediante puente de hidrógeno con el protón de la amida del tercer residuo más adelantado de la hélice
d. cada oxígeno del carbonilo de la cadena principal interacciona mediante puente de hidrógeno con el protón de la amida del cuarto residuo más adelantado de la hélice
e. cada oxígeno del carbonilo de la cadena principal interacciona mediante puente de hidrógeno con el protón de la amida del quinto residuo más adelantado de la hélice

289. En una hélice alfa, cada puente de hidrógeno entre el carbonilo y la amida de la cadena principal de residuos diferentes estabiliza energéticamente esta estructura secundaria. Si atendemos a la geometría, este puente de hidrógeno cierra un bucle totalmente conectado de n átomos. ¿De cuántos átomos se trata?

a. El número de átomos varía mucho en función de la secuencia
b. 13
c. 15
d. 17
e. 19

290. En una hélice 3_{10}, cada puente de hidrógeno entre el carbonilo y la amida de la cadena principal de residuos diferentes estabiliza energéticamente esta estructura secundaria. Si atendemos a la geometría, este puente de hidrógeno cierra un bucle totalmente conectado de n átomos. ¿De cuántos átomos se trata?

    a. El número de átomos varía mucho en función de la secuencia
    b. 3
    c. 7
    d. 10
    e. 13

291. En una hélice π (también llamada hélice $4,4_{16}$), cada puente de hidrógeno entre el carbonilo y la amida de la cadena principal de residuos diferentes estabiliza energéticamente esta estructura secundaria. Si atendemos a la geometría, este puente de hidrógeno cierra un bucle totalmente conectado de n átomos. ¿De cuántos átomos se trata?

    a. El número de átomos varía mucho en función de la secuencia
    b. 4
    c. 8
    d. 12
    e. 16

292. En la lámina β plegada, todos los residuos presentan una rotación con respecto al residuo anterior. ¿De cuántos grados es esta rotación?

    a. 12°
    b. 45°
    c. 60°
    d. 90°
    e. 180°

293. Las cadenas individuales que conforman la triple hélice de colágeno (o unidad de tropocolágeno), son...

    a. hélices dextrógiras de ~3,9 residuos por vuelta
    b. hélices levógiras de ~3,9 residuos por vuelta
    c. hélices dextrógiras de ~3,6 residuos por vuelta
    d. hélices levógiras de ~3,3 residuos por vuelta
    e. hélices dextrógiras de ~3,3 residuos por vuelta

294. El tropocolágeno es la unidad fundamental que compone las fibras de colágeno. Una unidad de tropocolágeno consta de 3 hélices enrolladas entre sí. Es curioso que, en cada una de estas hélices, cada 3 residuos encontramos prácticamente siempre un aminoácido del tipo...

a. glicina
b. alanina
c. valina
d. triptófano
e. asparagina

295. En el colágeno, es muy frecuente la presencia de un aminoácido derivado de los aminoácidos naturales, se trata de...

a. isovalina
b. selenocisteína
c. hidroxiprolina
d. aspartamo
e. ácido pantoténico

296. En el colágeno...

a. los residuos de hidroxilisina sirven generalmente de puntos de anclaje de polisacáridos
b. los residuos de hidroxiprolina confieren estabilidad mecánica
c. los residuos de hidroxilisina son las modificaciones covalentes más frecuentes de los aminoácidos naturales presentes en esta proteína
d. a y b son correctas
e. b y c son correctas

297. La fibroína es una proteína que confiere gran resistencia mecánica a la seda y las telas de araña. Su estructura es muy rica en regiones de lámina β especialmente resistentes. La secuencia de estas regiones se caracteriza por la repetición, casi cada 2 residuos, del aminoácido...

a. fenilalanina
b. glutamina
c. ácido glutámico
d. ácido aspártico
e. glicina

298. Las α-queratinas son proteínas formadas fundamentalmente por estructuras de α-hélice. Es muy frecuente encontrar que, cada dos hélices α, se enroscan entre sí formando un ovillo enrollado de rotación levógira. Esta estructura tan peculiar puede darse en las α-queratinas por la siguiente razón...

- a. toda hélice alfa tiene un ligero enrollamiento levógiro. Por tanto, acoplar dos de estas estructuras se debe puramente a su sencillo encaje estérico.
- b. cada 4 aminoácidos, las α-queratinas presentan un residuo hidrofóbico. Dado que la hélice α tiene 3,6 aminoácidos por vuelta, estos residuos hidrofóbicos quedan casi alineados en la misma cara. Los residuos hidrofóbicos tienden a estar juntos y las hélices se unen por estos puntos. El pequeño desajuste entre 4 (distancia entre residuos hidrofóbicos) y 3,6 (aminoácidos necesarios para dar una vuelta completa de hélice) produce un ligero enrollamiento levógiro.
- c. la composición aminoacídica de las α-queratinas es rica en residuos aromáticos. Este tipo de residuos aparecen en promedio cada 8-10 residuos. Las interacciones de apilamiento entre residuos aromáticos hacen que un par de α-queratinas puedan quedar unidas perfectamente por estos puntos. La estructura resultante no es muy soluble y, por ello, provoca una ligera helicidad levógira.
- d. la composición aminoacídica de las α-queratinas es rica en residuos aromáticos. Este tipo de residuos aparecen en promedio cada 8-10 residuos. Las interacciones de apilamiento entre residuos aromáticos hacen que un par de α-queratinas puedan quedar unidas perfectamente por estos puntos. Como la distancia de 8-10 residuos no coincide exactamente con un número entero de vueltas de hélice (sino que equivale a un rango de 2,2-2,8 vueltas) los residuos aromáticos no quedan en la misma cara de la hélice y para conseguir la máxima estabilidad energética se genera una ligera helicidad levógira.
- e. ninguna de las explicaciones anteriores es correcta para explicar el enrollamiento a izquierdas que suele encontrarse entre dos α-queratinas unidas.

299. En las fibras de colágeno, para que la fibra tenga mayor dureza, las unidades de tropocolágeno se entrecruzan entre sí mediante puentes covalentes (formados por oxidación, condensación aldólica y desidratación) entre unos aminoácidos concretos ¿de qué tipo de aminoácidos se trata?

- a. lisinas
- b. glutaminas
- c. asparaginas
- d. argininas
- e. histidinas

300. Los diferentes tipos de giros (α, β, γ, δ) de la cadena polipeptídica en las proteínas globulares se nombran según el número de enlaces peptídicos que separan al primer y último residuo del giro. De este modo...

a. los giros α son aquellos en los que primer y último residuo están separados por 2 enlaces
b. los giros β (los más abundantes) son aquellos en los que primer y último residuo están separados por 3 enlaces
c. los giros δ son aquellos en los que primer y último residuo están separados por 2 enlaces
d. a y b son correctas
e. b y c son correctas

301. Los residuos glucídicos que se unen a las proteínas mediante enlaces tipo N-, se unen a residuos de...

a. serina
b. treonina
c. metionina
d. asparagina
e. fenilalanina

302. Los oligosacáridos que se unen a las proteínas mediante enlaces de tipo N-emplean normalmente, como monosacáridos de unión a asparagina...

a. glucosa o N-acetilglucosa
b. N-acetilglucosamina o N-acetilgalactosamina
c. manosa o trehalosa
d. manitol o sorbitol
e. N-acetilpiridina o N-metilglucosamina

303. Los oligosacáridos que se unen a las proteínas mediante un enlace tipo O-suelen formar un enlace entre la _____ y el grupo hidroxilo de la _____ o la _____.

a. N-acetilgalactosamina / treonina / serina
b. galactosamina / fenilalanina / tirosina
c. N-metilglucosamina / fenilalanina / tirosina
d. glucosamina / treonina / serina
e. N-metilglucosamina / treonina / serina

304. Los residuos glucídicos que se unen a proteínas mediante enlace N- suelen unirse a un residuo de asparragina inmerso en la siguiente secuencia (X=cualquier aminoácido; / = una de ambas posibilidades)

a. Asn-X-Asn/Gln
b. Asn-X-Trp/Phe
c. Asn-X-Tyr/Phe
d. Asn-X-Asp/Glu
e. Asn-X-Ser/Thr

305. Los residuos glucídicos que se unen al colágeno mediante enlace O- suelen unirse a dos residuos aminoacídicos modificados muy característicos de esta proteína, que son...

a. hidroxiprolina e hidroxilisina
b. acetiltirosina e hidroxiprolina
c. hidroxitirosina e hidroxiserina
d. selenocisteína y 6-metiltreonina
e. 2-OH-prolina y 4-OH-alanina

Proteínas: función

306. Las chaperonas...

a. son proteínas especializadas en acelerar y dirigir el proceso de plegamiento de proteínas
b. son proteínas encargadas de eliminar residuos de prolina de las hélices alfa
c. tienen principalmente el papel de estimular la secreción de tirotropina a nivel de la hipófisis
d. son pequeñas proteínas (29 residuos), entre las que encontramos ejemplos como la insulina, el glucagón o la corticotropina
e. son proteínas secretadas por los macrófagos al medio extracelular, encargadas de disolver la pared de algunas bacterias

307. Señala la afirmación FALSA

a. Las α-queratinas son proteínas muy abundantes en pelo, uñas, lana o cuernos
b. Las α-queratinas están compuestas de una muy elevada proporción de hélices α
c. Las α-queratinas fueron el material sobre el que William Astbury observó las repeticiones de patrones cada 5,15-5,20 angstroms, que sirvieron para describir las hélices α
d. Las α-queratinas son altamente solubles en agua
e. Las α-queratinas son especialmente ricas en residuos hidrofóbicos

308. Las proteínas...

a. tienen una estructura terciaria que se mantiene rígida para ejercer su función
b. pueden tener diferentes lugares de unión para diferentes ligandos
c. tienen un único lugar de unión para cada ligando
d. unen a sus ligandos de forma irreversible, mediante enlaces covalentes
e. pueden sufrir cambios drásticos de conformación, del orden de varios nanómetros

309. Llamamos ajuste inducido ("*induced fit*") a...

a. la pérdida de los puentes disulfuro entre cisteínas
b. el ajuste en los niveles de expresión de una determinada proteína
c. el ajuste en los niveles de expresión del centro activo de una determinada proteína
d. la adaptación estructural que existe en una proteína para unirse mejor a su ligando
e. la acomodación del solvente alrededor del centro activo de una proteína

310. Cuál de las siguientes afirmaciones es FALSA...

a. si una molécula se une a una enzima, que cataliza su conversión en un producto, la denominamos sustrato
b. si una molécula se une a una enzima, que cataliza su conversión en un producto mediante rotura/formación de enlaces covalentes, la denominamos sustrato
c. si una molécula se une a una proteína de forma reversible y no es modificada covalentemente la denominamos ligando
d. el O_2 es un ligando para la hemoglobina
e. el lactato es un ligando para la lactato deshidrogenasa

311. ¿Cuál de estas afirmaciones sobre la mioglobina es correcta?

a. fue descrita por primera vez a mediados de siglo XX
b. fue purificada por primera vez en 1958, por John Kendrew
c. su estructura tridimensional fue resuelta mediante estructura de rayos X en 1958, por Max Perutz
d. el descubrimiento de su estructura tridimensional mereció el premio Nobel de química en 1962
e. su estructura tridimensional fue descrita tan sólo un año después que la de la hemoglobina

312. En la mioglobina...

a. el grupo hemo se sitúa en la hendidura entre la hélice E y F, aunque también interacciona con residuos de otros segmentos
b. el grupo hemo se sitúa en la hendidura entre la hélice A y B, aunque también interacciona con residuos de otros segmentos
c. el grupo hemo se sitúa en la hendidura entre la hélice A y F, aunque también interacciona con residuos de otros segmentos
d. el grupo hemo se sitúa en la hendidura entre la hélice A y C, aunque también interacciona con residuos de otros segmentos
e. el grupo hemo se sitúa en la hendidura entre la hélice B y F, aunque también interacciona con residuos de otros segmentos

313. La mioglobina...

a. tiene 351 aminoácidos y ocho segmentos de hélice-α
b. tiene 351 aminoácidos, ocho segmentos de hélice-α conectados por giros, y presenta una pequeña región no helicoidal
c. tiene 153 aminoácidos, ocho segmentos de hélice-α conectados por giros, y presenta una pequeña región no helicoidal, desde el aminoácido 100 al 107
d. tiene 153 aminoácidos, ocho segmentos de hélice-α conectados por giros, y presenta en forma no helicoidal los dos primeros residuos N-terminales y los 5 últimos C-terminales
e. tiene 351 aminoácidos, ocho segmentos de hélice-α conectados por giros, y presenta una pequeña región, de 14 aminoácidos, que forma una pequeña lámina β en la zona C-terminal

314. ¿Cuál de las siguientes afirmaciones es FALSA?

a. si el Fe^{2+} de la sangre no estuviese mayoritariamente unido al grupo hemo de la hemoglobina provocaría la formación de especies reactivas de oxígeno (radicales hidroxilo, etc.)
b. la hemoglobina está formada por cuatro subunidades proteicas
c. El grupo hemo tiene 4 nitrógenos que forman enlaces con el Fe^{2+} en el plano de la porfirina, dejándole dos lugares de coordinación libres para unirse al O_2
d. El carácter electroatractor de los nitrógenos del grupo hemo previene la oxidación del Fe^{2+} a Fe^{3+}
e. El hierro presente en el grupo hemo une O_2 si está en su forma reducida (Fe^{2+}) y no une hierro si está en su forma oxidada (Fe^{3+})

315. Llamamos hemoproteínas...

a. a las proteínas presentes en la sangre
b. a las metaloproteínas que tienen el grupo hemo como grupo prostético
c. a las proteínas formadas por dos subunidades de secuencia idéntica
d. a las proteínas que comparten alta identidad de secuencia (>50%, por lo general) con la hemoglobina, por ejemplo mioglobina, peroxidasas y catalasa
e. a las proteínas que unen Fe^{2+} y O_2

316. ¿Cuál de las siguientes afirmaciones relativas a la coagulación de la sangre es FALSA?

    a. La rotura del fibrinógeno por acción de la trombina genera fibrina
    b. La rotura del fibrinógeno por acción de la trombina, además de la fibrina, genera dos péptidos pequeños llamados fibrinopéptidos A y B
    c. Las estriaciones de una fibra de fibrina tienen una separación de aproximadamente 23 nm
    d. El factor XII activado activa el factor XI
    e. En los tejidos dañados, las proteínas quininógeno y calicreína activan el factor XII y con ello se inicia la vía extrínseca de la coagulación sanguínea

317. Son hemoproteínas...

    a. hemoglobina, mioglobina, miosina y ferredoxina
    b. peroxidasa, leghemoglobina, citocromo C y hemoglobina
    c. hemoglobina, miosina, citocromo C oxidasa, lactato deshidrogenasa
    d. lactato deshidrogenasa, piruvato carboxilasa, mioglobina y catalasa
    e. catalasa, glucoquinasa, leghemoglobina, mioglobina

318. Además de la hemoglobina, existen otras proteínas que unen O_2 de forma reversible. En referencia a ellas, ¿cuál de las siguientes afirmaciones es cierta?

    a. la mioglobina actúa como almacenadora de O_2 en el músculo de mamíferos. Al igual que la hemoglobina, está formada por 4 sub-unidades y la unión del O_2 es cooperativa.
    b. las eritrocruorinas son proteínas gigantes, con muchos grupos hemo, que transportan O_2 en sangre de anélidos
    c. la leghemoglobina se encuentra en los nódulos de las raíces de las plantas leguminosas. Tiene mayor afinidad por el O_2 que la hemoglobina, y permite que haya gran concentración de $O2$ en el nódulo, para que las plantas puedan fijar N_2
    d. la hemeritrina contiene grupos hemo, Fe^{2+} y transporta O_2 en algunos invertebrados marinos
    e. la hemocianina transporta O_2 en sangre de moluscos y artrópodos. Para ello emplea grupos prostéticos que unen Cu^+ y adopta un color rojo intenso al entrar en contacto con el O_2

319. La hemoglobina...

a. está presente en todos los vertebrados
b. está presente en todos los vertebrados menos en los dracos, que son unos peces que viven en aguas muy frías
c. aumenta el contenido de O_2 en sangre de mamífero, hasta aproximadamente el doble de lo que estaría en una disolución de agua destilada a la misma temperatura y pH
d. no ha sido detectada hasta la fecha en invertebrados
e. no ha sido detectada hasta la fecha en organismos de respiración branquial

320. ¿Cuál de las siguientes afirmaciones es falsa?

a. La leghemoglobina tiene mayor afinidad por el O_2 que la hemoglobina.
b. La presencia de O_2 libre en las raíces de plantas leguminosas aumenta su capacidad para fijar N_2.
c. La leghemoglobina evita que la nitrogenasa sensible a O_2 (la que fija el N_2 atmosférico) se inhiba.
d. La leghemoblobina ha de conseguir que en el nódulo haya suficiente O_2 para que las bacterias del género *Rhizobium* puedan respirar, pero no excesivo para que la nitrogenasa no se inhiba.
e. La leghemoglobina puede transportar O_2 o N_2.

321. ¿Cuál de las siguientes afirmaciones es cierta?

a. Cada molécula de hemocianina une dos átomos de Cu^{2+}, que se transforman en Cu^+ al unir O_2.
b. La hemocianina unida a O_2, al igual que muchos compuestos de Cu^{2+} en disolución, adopta un color rojo intenso.
c. Las hemocianinas, en la hemolinfa de moluscos y artrópodos, son transportadas dentro de células, de forma similar al transporte de la hemoglobina por los eritrocitos en mamíferos.
d. Los átomos de Cu^+/Cu^{2+} se unen directamente a las hemocianinas por medio de residuos de histidina. Estas cadenas laterales cumplirían una función de anclaje de los metales, para que puedan unir O_2, similar a la función de los grupos hemo en vertebrados.
e. Las hemocianinas actúan generalmente de forma monomérica. Cada monómero contiene dos átomos de cobre.

322. Respecto a la mioglobina, ¿cuál de las siguientes afirmaciones es falsa?

a. Cada molécula de mioglobina tiene unido covalentemente un único grupo hemo, esencial para la unión de Fe^{2+} y O_2.
b. Es la proteína responsable del color rojizo de la musculatura en vertebrados.
c. Su estructura tridimensional fue determinada a finales de la década de 1950 por John Kendrew.
d. Está formada principalmente por 8 hélices α, que albergan un grupo hemo, que puede unir dos átomos de Fe^{2+}.
e. La carne cruda es rojiza porque la mayor parte de la mioglobina tiene el hierro en forma reducida (Fe^{2+}). A elevadas temperaturas, la carne adopta el color marrón típico de carne cocinada, debido a que la mayor parte de los átomos de hierro se han oxidado (Fe^{3+}).

323. La diferencia entre el grupo hemo A y el grupo hemo B es...

a. el A tiene un isoprenoide añadido en posición β de uno de los anillos de pirrol
b. el A tiene dos grupos carboxílicos (-COOH) adicionales en posición β de dos anillos de pirrol opuestos
c. el B tiene mayor peso molecular que el A
d. el A es más abundante, ya que está presente en la hemoglobina
e. el B tiene 5 anillos de pirrol, por lo que su unión al Fe^{2+} es más fuerte

324. ¿Cuál de las siguientes afirmaciones relativas a la coagulación de la sangre es FALSA?

a. La vía intrínseca incluye la activación del factor XII o factor de Hageman
b. La ausencia de factor VIII es la principal causa de hemofilia clásica
c. Tras la lesión de los vasos, la liberación del factor tisular desencadena el inicio de la vía extrínseca
d. La activación del factor X requiere del factor IX y del factor VIII
e. La plasmina, derivada de la proteólisis del plaminógeno, refuerza la adhesión entre las moléculas de fibrina que forman el coágulo

325. ¿Cuál de las siguientes afirmaciones sobre los grupos hemo es cierta?

a. el grupo hemo A, además de en la hemoglobina, puede encontrarse en proteínas mediadoras de inflamación como la COX-1 y COX-2
b. el grupo hemo A se encuentra en los citocromos unidos a membrana plasmática
c. el grupo hemo A es el grupo hemo más abundante en vertebrados
d. el grupo hemo B se encuentra unido a la hemoglobina por enlaces no covalentes mediados principalmente por 2 residuos tirosina
e. las proteínas COX-1 y COX-2 no albergan grupos hemo

326. Identifica las siguientes moléculas

a. A (hemo A), B(hemo B), C (hemo C), D (porfirina)
b. A (hemo B), B(hemo A), C (hemo C), D (porfirina)
c. A (hemo A), B(hemo B), C (porfirina), D (hemo C)
d. A (hemo C), B(hemo B), C (porfirina), D (hemo A)
e. A (hemo A), B(hemo C), C (porfirina), D (hemo B)

327. En la unión del O_2 a la hemoglobina...

a. sólo se une una molécula de O_2 por grupo hemo, ya que el otro lugar de coordinación al Fe^{2+} está formando un puente de hidrógeno con un residuo histidina

b. se une una molécula de O_2 a cada uno de los dos lugares de coordinación del Fe^{2+}, transformándose éste en Fe^{3+}

c. otras moléculas pequeñas, como el CO_2 (dióxido de carbono), el CO (monóxido de carbono), o el NO (óxido nítrico), pueden unirse también al Fe^{2+} con afinidad ligeramente inferior a la del O_2

d. residuos de serina y treonina se alternan para proteger el segundo lugar de coordinación del Fe2+ frente a la unión de un segundo O_2

e. la histidina distal y el O_2 unido acceden al grupo hemo por la misma cara del anillo porfirínico

328. Sobre las siguientes moléculas...

a. La A es el hemo B, y la B el hemo O. Ambos grupos se asocian a proteínas del tipo oxidasa

b. La C es el hemo O, presente en bacterias, asociado a proteínas del tipo oxidasa

c. La B es el hemo C, presente en el complejo bc$_1$, en la cadena de transporte electrónico

d. La B es el hemo B, el grupo hemo más abundante, presente en la hemoglobina y también denominado protoporfirina IX cuando no lleva Fe^{2+} quelado

e. La D es el grupo hemo C, también llamado protohemo IX

329. La sangre rica en O_2 presenta un color rojo más vivo que la sangre pobre en O_2, que es más oscura. Esto se debe a...

a. que la hemoglobina, cuando tiene O_2 unido, es multimérica y tiene un tono más vivo que cuando no tiene O_2 unido, que es monomérica
b. la unión del O_2 al Fe^{2+} modifica las propiedades electrónicas del anillo porfirínico y esto genera el cambio de color
c. la unión del O_2 a la histidina el centro activo de la hemoglobina cambia las propiedades electrónicas de este residuo aromático y se genera un cambio de color
d. las disoluciones de Fe^{3+} tienen un color más vivo, por lo general, que las de Fe^{2+}. Al unirse el O_2 al Fe^{2+}, éste se transforma en Fe^{3+} y se genera por ello el cambio de color
e. en la sangre sin O_2, el hematocrito es superior, lo que indica un mayor contenido en células y un mayor espesor del fluido. Es por esta mayor densidad que la vemos más oscura

330. El CO es tóxico para organismos aeróbicos...

a. porque oxida los grupos OH de la hemoglobina, evitando que ésta pueda fijar O_2 correctamente
b. porque entra en la mitocondria, recogiendo los electrones de la cadena de transporte con menor eficiencia que el O_2
c. porque se une al grupo hemo con mayor afinidad que el O_2
d. porque evita que la histidina proximal del centro activo de la hemoglobina forme un puente de hidrógeno con el Fe^{2+}
e. porque, al tener un mayor carácter dipolar, es más soluble que el O_2 en sangre y bloquea el intercambio de O_2 entre aire y sangre a nivel de los alveolos pulmonares

331. El CO es...

a. menos afín que el O_2 por la hemoglobina
b. el doble de afín que el O_2 por la hemoglobina
c. 2.500 veces más afín que el O_2 por la hemoglobina
d. 25.000 veces más afín que el O_2 por la hemoglobina
e. 250 veces más afín que el O_2 por la hemoglobina

332. La carboxihemoglobina...

a. es una hemoglobina que presenta el grupo hemo de tipo A, en el que un anillo de pirrol está sustituido por una cadena de isoprenoide
b. es una forma de hemoglobina oxidada en los carbonos b de los 4 anillos de pirrol
c. es la forma de la hemoglobina unida reversiblemente al monóxido de carbono
d. es la hemoglobina cuando el grupo hemo está vacío
e. una variante de la hemoglobina en la que la histidina proximal ha sido sustituida por ácido aspártico o ácido glutámico, siendo los grupos carboxílicos de estos aminoácidos los que forman puente de hidrógeno con el Fe^{2+}

333. ¿Cuál de las siguientes afirmaciones es cierta?

a. En sangre, los niveles de carboxihemoglobina para un individuo sano están entre el 0.01 y el 0.05% de la hemoglobina total
b. En sangre, los niveles de carboxihemoglobina para un individuo sano están alrededor del 0.1% de la hemoglobina total. En fumadores estos niveles suelen triplicarse, llegando al 3% en casos extremos.
c. En sangre, los niveles de carboxihemoglobina para un individuo sano están alrededor del 1% de la hemoglobina total. En fumadores estos niveles suelen ser del 3 al 8%, pudiendo llegar al 30% en casos de fumadores extremos.
d. Para un individuo 'promedio' (75 kg y 175 cm) superar un nivel del 5% de carboxihemoglobina significa entrar en coma.
e. Los niveles de carboxihemoglobina de un fumador entran dentro del rango de valores estándar en la población no fumadora.

334. El Fe^{2+} tiene una coordinación octaédrica...

a. ...lo que significa que debe tener seis ligandos fijados a él
b. ...lo que significa que debe tener ocho ligandos fijados a él
c. ...lo que significa que debe tener diez ligandos fijados a él
d. ...lo que significa que debe tener doce ligandos fijados a él
e. ...lo que significa que debe tener veinte ligandos fijados a él

335. Observa la siguiente tabla que relaciona los niveles de carboxihemoglobina en sangre con los síntomas más habituales. Indica cuál de las columnas contiene los valores correctos (se trata de valores en pacientes no fumadores y que no padecen de enfermedad cardiovascular o pulmonar, que haría variar los rangos).

NIVELES DE CARBOXIHEMOGLOBINA (% respecto a hemoglobina)					SÍNTOMAS
A	B	C	D	E	
0-0.1	0-10	0-5	0-0.1	0-0.1	No hay síntomas detectables
0.1-10	10-20	5-15	0.1-2	0.1-2	Dolor de cabeza leve
10-20	20-50	15-30	2-10	2-20	Dolor de cabeza severo, náuseas, vértigo, desorientación, alteraciones visuales,...
>20	>50	>30	>10	>20	Coma
>30	>60	>40	>20	>30	Muerte

a. A
b. B
c. C
d. D
e. E

336. ¿Cuál de las siguientes afirmaciones es FALSA?

a. Si estamos en un lugar con exceso de CO en el aire, el aumento de carboxihemoglobina en sangre será mayor cuanto más ejercicio estemos haciendo

b. Si estamos en un lugar con exceso de CO en el aire, el aumento de carboxihemoglobina en sangre será mayor cuanto mayor sea el tiempo de exposición a dicho gas

c. Si estamos en un lugar con exceso de CO en el aire, el aumento de carboxihemoglobina en sangre, por lo general, no nos hará mostrar síntomas de intoxicación hasta que no supere el 10%

d. La hemoglobina fetal tiene menor afinidad por el CO que nuestra hemoglobina, por lo que los fetos están ligeramente más protegidos frente a intoxicaciones por CO

e. Los niveles normales de CO en la atmósfera están en el rango de 0.05 a 4 ppm. En los lugares de trabajo en los que se pasan 8 horas, un estándar recomendado por varias administraciones es no superar los 50 ppm

337. ¿Cuál de las siguientes afirmaciones es FALSA?

a. El CO, al unirse a un monómero de la hemoglobina, aumenta la afinidad de los otros tres monómeros por el O_2

b. El CO se une también a otras proteínas diferentes de la hemoglobina

c. La unión de una molécula de CO a una molécula de hemoglobina dificulta que esta ceda O_2 a los tejidos

d. Si el nivel de carboxihemoglobina en sangre es del 50%, los efectos sobre la distribución de O_2 a los tejidos son equivalentes a los que se darían en un individuo anémico que tuviera los niveles de hemoglobina reducidos a la mitad

e. El CO puede estar fuertemente a la hemoglobina y que ésta pueda transportar O_2 al mismo tiempo

338. Los citocromos P450 comparten una característica estructural común ¿cuál es?

a. ...seis hélices-a rodean al grupo hemo

b. ...las dos posiciones del grupo hemo no unidas a la porfirina están ocupadas por residuos de aspartato, que se retiran en presencia de O_2 o monóxido de carbono, para permitir la coordinación de estos gases

c. ...una de las posiciones de coordinación del grupo hemo tiene unido constitutivamente un átomo de cobre ionizado (Cu^{2+}), lo que genera que estas proteinas absorban intensamente la luz a 450 nm

d. ...una de las seis posiciones de coordinación del grupo hemo está ocupada por un ión tiolato de una cisteína

e. ...presenta 4 residuos de hidroxiprolina uniendo covalentemente el grupo hemo

339. ¿Cuál de las siguientes afirmaciones es FALSA?

a. La presión de O_2 en el aire pulmonar es superior a la que encontramos en los tejidos

b. La presión de O_2 en el aire pulmonar está en el rango de 10-14 kPa

c. La presión de O_2 en los tejidos está en un rango de 3-5 kPa

d. A presiones de O_2 altas (>12 kPa) el nivel de saturación de la hemoglobina con O_2 es similar en los siguientes dos casos. 1) un individuo anémico que tuviera los niveles de hemoglobina reducidos a la mitad; 2) un individuo de las mismas proporciones con los niveles de carboxihemoglobina en sangre del 50%

e. A presiones de O_2 bajas (<4 kPa) el nivel de saturación de la hemoglobina con O_2 es similar en los siguientes dos casos. 1) un individuo anémico que tuviera los niveles de hemoglobina reducidos a la mitad; 2) un individuo de las mismas proporciones con los niveles de carboxihemoglobina en sangre del 50%

340. El Fe^{2+} tiene una coordinación octaédrica, lo que significa que la estructura del complejo formado por Fe^{2+} y sus ligandos queda representada por la figura...

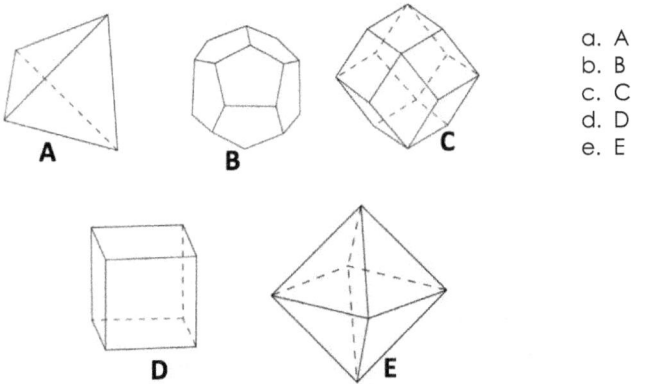

a. A
b. B
c. C
d. D
e. E

341. Denominamos oximioglobina...

a. ...a la mioglobina que ha unido una molécula de O_2 de forma covalente
b. ...a la mioglobina que ha unido una molécula de O_2 de forma no covalente
c. ...a la mioglobina que ha unido un átomo de O de forma covalente
d. ...a la mioglobina que ha unido un átomo de O de forma no covalente
e. ...a la mioglobina que tiene los grupos N aceptores de puente de hidrógeno de la histidina distal uniendo una molécula de O_2 de forma covalente

342. En la mioglobina, la histidina proximal, unida directamente al Fe^{2+}, es el residuo número...

a. 56
b. 61
c. 82
d. 93
e. 105

343. En la oximioglobina, la histidina distal, unida directamente al O_2, es el residuo número...

a. 64
b. 74
c. 84
d. 94
e. 104

344. En la mioglobina, la histidina proximal, unida directamente al Fe^{2+}, está en la hélice...

a. D
b. F
c. A
d. H
e. C

345. En la oximioglobina, la histidina distal, unida directamente al O_2, está en la hélice...

a. E
b. H
c. I
d. C
e. A

346. En la mioglobina, la histidina proximal, unida directamente al Fe^{2+}, es...

a. el residuo 13 de la hélice F
b. el residuo 8 de la hélice F
c. el residuo 36 de la hélice F
d. el residuo 44 de la hélice F
e. el residuo 65 de la hélice F

347. En la oximioglobina, la histidina distal, unida directamente al O_2, es ...

a. el residuo 12 de la hélice F
b. el residuo 7 de la hélice F
c. el residuo 35 de la hélice F
d. el residuo 43 de la hélice F
e. el residuo 64 de la hélice F

348. En la oximioglobina, la molécula de O_2 queda directamente unida a...
a. la histidina distal (His 64) y la histidina proximal (His 93)
b. dos anillo de pirrol opuestos del grupo hemo
c. el átomo de Fe^{2+} y uno de los átomos de nitrógeno de la histidina proximal (His 93)
d. el átomo de Fe^{2+}, anclado en el centro del grupo hemo, y la histidina distal (His 64)
e. dos anillos de pirrol adyacentes del grupo hemo

349. En disolución acuosa, el contacto del Fe^{2+} con O$_2$ produce la oxidación de este

349. En disolución acuosa, el contacto del Fe^{2+} con O$_2$ produce la oxidación de este metal a Fe^{3+}. El hecho de que el Fe^{2+} esté unido al grupo hemo no evita esta reacción. ¿Por qué en la mioglobina pueden permanecer unidos Fe^{2+}, O$_2$ y proteína sin que se produzca la oxidación a Fe^{3+}?

  a. porque el centro activo es un ambiente muy hidrofóbico
  b. porque la histidina distal se oxida al unirse el O$_2$
  c. porque la histidina proximal se oxida al unirse el O$_2$
  d. porque el grupo hemo reduciría el hierro en caso de oxidarse a Fe^{3+}
  e. porque el Fe^{2+} participa del sistema conjugado de electrones del grupo hemo, captando electrones cuando le son necesarios, siendo muy difícil su oxidación

350. Si la hemoglobina (o la mioglobina) se guarda en contacto directo con el aire, el hierro se oxida lentamente formando metahemoglobina (o metamioglobina). En estas circunstancias...

  a. el sitio de unión a O$_2$ se satura por exceso de O$_2$, y sólo pueden unirse agonistas competitivos muy afines como el CO
  b. la elevada presión parcial del O$_2$ (21% en el aire atmosférico) permite la formación de uniones covalentes entre O$_2$ y Fe^{2+}, que inactivan el sitio de unión de forma prácticamente irreversible
  c. el acceso de moléculas pequeñas al sitio de unión del O$_2$ queda muy dificultado por un cambio conformacional, por lo que la hemoglobina queda inactivada
  d. la afinidad del grupo hemo por el O$_2$ disminuye, los anillos pirrólicos del grupo hemo se protonan y el centro activo pierde su capacidad de unir O$_2$
  e. el sitio de unión a O$_2$ se inactiva y, en su lugar, se une una molécula de agua

351. La hemoglobina (o la mioglobina)...

  a. permite la unión de O$_2$ y la oxidación del Fe^{2+}
  b. permite la unión de O$_2$ y la reducción del Fe^{2+}
  c. permite la unión del O$_2$, pero no la oxidación del Fe^{2+}
  d. permite que el O$_2$, mientras es transportado, oxide el Fe^{2+} a Fe^{3+}, para que este Fe^{3+} sea cedido a algunos tipos celulares específicos (p.e. las células gliales)
  e. permite la unión del O$_2$, con la consiguiente oxidación del grupo hemo y su derivación hacia la síntesis de sales biliares

352. ¿Cuál de las siguientes estructuras corresponde a la hemoglobina?

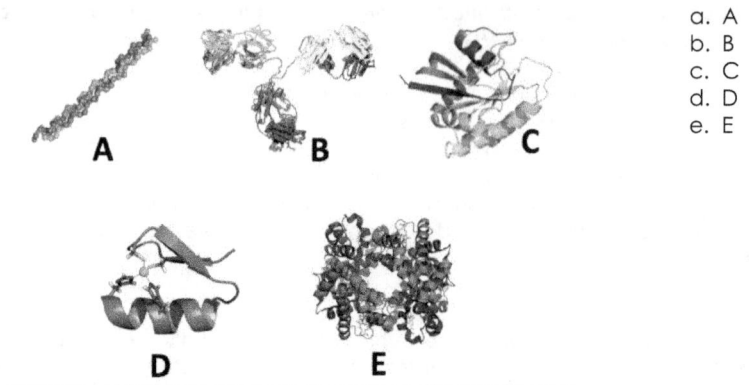

a. A
b. B
c. C
d. D
e. E

353. ¿Cuál de las siguientes afirmaciones sobre las características de O_2 y CO es FALSA?

a. el peso molecular del CO es ligeramente inferior
b. el O_2 es menos soluble en agua
c. el O_2 es más abundante que el CO en el aire
d. el O_2 funciona de aceptor final de electrones en el metabolismo aerobio
e. el CO puede provocar intoxicaciones por inhalación

354. ¿Cuál de las siguientes afirmaciones es CORRECTA?

a. el cuerpo humano fabrica CO, por ejemplo en las reacciones de degradación del grupo hemo, de forma que un 1% de los sitios de unión de O_2 a hemoglobina están bloqueados en condiciones normales
b. el cuerpo humano capta normalmente pequeñas cantidades de CO por respiración pulmonar. Ello, unido a la generación endógena de CO, provoca que un 10% de los sitios de unión de O_2 a hemoglobina están bloqueados en condiciones normales
c. las células no generan CO, es un gas incorporado a la sangre desde el exterior
d. en condiciones normales, el CO presente en sangre, sea cual sea su procedencia, se une a la hemoglobina, saturando aproximadamente un 10% de los sitios de unión de O_2
e. en condiciones normales, el CO presente en sangre, sea cual sea su procedencia, se une a la hemoglobina, provocando la separación de los monómeros y haciendo que aproximadamente un 10% de esta proteína quede inutilizada para la captación de O_2

355. ¿Cuál de las siguientes estructuras corresponde a la mioglobina?

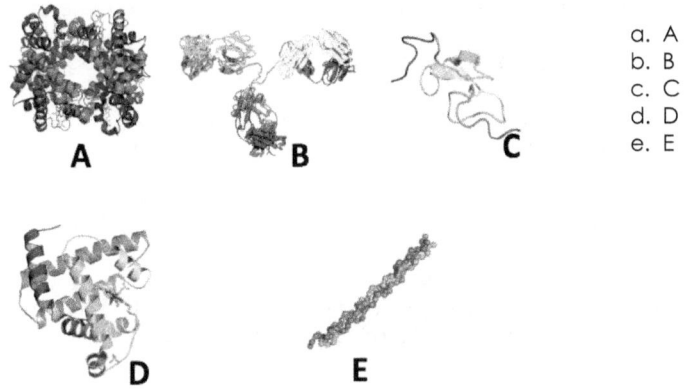

A B C

D E

a. A
b. B
c. C
d. D
e. E

356. Señala la afirmación CORRECTA...

a. la afinidad de ferroporfirinas aisladas (p.e. grupo hemo no unido a hemoglobina) por la unión de CO es 25.000 veces mayor que por la unión de O_2

b. la afinidad de ferroporfirinas aisladas (p.e. grupo hemo no unido a hemoglobina) por la unión de CO es 10 veces mayor que por la unión de O_2

c. la afinidad de ferroporfirinas aisladas (p.e. grupo hemo no unido a hemoglobina) por la unión de CO es 200 veces mayor que por la unión de O_2

d. la afinidad de ferroporfirinas aisladas (p.e. grupo hemo no unido a hemoglobina) por la unión de CO es 200 veces menor que por la unión de O_2

e. las ferroporfirinas aisladas no unen O_2 ni CO

357. Señala la afirmación CORRECTA...

a. la afinidad de la hemoglobina por la unión de CO es 25.000 veces mayor que por la unión de O_2

b. la afinidad de la hemoglobina por la unión de CO es 10 veces mayor que por la unión de O_2

c. la afinidad de la hemoglobina por la unión de CO es 200 veces mayor que por la unión de O_2

d. la afinidad de la hemoglobina por la unión de CO es 200 veces menor que por la unión de O_2

e. la afinidad de la hemoglobina por la unión de CO es 10 veces menor que por la unión de O_2

358. El CO...

a. es un gas tóxico porque desestabiliza la formación de tetrámeros de hemoglobina y bloquea la respiración
b. es un gas tóxico porque ocupa los lugares de unión del O_2 a la hemoglobina y bloquea la respiración
c. es un gas tóxico porque disminuye el pH de los alveolos pulmonares, dificultando el intercambio de gases y bloqueando la respiración
d. es un gas tóxico porque su solubilidad en la sangre es muy superior a la del O_2
e. es un gas tóxico porque provoca la agregación de tetrámeros de hemoglobina, formando complejos insolubles y bloqueando la respiración

359. Una de las siguientes proteínas es la más abundante (midiendo la abundancia en % en peso) en los tejidos de la mayoría de los vertebrados. ¿Cuál es?

a. colágeno
b. elastina
c. fibronectina
d. albúmina
e. hemoglobina

360. La vitamina C...

a. es un cofactor de la enzima que cataliza la hidroxilación de la prolina en las fibras de colágeno
b. es un cofactor de la enzima que cataliza la formación de desmosina en las fibras de elastina
c. es esencial para que pueda darse la unión de O_2 al grupo hemo de la mioglobina muscular
d. es un sustrato energético de la citrato sintasa de tejido óseo
e. ninguna de las anteriores es correcta

361. En los tejidos que precisan resitencia mecánica o dureza, es muy abundante el colágeno. En cambio, los tejidos que requieren, para su funcionamiento, ser elásticos presentan una proteína estructural muy característica denominada...

a. elicidina
b. elastina
c. hookeína
d. fibronectina
e. dineína

362. Las proteína GroEL y GroES son...

a. transportadoras de colesterol y otros lípidos
b. chaperonas
c. proteasas del HIV
d. anticuerpos
e. fosfatasas pancreáticas

363. La actina puede estar en forma polimerizada (actina F) o en forma globular (actina G). Los monómeros de actina G, para polimerizar, necesitan de...

a. ...la unión de un cofactor denominado ribiflavina
b. ...la unión de ATP
c. ...la unión de miosina
d. ...la unión de un cofactor denominado vitamina D o calciferol
e. ...la unión de vitamina C

364. En los filamentos de actina F, los monómeros de actina G se disponen...

a. formando una hélice de cadena simple muy rígida
b. formando una hélice de cadena simple muy flexible
c. formando una hélice de cadena doble
d. formando una hélice de cadena triple
e. formando tetrámeros que quedan apilados con aspecto de una hélice de cuatro cadenas

365. Los filamentos de actina tienen un extremo – y un extremo +. ¿Cuál de las siguientes afirmaciones es verdadera con respecto a esta propiedad?

a. El extremo + es aquel en el que la velocidad de polimerización es mayor
b. El extremo + es aquel en el que la velocidad de despolimerización es mayor
c. El extremo + es aquel en el que la velocidad de polimerización es menor
d. El extremo - es aquel en el que la velocidad de polimerización es mayor
e. El extremo - es aquel en el que la velocidad de despolimerización es menor

366. Un monómero de miosina está formado por 6 cadenas polipeptídicas. De ellas...

a. 1 es una cadena pesada y 5 ligeras
b. 2 son cadenas pesadas y 4 ligeras
c. 3 son cadenas pesadas y 3 ligeras
d. 4 son cadenas pesadas y 2 ligeras
e. 5 son cadenas pesadas y 1 ligera

367. Las cadenas largas de la miosina...

a. se estructuran en varias láminas β, que adoptan una estructura supersecundária conocida como barril-β
b. se estructuran en forma de 2 hélices α que forman una hélice de doble cadena entre ellas
c. se estructuran en forma de 3 hélices α, ligeramente más empaquetadas que la forma canónica, que forman una hélice de triple cadena, similar a la hélice de colágeno, entre ellas
d. se estructuran en forma de 2 láminas β, que adoptan una estructura supersecundaria en forma de T, en la que ambas láminas quedan perpendiculares entre sí
e. se estructuran de forma desordenada o de 'random coil'

368. ¿Cuál de las siguientes afirmaciones es FALSA?

a. La disección de la miosina mediante tripsina genera dos fragmentos: meromiosina ligera (LMM) y meromiosina pesada (HMM)
b. La meromiosina pesada alberga las cadenas ligeras de la miosina y el lugar de unión de la miosina a la actina
c. La fragmentación de la meromiosina pesada por papaína genera los fragmentos S1 (que contienes el lugar de unión a la actina) y el fragmento S2
d. La acción de la papaína permite separar los dos dominios de cabeza de la miosina
e. Diferentes cadenas de miosina suelen formar agregados gracias a la elevada afinidad entre los fragmentos S1 de diferentes miosinas entre sí

369. En el mecanismo de contracción muscular, el acortamiento del sarcómero se produce porque...

a. ...las moléculas de miosina "caminan" sobre las de miosina
b. ...las moléculas de actina se acortan
c. ...las moléculas de actina se disuelven y pasan de forma polimérica a forma globular
d. ...las moléculas de miosina se unen al ATP y reducen así su longitud
e. ...las moléculas de actina se unen fuertemente a tropomiosina y quedan retraídas hacia los discos Z

370. El siguiente dibujo, representa la estructura tridimensional de una cabeza de miosina (la región globular, también llamada fragmento S1, en la que se produce la unión con la actina). En ella se han señalado 3 regiones. Una región en que se sitúan las cadenas ligeras de la miosina (que llamaremos CHAINS), otra en la que se une el ATP (que llamaremos ATP) y otra en la que se une la actina (que llamaremos BIND). ¿Cuál de las siguientes opciones es correcta con respecto a la localización de las diferentes zonas?

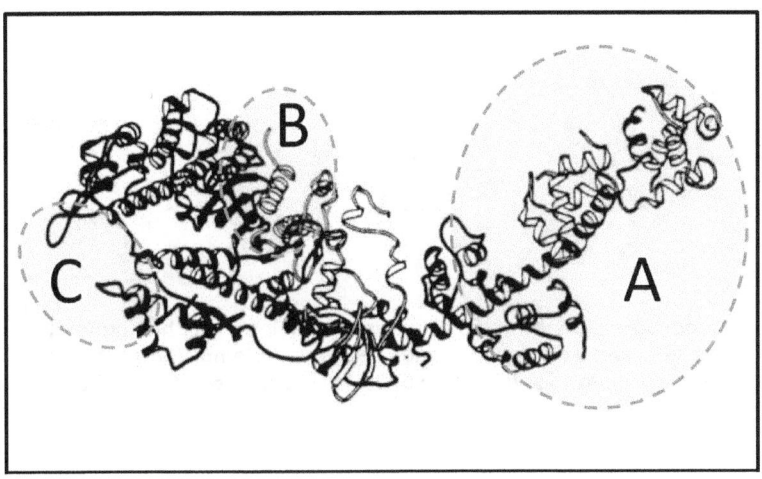

a. A = BIND; B = ATP; C = CHAIN
b. A = ATP; B = BIND; C = CHAIN
c. A = CHAIN; B = BIND; C = ATP
d. A = CHAIN; B = ATP; C = BIND
e. A = ATP; B = CHAIN; C = BIND

371. La unión y posterior hidrólisis de ATP a los complejos actina-miosina del sarcómero produce...

a. un considerable descenso del pH
b. el acortamiento del sarcómero
c. la liberación de la interacción actina-miosina
d. la polimerización de la actina
e. el fortalecimiento de la interacción actina-miosina

372. Imagina la dinámica de contracción de un sarcómero. Cada ciclo se inicia con la miosina unida a la actina. Posteriormente, se une ATP a la miosina, que conduce a separar ésta de la actina. Una serie de acontecimientos suceden después para que se cierre el ciclo:

A. Unión de Ca^{2+} a la miosina
B. Unión de actina y miosina
C. Hidrólisis del ATP
D. Liberación de un grupo PO_4^{-}

Ordénalos siguiendo su secuencia cronológica.

a. A → B → C → D
b. C → B → D → A
c. C → D → A → B
d. C → A → B → D
e. A → C → D → B

373. En el proceso de contracción muscular, participan muchas proteínas además de la actina y la miosina. Una de ellas, es una proteína fibrosa que se dispone formando dímeros alargados a lo largo del surco de actina F. Se trata de...

a. La troponina I
b. La troponina C
c. La troponina T
d. La tropomiosina
e. La calcitonina

374. En el proceso de contracción muscular, participan muchas proteínas además de la actina y la miosina. Una de ellas, se une a Ca^{2+} cuando éste aumenta su concentración, genera un cambio conformacional y permite la formación de complejos actina-miosina. Se trata de...

a. La troponina I
b. La troponina C
c. La troponina T
d. La tropomiosina
e. La calcitonina

375. En el proceso de contracción muscular, participan muchas proteínas además de la actina y la miosina. Una de ellas, se une a la actina para mantener fuertemente unido el complejo actina-tropomiosina y evitar la unión actina-miosina a bajas concentraciones de Ca^{2+}. No une Ca^{2+} cuando éste aumenta su concentración en el sarcómero, pero es sensible al cambio conformacional que se genera cuando otra proteína una Ca^{2+}. Se trata de...

    a. La troponina I
    b. La troponina C
    c. La troponina T
    d. La tropomiosina
    e. La calcitonina

376. En el proceso de contracción muscular, participan muchas proteínas además de la actina y la miosina. Una de ellas, es necesaria para mantener fuertemente unido el complejo actina-tropomiosina y evitar la unión actina-miosina a bajas concentraciones de Ca^{2+}. No obstante, no se une directamente a la actina. No une Ca^{2+} cuando éste aumenta su concentración en el sarcómero, pero es sensible al cambio conformacional que se genera cuando otra proteína una Ca^{2+}. Se trata de...

    a. La troponina I
    b. La troponina C
    c. La troponina T
    d. La tropomiosina
    e. La calcitonina

377. En un microtúbulo genérico de una célula eucariótica, las isoformas α y β de la proteína tubulina se combinan aproximadamente en una proporción muy característica ¿Cuál es esta proporción?

    a. 10% de tubulina α y 90 % de tubulina β
    b. 1/4 de tubulina α y 3/4 de tubulina β
    c. la misma cantidad de tubulina α que de tubulina β
    d. 3/4 de tubulina α y 1/4 de tubulina β
    e. 90% de tubulina α y 10% de tubulina β

378. Un microtúbulo tiene un cilindro exterior formado por una serie de protofilamentos, ensamblados de forma paralela unos a otros, cada uno de los cuales consta de una serie de repeticiones alternadas de subunidades de tubulina α y β. ¿Cuántos protofilamentos constituyen este cilindro exterior del microtúbulo?

    a. 12
    b. 13
    c. 14
    d. 15
    e. 16

379. Un cilio tiene una estructura básica en forma de cilindro, con...

    a. 1 par de microtúbulos centrales y 9 pares periféricos
    b. 2 pares de microtúbulos centrales y 12 pares periféricos
    c. 1 par de microtúbulos centrales y 15 pares periféricos
    d. 1 par de microtúbulos centrales y 12 pares periféricos
    e. 2 pares de microtúbulos centrales y 15 pares periféricos

380. ¿Cuál de los siguientes listados contiene exclusivamente proteínas que pueden considerarse 'motores moleculares' asociados a los microtúbulos?

    a. Queratina, lisonina, hemeritrina
    b. Miosina, lisina, estricmina
    c. Dineína, cinesina, nexina
    d. Dinamina, fibroína, colágeno
    e. Esfingosina, cardiolipina, fibulina

Proteínas: enzimología

381. Un catalizador es una sustancia que...

    a. ...se disuelve fácilmente en disolventes orgánicos, mejorando la fluidez del disolvente, como ocurre en los motores que emplean combustibles sin plomo
    b. ...acelera la velocidad de una reacción química
    c. ...disminuye la concentración de productos de una reacción química
    d. ...modifica el equilibrio termodinámico de una reacción química
    e. ...disminuye las pérdidas de energía, especialmente térmica, de una reacción química

382. Una enzima...

    a. Acelera la velocidad de una reacción bioquímica porque su centro activo presenta complementariedad química con los reactivos de la reacción
    b. Acelera la velocidad de una reacción bioquímica porque su centro activo presenta complementariedad química con los productos de la reacción
    c. Acelera la velocidad de una reacción bioquímica porque su centro activo presenta complementariedad química con el estado de transición de la reacción
    d. a, b y c son correctas
    e. sólo a y b son correctas

383. El siguiente esquema es una representación de Lineweaver-Burk para una reacción enzimática. ¿A qué valor corresponde la pendiente de la recta con trazo discontínuo?

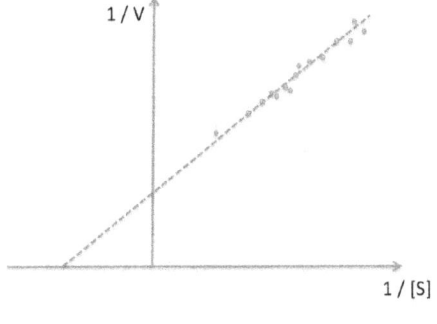

    a. V_{max} / K_M
    b. $1 / V_{max}$
    c. K_M / V_{max}
    d. $- V_{max} / K_M$
    e. V_{max}

384. Una enzima que cataliza la siguiente reacción química, ¿en qué grupo se clasificaría según la Comisión de Enzimas de la IUBMB?

$$H_2O$$

$$A\text{-}B \longrightarrow A\text{-}OH + B\text{-}H$$

a. oxidorreductasas
b. liasas
c. hidrolasas
d. transferasas
e. isomerasas

385. ¿Cuál de las siguientes afirmaciones es FALSA?

a. la K_M mide la tendencia del complejo ES a disociarse
b. en una reacción que siga la cinética de Michaelis-Menten, la K_M es numéricamente igual a la concentración de sustrato a la que la velocidad de reacción ha alcanzado la mitad de valor máximo
c. si dos enzimas tienen la misma K_{cat}, la que necesita menos concentración de sustrato para alcanzar $V_{max}/3$ es aquella que tiene una menor K_M
d. la K_{cat} se mide en moles/s
e. la k_{cat} es la cantidad de moléculas de sustrato que, cuando la enzima funciona a V_{max}, son transformadas en producto por segundo

386. El siguiente esquema es una representación de Lineweaver-Burk para una reacción enzimática. ¿Qué magnitudes han de representarse en los ejes X-Y?

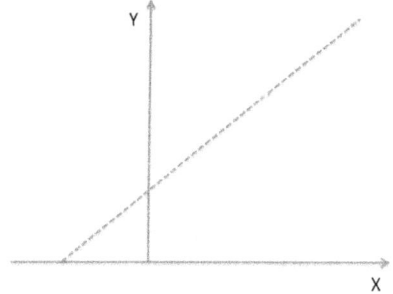

a. $X = [S]$; $Y = V$
b. $X = 1/[S]$; $Y = 1/V$
c. $X = 1/V$; $Y = 1/[S]$
d. $X - V$; $Y - [S]$
e. $X = 1/V$; $Y = [S]$

387. La tripsina...

a. ...cataliza la unión de O_2 a proteínas transportadoras (hemoglobina, leghemoglobina, hemocianina,...)
b. ...cataliza la hidrólisis de ATP en las uniones actina-miosina de las células musculares
c. ...cataliza la hidrólisis del almidón
d. ...cataliza la fosforilación de algunos productos de la glucólisis (fructosa-1,6bisP; gliceraldehído-3-P;...)
e. ...cataliza la rotura del enlace peptídico

388. ¿Qué enzima cataliza la siguiente reacción?

$$2 H_2O_2 \rightarrow 2 H_2O + O_2$$

a. Catalasa
b. Oxigenasa
c. Tripsina
d. Amilasa
e. Miosina

389. ¿Cuál de las siguientes afirmaciones es VERDADERA?

a. la relación K_{cat} / K_M es una medida de la eficacia enzimática
b. el producto de V_{max} y [S] es una medida de la eficacia enzimática
c. la relación K_{cat} / [S] es una medida de la eficacia enzimática
d. la relación K_M / [S] es una medida de la eficacia enzimática
e. la K_M es una medida de la eficacia enzimática

390. Para cualquier reacción enzimática que siga una cinética de Michaelis-Menten, la K_M es numéricamente igual a...

a. ...la velocidad a la que el complejo enzima sustrato se disocia
b. ...la velocidad a la que el complejo enzima sustrato se forma
c. ...la velocidad a la que se forma el producto de la reacción
d. ...la concentración de sustrato a la que la velocidad de reacción ha alcanzado su valor máximo
e. ...la concentración de sustrato a la que la velocidad de reacción ha alcanzado la mitad de su valor máximo

391. ¿Cuál de las siguientes afirmaciones es FALSA?

   a. Un zimógeno es una proteína segregada en forma inactiva, que necesita ser proteolizada para dar lugar a una enzima activa.
   b. Ejemplos de zimógenos son la proelastasa, el tripsinógeno, la procarboxipeptidasa y el quimotripsinógeno.
   c. La tripsina activa cataliza la formación de más tripsina activa por proteólisis del tripsinógeno.
   d. La trombina cataliza la formación de coágulos de fibrinógeno mediante la proteólisis de la fibrina.
   e. La tripsina activa genera elastasa por proteólisis de la proelastasa.

392. La reacción...

$$2\ H_2O_2 \rightarrow 2\ H_2O + O_2$$

....es espontánea pero extremadamente lenta en ausencia de un catalizador apropiado. A un tubo de agua oxigenada añadimos una serie de compuestos. ¿Cuál de ellos acelerará la reacción en mayor medida?

   a. Sangre de vertebrado
   b. Disolución 0,1M de $FeCl_3$
   c. Disolución 0,1M de HCl
   d. Leche de vaca
   e. Emulsión 0,1M de ácido esteárico en agua

393. La catalasa es una enzima que cataliza la siguiente reacción.

   a. Serina + ATP $\rightarrow$ Serina-P + ADP
   b. $2\ H_2O_2 \rightarrow 2\ H_2O + O_2$
   c. $CH_3COOH + O_2 \rightarrow 2\ CO_2 + 2\ H_2O$
   d. 3 ácidos grasos + glicerol $\rightarrow$ triacilglicérido + H_2O
   e. $C_6H_{12}O_6 + 6\ O_2 \rightarrow 6\ CO_2 + 6\ H_2O$

394. La glutatión peroxidasa...

a. Une monóxido de carbono en eritrocitos. Esta unión es dependiente del estado redox del glutatión
b. Oxida el glutatión, transformándolo en tres aminoácidos solubles, suele acoplar la reacción a la reducción de NAD^+ a $NADH + H^+$ aunque puede emplear NADPH
c. Oxida el glutatión. Suele acoplar la reacción a la reducción de NAD^+ a $NADH + H^+$ aunque puede emplear NADPH
d. Cataliza la oxidación del glutatión acoplada a la reducción del peróxido de hidrógeno a agua
e. Cataliza la reducción del glutatión acoplándolo a la hiperoxidación de alcoholes, que en un alto porcentaje da lugar a especies de oxígeno reactivas (ROS)

395. Una enzima que cataliza la siguiente reacción química, ¿en qué grupo se clasificaría según la Comisión de Enzimas de la IUBMB?

a. oxidorreductasas
b. liasas
c. hidrolasas
d. transferasas
e. isomerasas

396. Una enzima sigue una cinética de Michaelis-Menten para cierto sustrato S. ¿Cuál de las siguientes afirmaciones es falsa respecto a las consecuencias de añadir un inhibidor de tipo competitivo?

a. la cinética sigue una curva de Michaelis-Menten
b. la velocidad, para una determinada [S], es menor a velocidades inferiores a V_{max}
c. la V_{max} no varía
d. la K_M aparente (K_M cuando hay inhibidor) es menor que la K_M
e. la velocidad a la que se alcanza la K_M no varía

397. El siguiente esquema es una representación de Lineweaver-Burk para una reacción enzimática. ¿A qué valor corresponde la intersección de la recta con el eje de ordenadas, marcada por la letra A?

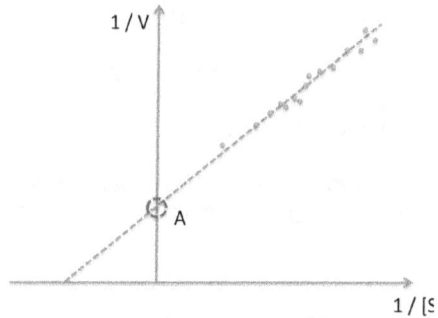

a. $1 / K_M$
b. $1 / V_{max}$
c. K_M
d. V_{max}
e. $-1 / K_M$

398. El diisopropil fluorofosfato (DFP) actúa como inhibidor irreversible de muchas proteínas, como por ejemplo la acetilcolinesterasa. Su mecanismo de acción en todas las proteínas a las que inhibe consiste en unirse covalentemente a un residuo específico del centro activo, siempre el mismo, ¿cuál es ese residuo?

a. serina
b. fenilalanina
c. histidina
d. lisina
e. ácido aspártico

399. La quimotripsina tiene una K_M de $1,5 \cdot 10^{-2}$ M y la pepsina tiene una K_M de $3 \cdot 10^{-4}$ M. ¿Cuál de ellas necesita mayor concentración de sustrato para alcanzar una velocidad de catálisis óptima ($V_{max}/2$)?

a. la quimotripsina
b. la pepsina
c. ambas necesitan aproximadamente la misma concentración de sustrato
d. no podemos saberlo sin conocer las K_{cat} de cada enzima
e. para alcanzar $V_{max}/2$ la concentración de sustrato será la misma, pero para alcanzar V_{max} la pepsina necesitará mayor concentración

400. El siguiente esquema es una representación de Eadie-Hofstee para una reacción enzimática. ¿Qué magnitudes han de representarse en los ejes X-Y?

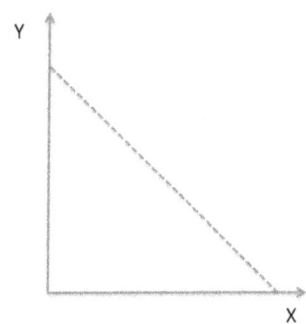

a. $X = [S]$; $Y = V$
b. $X = V$; $Y = V / [S]$
c. $X = V / [S]$; $Y = [S]$
d. $X = V$; $Y = [S]$
e. $X = V / [S]$; $Y = V$

401. La ecuación...

$$V=d[B]/dt$$

...expresa la velocidad de una reacción química tan sencilla como la conversión irreversible de A en B...

$$A \rightarrow B$$

...en términos de variación de la concentración del producto en el tiempo. ¿En qué unidades queda expresada la velocidad (V) en esta ecuación?

a. $mol \cdot s \cdot l^{-1}$
b. $mol \cdot s \cdot l^{-1}$
c. $mol \cdot s^{-1} \cdot l^{-1}$
d. $g \cdot s \cdot l^{-1}$
e. $g \cdot s \cdot l^{-1}$

402. Tenemos una enzima con una K_M de $2 \cdot 10^{-3}$ M para el sustrato A. Si la $[A]_{inicial}$ es de 10^{-5} M, y tras 1 minuto de reacción tan sólo el 2% de A se ha convertido en producto B. ¿Cuál será la $[B]$ dos minutos más tarde?

a. $0,2 \cdot 10^{-5}$ M
b. $0,2 \cdot 10^{-6}$ M
c. $0,4 \cdot 10^{-6}$ M
d. $0,6 \cdot 10^{-6}$ M
e. $0,8 \cdot 10^{-6}$ M

403. Una enzima que cataliza la siguiente reacción química, ¿en qué grupo se clasificaría según la Comisión de Enzimas de la IUBMB?

a. oxidorreductasas
b. liasas
c. hidrolasas
d. ligasas
e. isomerasas

404. Tenemos una enzima con una K_M de $2 \cdot 10^{-3}$ M para el sustrato A. Si la $[A]_{inicial}$ es de 10^{-5} M, y tras 1 minuto de reacción tan sólo el 2% de A se ha convertido en producto B. ¿Cuál es la V_{max} para esta reacción y esta concentración de enzima?

a. $10\ \mu M/min$
b. $40\ \mu M/min$
c. $70\ \mu M/min$
d. $100\ \mu M/min$
e. $130\ \mu M/min$

405. En la reacción...

$$A \rightarrow B$$

...la velocidad de reacción es proporcional a la [A]. La constante de proporcionalidad la denominamos k_1.

a. Se trata de una reacción de primer orden, según su cinética
b. Cuanto mayor sea k_1, mayor será la velocidad de reacción
c. A medida que va disminuyendo la [A] la velocidad del proceso disminuye
d. La velocidad depende de la primera potencia de la concentración del reactivo, por lo que se trata de una reacción de primer orden
e. Todas son correctas

406. La floretín hidrolasa cataliza la siguiente reacción de hidrólisis.

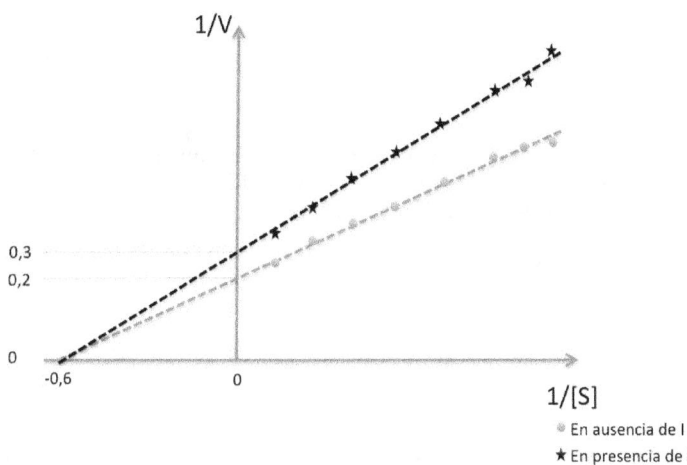

Se ensaya esta actividad enzimática en presencia de un inhibidor no competitivo (I). Se representa la relación entre los inversos de la velocidad de reacción (V) y de la concentración de sustrato ([S]), obteniéndose el siguiente gráfico. ¿Cuál es la V_{max}^{ap} de esta enzima en presencia del inhibidor?

a. -0,6
b. 0,2
c. 0,3
d. 3,33
e. 5

407. Se quiere calcular la constante de inhibición (K_I) de un inhibidor competitivo (I) de la quimotripsina. Para ello, se evalúa la cinética enzimática a diferentes concentraciones de I. La siguiente gráfica muestra la relación entre la [I] y las diferentes K_M^{ap} observadas. ¿Cuál es el valor de la K_M para la quimotripsina en ausencia de inhibidor?

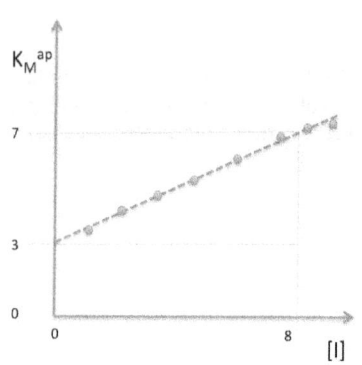

a. 0
b. 3
c. 4
d. 7
e. 8

408. ¿Cuál de las siguientes ecuaciones corresponde a la ecuación de Michaelis-Menten? V_{max} = velocidad máxima; K_M = constante de Michaelis-Menten; V = velocidad de reacción; [S] = concentración de sustrato.

a. $V = (V_{max} \cdot [S]) / (K_M + [S])$
b. $V = (K_M + [S]) / (V_{max} \cdot [S])$
c. $V = (V_{max} + [S]) / (K_M \cdot [S])$
d. $V = (V_{max} + (1/[S])) / (K_M + [S])$
e. $V = [S] / (K_M + (V_{max} \cdot [S]))$

409. La siguiente tabla muestra los valores de K_{cat} y K_M para la reacción de rotura del enlace peptídico de una serie de sustratos catalizada por una proteasa sintética. ¿Para cuál de los sustratos es mayor la especificidad y la eficacia de esta enzima?

Sustrato	K_{cat}/K_M (M^{-1} s^{-1})
A	$6 \cdot 10^{-1}$
B	$1,2 \cdot 10^{-1}$
C	$1,6 \cdot 10^{2}$
D	$3,2 \cdot 10^{5}$

a. el A
b. el B
c. el C
d. el D
e. no puede saberse con estos datos

410. El siguiente esquema es una representación de Eadie-Hofstee para una reacción enzimática. ¿A qué valor corresponde la pendiente de la recta de trazo discontínuo?

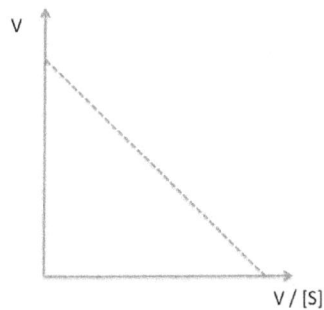

a. - K_M
b. K_M
c. V_{max}
d. $-V_{max}$
e. K_M/V_{max}

411. Tenemos una enzima con una K_M de $2 \cdot 10^{-3}$ M para el sustrato A. Si la $[A]_{inicial}$ es de 10^{-5} M, y tras 1 minuto de reacción tan sólo el 2% de A se ha convertido en producto B. ¿Qué porcentaje de A habrá reaccionado a los 3 minutos de iniciada la reacción?

a. 6 %
b. 10 %
c. 17 %
d. 23 %
e. más del 50 %

412. Una enzima comercial cataliza la transformación de la glucosa-6-P en un derivado fluorescente. La K_M de esta enzima es de $3 \cdot 10^{-4}$ M y la V_{max} de la reacción catalizada es de $1,5 \cdot 10^{-5}$ M. Si partimos de una concentración inicial de glucosa de $9 \cdot 10^{-7}$ M ¿cuánto tardará en reaccionar el 50% de la glucosa?

a. 3,2 min
b. 3,6 min
c. 6,8 min
d. 13,6 min
e. 22,2 min

413. El siguiente esquema es una representación de Lineweaver-Burk para una reacción enzimática. ¿A qué valor corresponde la intersección de la recta con el eje de abscisas, marcada por la letra A?

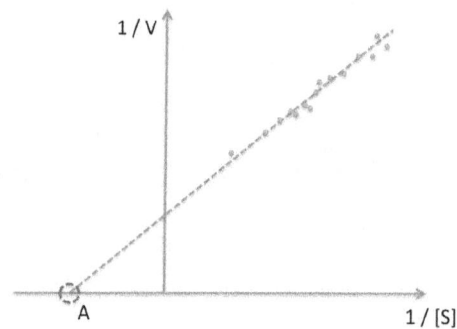

a. $1 / K_M$
b. $1 / V_{max}$
c. K_M
d. V_{max}
e. $-1 / K_M$

414. El siguiente esquema es una representación de Eadie-Hofstee para una reacción enzimática. ¿A qué valor corresponde el valor del eje de ordenadas en su punto de corte con la recta de trazo discontínuo?

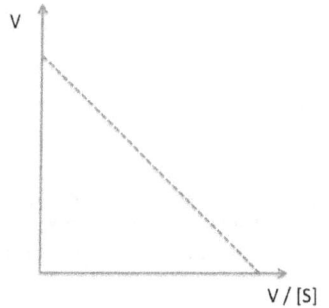

a. K_M
b. V_{max}/K_M
c. V_{max}
d. $-V_{max}$
e. K_M/V_{max}

415. Una enzima comercial cataliza la transformación de la glucosa-6-P en un derivado fluorescente. La K_M de esta enzima es de $3 \cdot 10^{-4}$ M y la V_{max} de la reacción catalizada es de $1,5 \cdot 10^{-5}$ M. Si partimos de una concentración inicial de glucosa de 10^{-6} M ¿cuánto tardará en reaccionar el 75% de la glucosa?

a. 0,2 min
b. 3,9 min
c. 10,4 min
d. 18,6 min
e. 27,2 min

416. Se quiere calcular la constante de inhibición (K_i) de un inhibidor competitivo (I) de la quimotripsina. Para ello, se evalúa la cinética enzimática a diferentes concentraciones de I. La siguiente gráfica muestra la relación entre la [I] y las diferentes $K_M{}^{ap}$ observadas. ¿Cuál es el valor de la K_i?

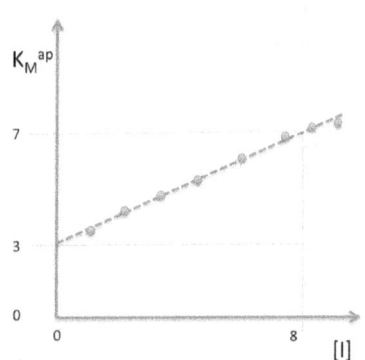

a. 0,5
b. 1,5
c. 2
d. 6
e. 8

417. Tenemos una enzima con una K_M de $2 \cdot 10^{-3}$ M para el sustrato A. Si la [A]inicial es de 10^{-5} M, y tras 1 minuto de reacción tan sólo el 2% de A se ha convertido en producto B. ¿A qué concentración de sustrato se alcanzará la V_{max}?

a. 1 M
b. 0,6 M
c. 0,2 M
d. 0,9 M
e. 0,3 M

418. En las reacciones de degradación alcohólica de algunas frutas participa la enzima β-dicetona hidrolasa, catalizando la hidrólisis de la 4,6-nonadiona en pentano-2-ona y butanoato. La K_M de esta enzima es de $1,2 \cdot 10^{-4}$ M, En tan solo 30 s de reacción, y partiendo de una concentración inicial de 4,6-nonadiona, se obtuvo una concentración de butanoato de 2,7 μM. ¿Cuál será la [butanoato] a los 5,3 minutos desde el inicio de la reacción?

a. $28,62 \cdot 10^{-6}$ M
b. $16,16 \cdot 10^{-6}$ M
c. $20,10 \cdot 10^{-5}$ M
d. $8,07 \cdot 10^{-6}$ M
e. $0,81 \cdot 10^{-4}$ M

419. El siguiente esquema es una representación de Eadie-Hofstee para una reacción enzimática. ¿A qué valor corresponde el valor del eje de abscisas en su punto de corte con la recta de trazo discontínuo?

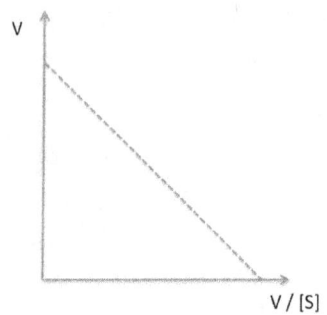

a. K_M
b. V_{max}/K_M
c. V_{max}
d. $-K_M$
e. K_M/V_{max}

420. La reacción catalizada por la enzima colesterol esterasa sigue, en condiciones normales, una cinética de Michaelis-Menten. En el siguiente experimento, se midió el efecto de concentraciones crecientes de dos inhibidores competitivos (I_a, I_b) en los parámetros cinéticos de dicha enzima. La gráfica muestra la relación entre las concentraciones de cada inhibidor y la K_M^{ap} de la reacción. ¿Cuál es el valor de la K_M de la colesterol esterasa en ausencia de inhibidores?

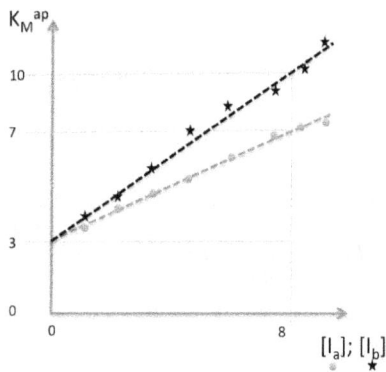

a. 0
b. 2
c. 3
d. 4
e. 8

421. La reacción catalizada por la enzima colesterol esterasa sigue, en condiciones normales, una cinética de Michaelis-Menten. En el siguiente experimento, se midió el efecto de concentraciones crecientes de dos inhibidores competitivos (I_a, I_b) en los parámetros cinéticos de dicha enzima. La gráfica muestra la relación entre las concentraciones de cada inhibidor y la $K_M{}^{ap}$ de la reacción. ¿Cuál es la K_i del inhibidor a?

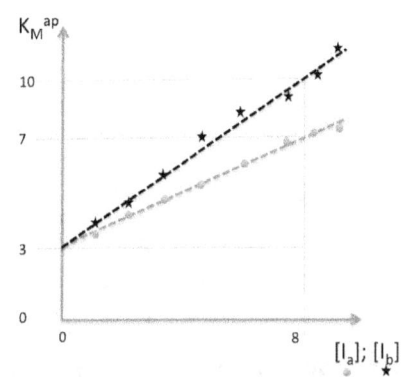

a. 0,5
b. 1,5
c. 2
d. 6
e. 8

422. Una enzima que cataliza la siguiente reacción química, ¿en qué grupo se clasificaría según la Comisión de Enzimas de la IUBMB?

NADH   NAD$^+$

a. oxidorreductasas
b. liasas
c. hidrolasas
d. ligasas
e. isomerasas

423. La reacción catalizada por la enzima colesterol esterasa sigue, en condiciones normales, una cinética de Michaelis-Menten. En el siguiente experimento, se midió el efecto de concentraciones crecientes de dos inhibidores competitivos (I_a, I_b) en los parámetros cinéticos de dicha enzima. La gráfica muestra la relación entre las concentraciones de cada inhibidor y la $K_M{}^{ap}$ de la reacción. ¿Cuál es la K_i del inhibidor b?

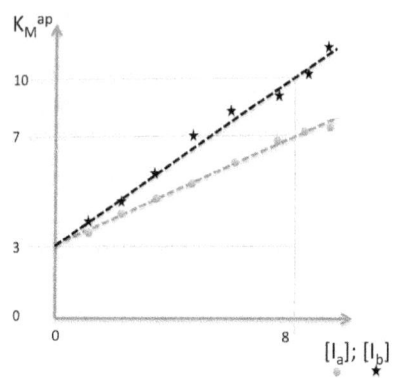

a. 0,38
b. 0,88
c. 2,63
d. 3,43
e. 7,00

424. La Comisión de Enzimas (EC) de la Unión Internacional de Bioquímica y Biología Molecular (IUBMB) ha pensado un sistema de nomenclatura de las enzimas en seis grandes grupos. ¿Cuáles son estos grupos?

a. oxidorreductasas, transferasas, hidrolasas, liasas, isomerasas, ligasas
b. oxidorreductasas, polimerasas, hidratasas, liasas, isomerasas, peptidasas
c. oxidorreductasas, transferasas, hidrolasas, liasas, isomerasas, peptidasas
d. oxidorreductasas, transferasas, hidrolasas, maltasas, isomerasas, ligasas
e. oxidorreductasas, epimerasas, hidrolasas, liasas, polimerasas, isomerasas

425. La Comisión de Enzimas (EC) de la Unión Internacional de Bioquímica y Biología Molecular (IUBMB) ha pensado un sistema de nomenclatura de las enzimas en seis grandes grupos. Uno de ellos está formado por las oxidorreductasas. ¿Qué tipo de reacciones catalizan?

a. reacciones en las que se unen dos moléculas
b. reordenamientos intramoleculares
c. reacciones de oxidación-reducción
d. adiciones de un grupo a un doble enlace
e. rupturas hidrolíticas

426. Se ensaya la actividad de la isotiocianato isomerasa en presencia de un inhibidor (I). Se representa la relación entre los inversos de la velocidad de reacción (V) y de la concentración de sustrato ([S]), obteniéndose el siguiente gráfico. ¿A qué valor corresponde la intersección señalada con la letra A?

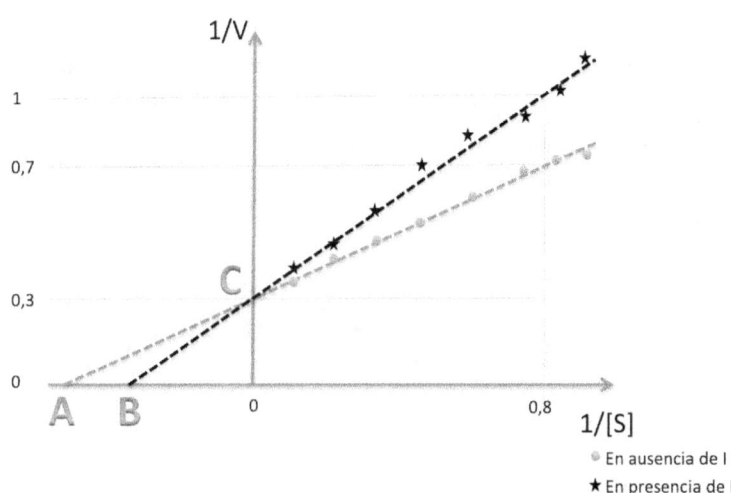

a. $1 / K_M$
b. $-1 / K_M$
c. $1 / V_{max}$
d. $1 / K_M^{ap}$
e. $-1 / K_M^{ap}$

427. Una enzima que cataliza la siguiente reacción química, ¿en qué grupo se clasificaría según la Comisión de Enzimas de la IUBMB?

a. oxidorreductasas
b. liasas
c. hidrolasas
d. ligasas
e. isomerasas

428. La floretín hidrolasa cataliza la siguiente reacción de hidrólisis.

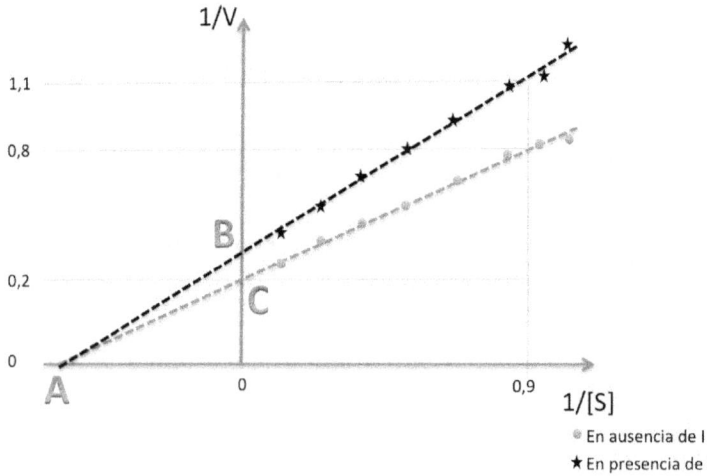

Se ensaya esta actividad enzimática en presencia de un inhibidor no competitivo (I). Se representa la relación entre los inversos de la velocidad de reacción (V) y de la concentración de sustrato ([S]), obteniéndose el siguiente gráfico. ¿A qué valor corresponde la intersección señalada con la letra A?

a. $1 / K_M$
b. $-1 / K_M$
c. $1 / V_{max}$
d. $1 / K_M{}^{ap}$
e. $-1 / K_M{}^{ap}$

429. Para calcular la constante de inhibición (K_i) de un inhibidor no competitivo (I) de la fumarasa, se evalúa la cinética enzimática a diferentes concentraciones de I. La siguiente gráfica muestra la relación entre la [I] y las diferentes V_{max}^{ap} observadas. ¿Cuál es el valor de la K_i?

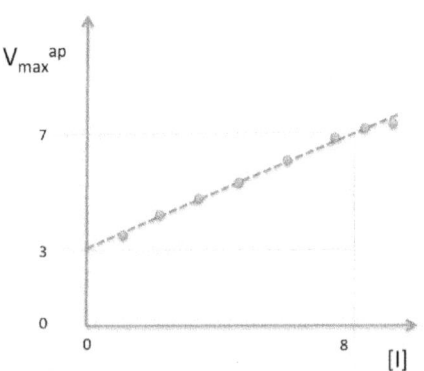

a. 0,17
b. 0,33
c. 0,67
d. 1,50
e. 6,00

430. La Comisión de Enzimas (EC) de la Unión Internacional de Bioquímica y Biología Molecular (IUBMB) ha pensado un sistema de nomenclatura de las enzimas en seis grandes grupos. Uno de ellos está formado por las ligasas. ¿Qué tipo de reacciones catalizan?

a. reacciones en las que se unen covalentemente dos moléculas
b. reordenamientos intramoleculares
c. reacciones de oxidación-reducción
d. adiciones de un grupo a un doble enlace
e. rupturas hidrolíticas

431. La Comisión de Enzimas (EC) de la Unión Internacional de Bioquímica y Biología Molecular (IUBMB) ha pensado un sistema de nomenclatura de las enzimas en seis grandes grupos. Uno de ellos está formado por las liasas. ¿Qué tipo de reacciones catalizan?

a. reacciones en las que se unen covalentemente dos moléculas
b. reordenamientos intramoleculares
c. reacciones de oxidación-reducción
d. adiciones de un grupo a un doble enlace
e. rupturas hidrolíticas

432. Se ensaya la actividad de la isotiocianato isomerasa en presencia de un inhibidor (I). Se representa la relación entre los inversos de la velocidad de reacción (V) y de la concentración de sustrato ([S]), obteniéndose el siguiente gráfico. ¿A qué valor corresponde la intersección señalada con la letra B?

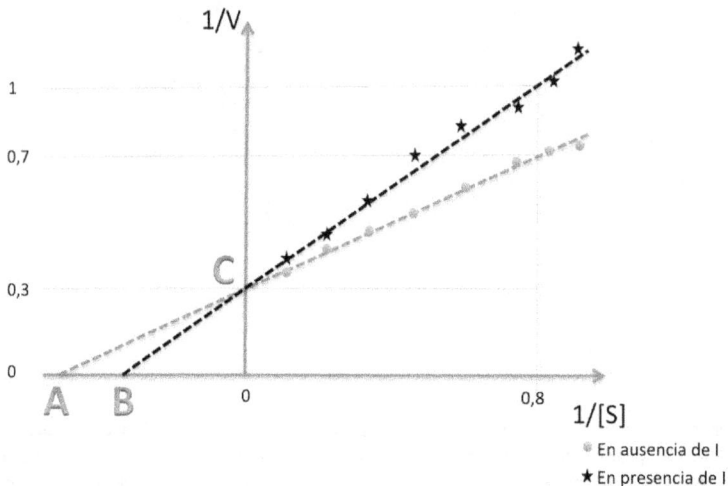

a. $1 / K_M$
b. $-1 / K_M$
c. $1 / V_{max}$
d. $1 / K_M{}^{ap}$
e. $-1 / K_M{}^{ap}$

433. La Comisión de Enzimas (EC) de la Unión Internacional de Bioquímica y Biología Molecular (IUBMB) ha pensado un sistema de nomenclatura de las enzimas en seis grandes grupos. Uno de ellos está formado por las hidrolasas. ¿Qué tipo de reacciones catalizan?

a. reacciones en las que se unen covalentemente dos moléculas
b. reordenamientos intramoleculares
c. reacciones de oxidación-reducción
d. adiciones de un grupo a un doble enlace
e. rupturas hidrolíticas

434. La floretín hidrolasa cataliza la siguiente reacción de hidrólisis.

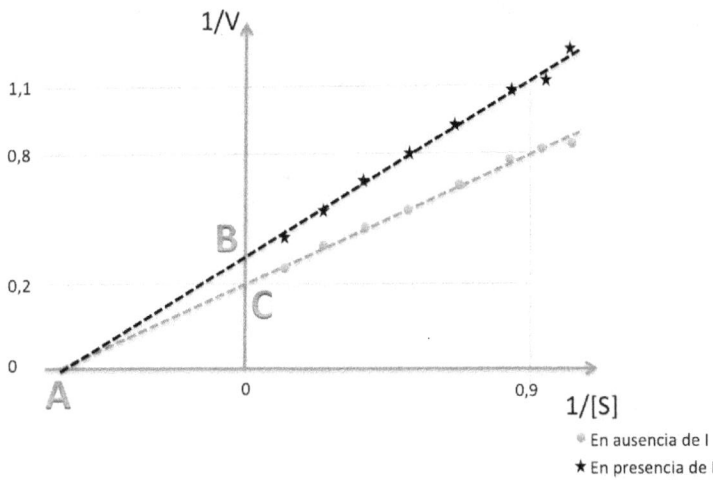

Se ensaya esta actividad enzimática en presencia de un inhibidor no competitivo (I). Se representa la relación entre los inversos de la velocidad de reacción (V) y de la concentración de sustrato ([S]), obteniéndose el siguiente gráfico. ¿A qué valor corresponde la intersección señalada con la letra B?

a. $1 / V_{max}^{ap}$
b. $-1 / K_M$
c. $1 / V_{max}$
d. $1 / K_M^{ap}$
e. $-1 / K_M^{ap}$

435. La Comisión de Enzimas (EC) de la Unión Internacional de Bioquímica y Biología Molecular (IUBMB) ha pensado un sistema de nomenclatura de las enzimas en seis grandes grupos. Uno de ellos está formado por las isomerasas. ¿Qué tipo de reacciones catalizan?

  a. reacciones en las que se unen covalentemente dos moléculas
  b. reordenamientos intramoleculares
  c. reacciones de oxidación-reducción
  d. adiciones de un grupo a un doble enlace
  e. rupturas hidrolíticas

436. Se ensaya la actividad de la isotiocianato isomerasa en presencia de un inhibidor (I). Se representa la relación entre los inversos de la velocidad de reacción (V) y de la concentración de sustrato ([S]), obteniéndose el siguiente gráfico. ¿A qué valor corresponde la intersección señalada con la letra C?

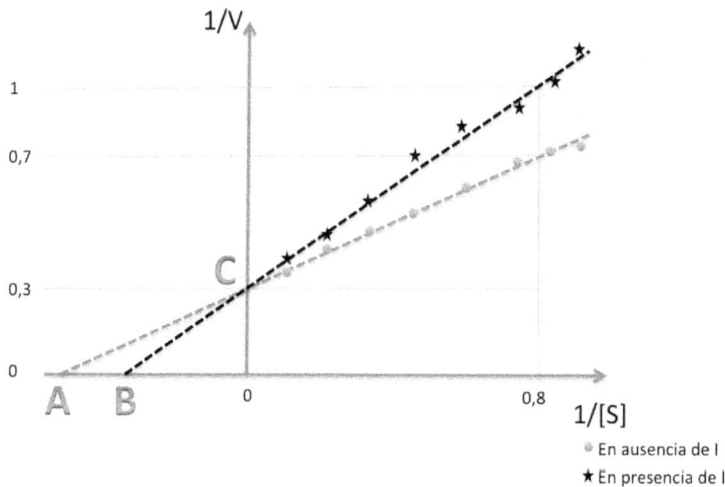

  a. $1 / K_M$
  b. $-1 / K_M$
  c. $1 / V_{max}$
  d. $1 / K_M^{ap}$
  e. $-1 / K_M^{ap}$

437. Una enzima comercial cataliza la transformación de la glucosa-6-P en un derivado fluorescente. Se hace reaccionar una concentración de 10^{-6}M de glucosa en presencia de la enzima y se observa que el 5% del sustrato reacciona en 1 minuto. Si la K_M de esta enzima es de $3 \cdot 10^{-4}$ M, ¿cuánto vale la V_{max}?

    a. 10^{-3} M $\cdot$min^{-1}
    b. $0,5 \cdot 10^{-4}$ M $\cdot$min^{-1}
    c. $1,5 \cdot 10^{-5}$ M $\cdot$min^{-1}
    d. $3 \cdot 10^{-6}$ M $\cdot$min^{-1}
    e. 10^{-4} M $\cdot$min^{-1}

438. Para calcular la constante de inhibición (K_i) de un inhibidor no competitivo (I) de la fumarasa, se evalúa la cinética enzimática a diferentes concentraciones de I. La siguiente gráfica muestra la relación entre la [I] y las diferentes V_{max}^{ap} observadas. ¿Cuál es el valor de la V_{max} del enzima en ausencia de inhibidor?

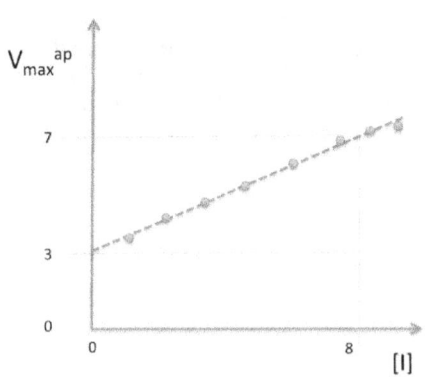

    a. 0,5
    b. 2
    c. 3
    d. 7
    e. 8

439. La constante de Michaelis-Menten (K_M) es igual a...

    a. ...el inverso de la concentración de sustrato en el punto en el que la velocidad de la reacción es igual a V_{max}
    b. ...la concentración de sustrato en el punto en el que la velocidad de la reacción es igual a V_{max}
    c. ...el inverso de la concentración de sustrato en el punto en el que la velocidad de la reacción es igual a (V_{max} / 2)
    d. ...la concentración de sustrato en el punto en el que la velocidad de la reacción es igual a (V_{max} / 2)
    e. ...ninguna de las anteriores

440. Tenemos una enzima con una K_M de $2 \cdot 10^{-3}$ M para el sustrato A. Si la [A]inicial es de 10^{-5} M, y tras 1 minuto de reacción tan sólo el 2% de A se ha convertido en producto B. ¿Cuál será la [A] 120 segundos más tarde?

    a. $8,2 \cdot 10^{-5}$ M
    b. $9,4 \cdot 10^{-6}$ M
    c. $0,1 \cdot 10^{-6}$ M
    d. $4,5 \cdot 10^{-6}$ M
    e. $11,8 \cdot 10^{-6}$ M

441. La floretín hidrolasa cataliza la siguiente reacción de hidrólisis.

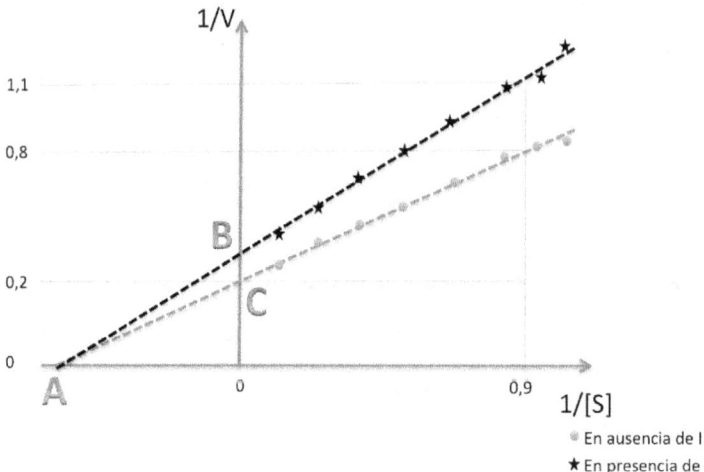

Se ensaya esta actividad enzimática en presencia de un inhibidor no competitivo (I). Se representa la relación entre los inversos de la velocidad de reacción (V) y de la concentración de sustrato ([S]), obteniéndose el siguiente gráfico. ¿A qué valor corresponde la intersección señalada con la letra C?

    a. $1 / V_{max}^{ap}$
    b. $-1 / K_M$
    c. $1 / V_{max}$
    d. $1 / K_M^{ap}$
    e. $-1 / K_M^{ap}$

442. La floretín hidrolasa cataliza la siguiente reacción de hidrólisis.

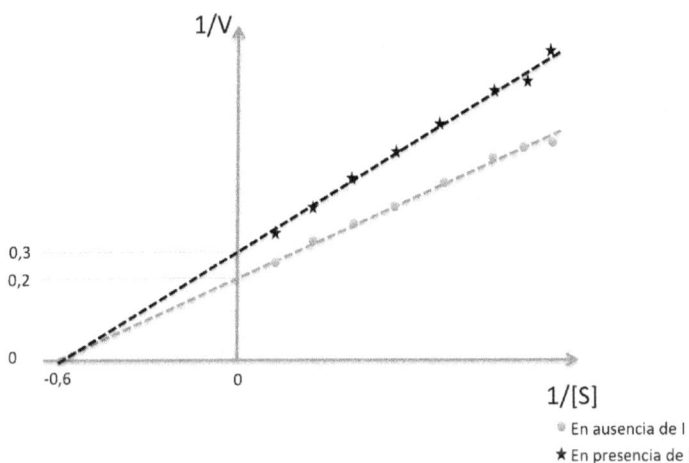

Se ensaya esta actividad enzimática en presencia de un inhibidor no competitivo (I). Se representa la relación entre los inversos de la velocidad de reacción (V) y de la concentración de sustrato ([S]), obteniéndose el siguiente gráfico. ¿Cuál es la V_{max} de esta enzima en ausencia de inhibidor?

a. -0,6
b. 0,2
c. 0,3
d. 3,33
e. 5

443. La floretín hidrolasa cataliza la siguiente reacción de hidrólisis.

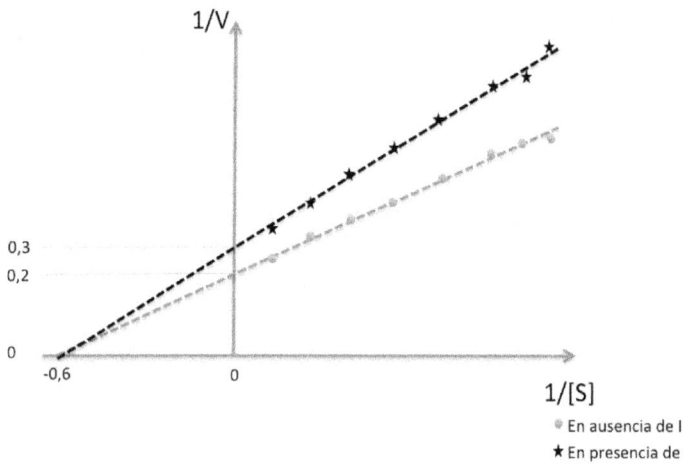

Se ensaya esta actividad enzimática en presencia de un inhibidor no competitivo (I). Se representa la relación entre los inversos de la velocidad de reacción (V) y de la concentración de sustrato ([S]), obteniéndose el siguiente gráfico. ¿Cuál es la K_M de esta enzima?

a. 0,60
b. 1,67
c. 0,3
d. 3,33
e. 5

444. Una enzima comercial cataliza la transformación de la glucosa-6-P en un derivado fluorescente. Se hace reaccionar una concentración de 10^{-6}M de glucosa en presencia de la enzima y se observa que el 5% del sustrato reacciona en 1 minuto. ¿Qué porcentaje de sustrato reaccionará en 5 minutos? NOTA: La K_M de esta enzima es de $3 \cdot 10^{-4}$ M.

a. 23 %
b. 29 %
c. 35 %
d. 41 %
e. 48 %

Nucleótidos y ácidos nucleicos

445. Los azúcares más frecuentes en los nucleótidos de los seres vivos son...

a. β-D-xilulosa y β-D-glucosa
b. β-L-glucosa y β-L-eritrosa
c. β-D-ribosa y β-D-desoxiribosa
d. β-D-fructosa y β-L-alosa
e. β-D-trehalosa y β-D-ribosa

446. Identifica las siguientes estructuras químicas correspondientes a bases nitrogenadas

a. A=adenina; B=timina; C=guanina; D=citosina; E=uracilo
b. A=adenina; B=guanina; C=timina; D=citosina; E=uracilo
c. A=guanina; B=adenina; C=citosina; D=uracilo; E=timina
d. A=guanina; B=adenina; C=uracilo; D=citosina; E=timina
e. A=adenina; B=guanina; C=uracilo; D=citosina; E=timina

447. En un nucleótido codificante, la base nitrogenada se une al azúcar mediante...

a. ...un enlace β-glucosídico
b. ...un enlace α-glucosídico
c. ...un enlace O-glucosídico de tipo β
d. ...un enlace O-glucosídico de tipo α
e. ...un enlace covalente carbono-carbono

448. En un nucleótido presente en el ADN, la timina se une al carbono 1 de la β-D-desoxiribosa mediante...

a. ...su carbono 6
b. ...su carbono 5
c. ...su nitrógeno 3
d. ...su carbono 2
e. ...su nitrógeno 1

449. Una de las formas de acción patológica de los radicales hidroxilo es la generación de bases modificadas de los ácidos nucleicos, como la 8-oxoguanina, la isoguanina,... ¿Por qué estas modificaciones, que cambian grupos químicos que no participan directamente en las uniones Watson Crick, son mutágenas?

a. Porque debilitan el esqueleto azúcar-fosfato del ADN y se rompe
b. Porque las modificaciones químicas cambian las preferencias tautoméricas y la fidelidad de las bases a los tautómeros amino-oxo, posibilitando apareamientos alternativos a los Watson Crick que pueden originar transversiones o transiciones.
c. Porque se alteran los dipolos de las bases y las interacciones de apilamiento, que son las que marcan la preferencia selectiva de los apareamientos Watson Crick, quedan modificadas.
d. Porque la flexibilidad del enlace azúcar-base queda muy modificada, permitiendo que predominen conformaciones de los nucleótidos que permiten apareamientos alternativos.
e. Porque las bases se hacen mucho más solubles y la despolimerización del ADN es más favorable desde un punto de vista termodinámico

450. En un nucleótido presente en el ADN, la citosina se une al carbono 1 de la β-D-desoxiribosa mediante...

a. ...su carbono 6
b. ...su carbono 5
c. ...su nitrógeno 3
d. ...su carbono 2
e. ...su nitrógeno 1

451. En los nucleótidos del ADN, el grupo fosfato se une por esterificación a dos carbonos, cada uno de ellos perteneciente a un nucleótido de una pareja de nucleótidos contiguos. ¿Cuáles son estos carbonos?

a. 4' y 3'
b. 5' y 3'
c. 1' y 2'
d. 1' y 3'
e. 1' y 4'

452. Las bases nitrogenadas de los nucleótidos tienen grupos donadores de puente de hidrógeno. Los más característicos son...

a. los átomos de N del anillo heterocíclico y los átomos de O de los grupos carbonilo
b. los grupos amina (-NH$_2$) y los grupos hidroxilo (-OH) que cuelgan del anillo heterocíclico
c. los grupos hidroxilo (-OH) que cuelgan del anillo heterocíclico
d. los átomos de carbono sp2 de los anillos heterocíclicos
e. los grupos amina (-NH$_2$)

453. En un nucleótido presente en el ARN, la timina se une al carbono 1 de la β-D-ribosa mediante...

a. ...su carbono 6
b. ...su carbono 5
c. ...su nitrógeno 3
d. ...su carbono 2
e. ...su nitrógeno 1

454. La uniones canónicas entre adenina y timina de tipo Watson-Crick

a. involucran a un grupo dador de puente de hidrógeno de la timina y otro grupo dador de la adenina
b. involucran a un átomo de nitrógeno como grupo aceptor de puente de hidrógeno en la adenina, y a un átomo de oxígeno como grupo aceptor de puente de hidrógeno en la timina
c. involucran a un átomo de oxígeno como grupo aceptor de puente de hidrógeno en la adenina, y a un átomo de nitrógeno como grupo aceptor de puente de hidrógeno en la timina
d. a y b son correctas
e. a y c son correctas

455. En un nucleótido presente en el ADN, la adenina se une al carbono 1 de la β-D-desoxiribosa mediante...

a. ...su nitrógeno 9
b. ...su nitrógeno 1
c. ...su carbono 8
d. ...su carbono 2
e. ...su nitrógeno 3

456. Las bases nitrogenadas de los nucleótidos tienen grupos aceptores de puente de hidrógeno. Los más característicos son...

a. los átomos de N del anillo heterocíclico y los átomos de O de los grupos carbonilo
b. los grupos amina ($-NH_2$) y los grupos hidroxilo (-OH) que cuelgan del anillo heterocíclico
c. los grupos hidroxilo (-OH) que cuelgan del anillo heterocíclico
d. los átomos de carbono sp2 de los anillos heterocíclicos
e. los grupos amina ($-NH_2$)

457. Las formas tautoméricas predominantes de las bases nitrogenadas del ADN a pH=7 en disolución acuosa son...

a. las formas ceto-amino
b. las formas ceto-imino
c. las formas enol-amino
d. las formas enol-imino
e. las formas enol-enamina

458. Las interacciones de stacking entre nucleobases...

a. son las que se establecen entre los sistemas aromáticos de dos nucleobases apiladas
b. son las que se establecen entre los sistemas aromáticos de cualquier nucleobase y un cation
c. son las que se establecen entre los sistemas aromáticos de cualquier nucleobase y un anión
d. son las que se establecen entre los sistemas aromáticos de cualquier nucleobase y cualquier partícula cargada
e. son las que se establecen entre los sistemas aromáticos de cualquier nucleobase y una molécula polar (H_2O, NH_3,...)

459. Observa el siguiente dibujo que representa la interacción entre una guanina y una citosina. Indica en qué consistiría una interacción de tipo Hoogsteen con este sistema.

a. es la interacción de cualquier heterociclo aromático con cualquiera de las dos bases, situándose de forma paralela al plano formado por ambas. Se conocen también como 'interacciones de *stacking*'.
b. es la interacción de cualquier heterociclo aromático con la base más voluminosa (en este caso, la guanina), situándose de forma paralela al plano formado por ésta. Se conocen también como 'interacciones de *stacking*'.
c. es la interacción de una tercera nucleobase por la cara indicada con la letra A, formando una triada coplanar
d. es la interacción de una tercera nucleobase por la cara indicada con la letra B, formando una triada coplanar
e. es la interacción de una tercera nucleobase por la cara indicada con la letra C, desplazando a la base de menor tamaño (en este caso, la citosina)

460. En un nucleótido presente en el ADN, la guanina se une al carbono 1 de la β-D-desoxirribosa mediante...

a. ...su nitrógeno 9
b. ...su nitrógeno 1
c. ...su carbono 8
d. ...su carbono 2
e. ...su nitrógeno 3

461. La estructura secundaria mayoritaria del ADN es ...

a. el ADN de tipo A
b. el ADN del tipo B
c. el ADN de tipo H
d. al ADN de tipo T
e. el ADN de tipo Z

462. La regla de Chargaff establece...

a. que en una fibra de ADN, el número de bases púricas es igual al de bases pirimidínicas
b. que el número de bases pirimidínicas en cualquier ácido nucleico (ADN, ARN,...) es directamente proporcional a la solubilidad de la fibra
c. que el número de bases púricas en una fibra de ADN es directamente proporcional a la solubilidad de la fibra
d. que toda base pirimidínica es acompañada de un catión de Na^+ en el ADN, pudiendo aparecer cationes K^+ o Mg^{2+} en otros tipos de ácido nucleico
e. que toda sustancia cristalizada en cuyo patrón de difracción se observe una figura regular presenta una estructura helicoidal

463. En la doble hélice de ADN de tipo B, la distancia lineal aproximada entre un par de bases unido por puentes de hidrógeno y el par de bases contiguo es de...

a. 0,34 Å
b. 0,34 mm
c. 0,34 µm
d. 0,34 nm
e. 3,4 µm

464. El científico _____ aisló por primera vez ADN a partir de _____.

a. Erwin Chargaff / células de cebolla
b. Matthew Messelson / hígado de ratón
c. James Watson / púas de puercoespín
d. Oswald Avery / glándulas salivales de Drosophila
e. Friedrich Miescher / esperma de salmón

465. Entre 1944 y 1952 se desarrollaron los experimentos de Avery, McLeod y McCarthy, que establecieron con bastante claridad que el ADN era el material responsable de la información genética. En estos experimentos...

a. el ADN de cepas patógenas de bacterias del género *Pneumococcus* era transferido a cepas no patógenas, haciéndolas patógenas
b. el ADN se fraccionó en sus monómeros constituyentes, concluyéndose que estaba compuesto tan sólo por 4 monómeros distintos
c. el ADN de bacterias patógenas era marcado con ^{35}P, y mediante microscopía óptica se observaba cómo este ADN era transferido a las cepas no patógenas, que quedaban transformadas en patógenas
d. se realizaron cultivos de células sanguíneas de ratón, viéndos cómo tan sólo aquellas que poseían ADN en el núcleo (leucocitos) eran capaces de dividirse, mientras que los eritrocitos o trombocitos no se dividían nunca
e. se medía la concentración de ADN en cultivos bacterianos (mediante espectrofotometría a 260 nm de longitud de onda) y se observaba cómo dicha concentración incrementaba proporcionalmente con el número de células presentes en el cultivo

466. La prueba definitiva de que el ADN era el material genético la aportó el experimento de Hershey y Chase. En él estudiaron la infección de la bacteria Escherichia coli mediante el virus bacteriófago T2, empleando marcaje radioactivo para las proteínas (^{35}S) y el ADN (^{32}P) del virus. En este experimento ...

a. ...las bacterias infectadas producen virus bacteriófagos T2, muchos de ellos con ADN marcado (^{32}P)
b. ...las proteínas marcadas con ^{35}S aparecen también en gran parte de los bacteriófagos producidos por Escherichia coli
c. ...ninguno de los bacteriófagos producidos por Escherichia coli contiene ^{32}P
d. b y c son correctas
e. a y b son correctas

467. El modelo de Watson y Crick para el ADN era una _____ hélice _____ con _____ pares de bases por vuelta.

a. triple / paralela / 7,5
b. doble / antiparalela / 13
c. triple / antiparalela / 3,4
d. doble / antiparalela / 10
e. doble / antiparalela / 3,4

468. Watson y Crick, que trabajaban en la Universidad de _____, tuvieron acceso a los patrones de difracción de fibras obtenidas a partir de soluciones de ADN concentradas fotografiadas por _____, que trabajaba en el laboratorio de _____ en el _____ de Londres.

a. Oxford / Irina Sarapova / Max Perutz / Instituto Max Planck
b. Bristol / Helena Ehrlich / Martha Chase / University College
c. Leeds / Martha Chase / Alfred Hershey / Queen's College
d. Londres / Marie Curie / Edward Jenner / Weizmann's Institute
e. Cambridge / Rosalind Franklin / Maurice Wilkins / King's College

469. Si comparamos la estructura química de un par A-T (tipo Watson-Crick, es decir, con ambas bases en un mismo plano y unidas por puentes de hidrógeno) con el de un par G-C (también tipo Watson-Crick), la distancia entre los carbonos C1' de las desoxirribosas...

a. es mayor en el caso del par A-T (~1,5 nm) que en el par G-C (~0,7 nm)
b. es mayor en el caso del par G-C (~1,5 nm) que en el par A-T (~0,7 nm)
c. es aproximadamente igual en ambos casos, siendo su valor de ~1,1 nm
d. es aproximadamente igual en ambos casos, siendo su valor de ~1,5 nm
e. es aproximadamente igual en ambos casos, siendo su valor de ~0,7 nm

470. Si avanzamos en sentido 5'→3' en una doble hélice de ADN...

a. cada par de bases presenta una rotación de ~3° con respecto al siguiente par
b. cada par de bases presenta una rotación de ~10° con respecto al siguiente par
c. cada par de bases presenta una rotación de ~15° con respecto al siguiente par
d. cada par de bases presenta una rotación de ~25° con respecto al siguiente par
e. cada par de bases presenta una rotación de ~36° con respecto al siguiente par

471. La forma A del ADN es la forma mayoritaria...

a. ...en el citoplasma celular
b. ...en el núcleo celular
c. ...en condiciones de baja salinidad
d. ...en condiciones debaja humedad
e. ...en las zonas del genoma que son transcripcionalmente activas

472. Se cultivan células en presencia de diferentes isótopos del nitrógeno (bien ^{15}N o ^{14}N). Seguidamente se mide la concentración relativa de ADN a pH=7 (el ADN está en su estado de hibridación natural, formando doble cadena) y a pH=12 (el ADN tiene sus cadenas separadas). Las siguientes gráficas muestran los resultados obtenidos. En el eje de abscisas se representa D (densidad del ADN, en g·cm^{-3}, medida en un gradiente de cloruro de cesio) y en el eje de ordenadas se representa C (concentración relativa de ADN). Observa las gráficas y responde:

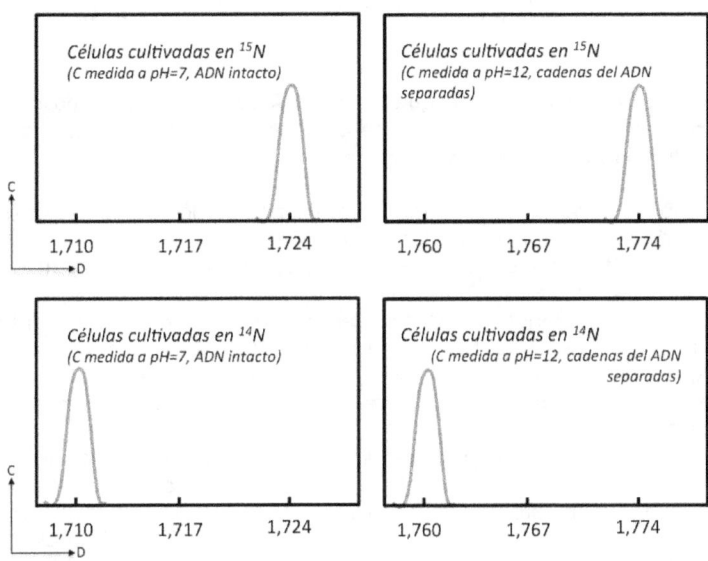

Supón que cultivamos las células en ^{15}N durante una generación. Posteriormente cambiamos el medio de cultivo por uno rico en ^{14}N. Finalmente, medimos la concentración relativa de ADN a pH=7 y a pH=12. ¿Qué resultados obtendremos si la replicación del ADN se comporta de forma semiconservativa?

    a. a pH=7 veremos un único pico a una densidad de 1,710 g·cm^{-3}
    b. a pH=12 veremos un único pico a una densidad de 1,774 g·cm^{-3}
    c. a pH=7 veremos un único pico a una densidad de 1,717 g·cm^{-3}
    d. a pH=12 veremos un único pico a una densidad de 1,767 g·cm^{-3}
    e. a pH=7 veremos dos picos, uno a 1,710 y otro a 1,717 g·cm^{-3}

473. Señala cuál de las siguientes afirmaciones sobre las principales formas de estructura secundaria del ADN (A, B y Z) es cierta...

   a. las formas A y B son levógiras, y la forma Z es dextrogira
   b. la forma que tiene más pares de bases por vuelta de hélice es la forma B
   c. la forma que presenta una mayor longitud lineal por vuelta de hélice es la forma A (~2,8 nm)
   d. la forma A es levógira
   e. la forma A tiene aproximadamente 11 pares de bases por vuelta de hélice

474. La forma B del ADN es más estable que la forma A en disolución acuosa. En condiciones de baja humedad, el ADN prefiere estar en forma A. La explicación físicoquímica de este comportamiento es la siguiente:

   a. en el surco mayor de la forma B puede unirse una columna de moléculas de agua (espina de hidratación) que estabiliza la forma B
   b. la flexibilidad de la forma A es mucho mayor y queda favorecida en términos entrópicos en ausencia de disolvente
   c. la suma de las interacciones individuales de las moléculas de agua con los fosfatos de la forma B es menos favorable que en el caso de la forma A
   d. la forma A, al ser levógira, dispone los grupos fosfato de forma que, en condiciones de ausencia de agua, la repulsión elctrostática entre ellos es menor que en el caso de la forma B
   e. la forma A tiene más facilidad para separarse (deshibridar las dos cadenas) que la forma B, lo que le da una ventaja en términos entrópicos. En presencia de agua, la entropía generada por la movilidad de las moléculas de H_2O es de mucha mayor magnitud que la genarada por la tendencia a hibridar/deshibridar de las cadenas sencillas del ADN, enmascarando la preferencia del ADN por la forma A

475. Señala cuál de las siguientes afirmaciones sobre las principales formas de estructura secundaria del ADN (A, B y Z) es cierta...

   a. la anchura de los surcos mayor y menor es claramente diferente en la forma B
   b. la anchura de los surcos mayor y menor es prácticamente idéntica en la forma A
   c. mirando la estructura tridimensional de las formas A y B desde un punto de vista transversal a la dirección 5'→3', la forma A tiene un 'agujero' central y la forma B no
   d. sólo a y b son correctas
   e. todas son correctas

476. En la célula, gran parte de las hélices de ADN sufren superenrollamiento, que consiste en la formación de estructuras helicoidales de nivel superior al de la doble hélice. Con respecto a esto, señala la opción cierta...

a. si la súperhélice es levógira decimos que el superenrollamiento es positivo y si es dextrógira decimos que el superenrollamiento es negativo
b. si la súperhélice es levógira decimos que el superenrollamiento es negativo y si es dextrógira decimos que el superenrollamiento es positivo
c. las superhélices dextrógiras no se han observado en extractos de células vivas
d. las superhélices levógiras no se han observado en extractos de células vivas
e. el cambio en el sentido de giro de la superhélice, para un mismo fragmento de ADN, es tan frecuente que por convenio generalmente se omite la nomenclatura de signos +/- en su descripción

477. La DNA girasa de E. coli...

a. introduce en el ADN giros superhelicoidales levógiros
b. introduce en el ADN giros superhelicoidales dextrógiros
c. emplea la hidrólisis de ATP como fuente de energía
d. a y c son correctas
e. b y c son correctas

478. Una DNA topoisomerasa es una enzima que...

a. libera tensión mecánica de las fibras superenrolladas de ADN
b. permite la fluctuación del ADN entre diferentes topoisómeros
c. cortan y unen de nuevo los ADNs súperenrollados, liberando parte de la tensión mecánica que acumulan
d. a y b son correctas
e. a, b y c son correctas

479. El ADN de tipo C es una estructura secundaria obtenida tras someter a dicho polímero a concentraciones elevadas del catión Li+. Una vuelta de hélice de esta estructura tiene 9,3 pares de bases. Se trata de...

a. una estructura más enrollada (menos pares de bases por vuelta) que la canónica de tipo B
b. una estructura mas desenrollada (más pares de bases por vuelta) que la canónica de tipo B
c. un ADN con una mayor distancia interfosfato
d. a y c son correctas
e. b y c son correctas

480. Observa la siguiente secuencia de ADN monocatenario en la que se han señalado las subsecuencias A, B, C, D y E.

5' ACGCGTTTTTGAGACTCCCTAACCGATTCATGAATCCCCC 3'

A   B   C   D   E

Dos subsecuencias de las indicadas constituyen una secuencia palindrómica. ¿Cuáles son?

   a. B y E
   b. A y B
   c. A y D
   d. C y D
   e. A y C

481. A continuación se indica la secuencia de la cadena 5'→3' de una serie de dúplexes de ADN. Indica cuál de ellos tendrá previsiblemente la T_m (temperatura de fusión) más elevada

A → ATATATATATAT
B → TACGGATATATA
C → TATATATACGCGCG
D → CGCGCGCGCGCGCG
E → CCCCCCCAAAAAAA

   a. A
   b. B
   c. C
   d. D
   e. E

482. Tras aislar el material genético de un tipo de virus, analizamos su composición nucleotídica, obteniendo los siguientes porcentajes. A=34%, C=11%, G=25%, T=30%. Podemos afirmar, refiriéndonos a dicho material genético, que se trata de ...

   a. ARN bicatenario
   b. ARN monocatenario
   c. ADN bicatenario
   d. ADN monocatenario
   e. Un polipéptido de al menos 100 aminoácidos

483. Se cultivan células en presencia de diferentes isótopos del nitrógeno (bien ^{15}N o ^{14}N). Seguidamente se mide la concentración relativa de ADN a pH=7 (el ADN está en su estado de hibridación natural, formando doble cadena) y a pH=12 (el ADN tiene sus cadenas separadas). Las siguientes gráficas muestran los resultados obtenidos. En el eje de abscisas se representa D (densidad del ADN, en g·cm⁻³, medida en un gradiente de cloruro de cesio) y en el eje de ordenadas se representa C (concentración relativa de ADN). Observa las gráficas y responde:

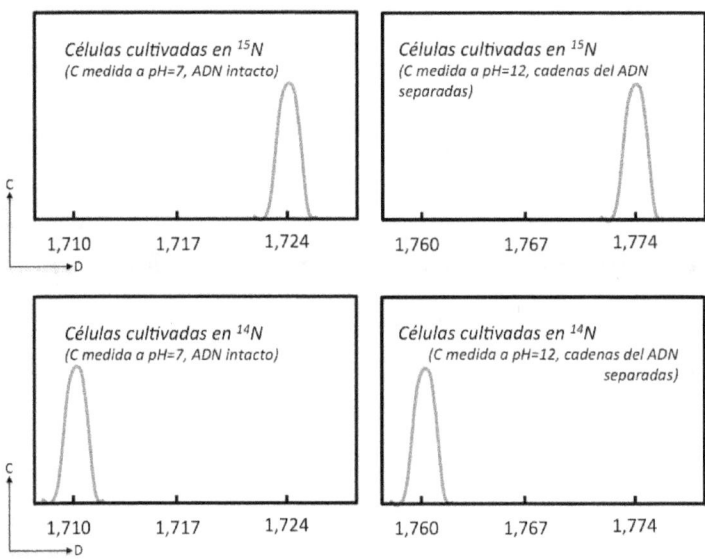

Supón que cultivamos las células en ^{15}N durante una generación. Posteriormente cambiamos el medio de cultivo por uno rico en ^{14}N y mantenemos ese medio de cultivo durante dos generaciones. Finalmente, medimos la concentración relativa de ADN a pH=7 y a pH=12. ¿Qué resultados obtendremos si la replicación del ADN se comporta de forma semiconservativa?

    a. a pH=7 veremos un único pico a una densidad de 1,710 g·cm⁻³

    b. a pH=12 veremos un único pico a una densidad de 1,774 g·cm⁻³

    c. a pH=7 veremos un único pico a una densidad de 1,717 g·cm⁻³

    d. a pH=12 veremos un pico de pequeño tamaño a 1,760 g·cm⁻³ y otro pico de mucho mayor tamaño a 1,774 g·cm⁻³

    e. a pH=7 veremos dos picos, de aproximadamente el mismo tamaño, uno a 1,710 y otro a 1,717 g·cm⁻³

484. A continuación se indica la secuencia de la cadena 5'→3' de una serie de dúplexes de ADN. Indica cuál de ellos tendrá previsiblemente la T$_m$ (temperatura de fusión) más baja

A → ATATATATATAT
B → TACGGATATATATA
C → TATATATACGCGCG
D → CGCGCGCGCGCGCG
E → CCCCCCCAAAAAAA

    a. A
    b. B
    c. C
    d. D
    e. E

485. Dada la siguiente secuencia, correspondiente a un ADN de doble cadena,...

5' ATCTCTACTCAGG 3'

...escribe la cadena complementaria de ADN.

    a. 5' CCTGAGTAGAGAT 3'
    b. 5' CCUGAGUAGAGAU 3'
    c. 3' CCTGAGTAGAGAT 5'
    d. 3' CCUGAGUAGAGAU 5'
    e. 5' TAGAGATGAGTCC 3'

486. Dada la siguiente secuencia, correspondiente a un ADN de doble cadena,...

5' ATCTCTACTCAGG 3'

...escribe la cadena complementaria de ARN fruto de la transcripción de la cadena mostrada.

    a. 5' CCTGAGTAGAGAT 3'
    b. 5' CCUGAGUAGAGAU 3'
    c. 3' CCTGAGTAGAGAT 5'
    d. 3' CCUGAGUAGAGAU 5'
    e. 5' TAGAGATGAGTCC 3'

Bioenergética e introducción al metabolismo

487. En el siguiente esquema general y simplificado del catabolismo de una célula eucariota ¿a qué moléculas corresponden los compuestos A, B, C y D?

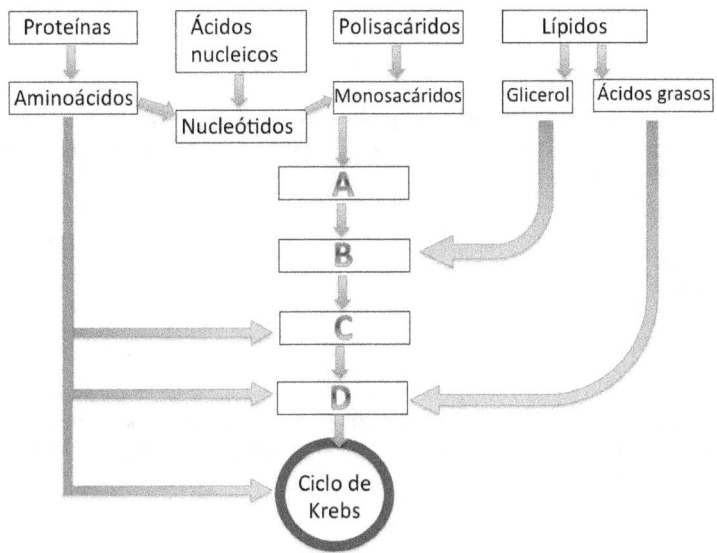

a. fructosa-1.6-bisP / malato / CO_2 / lactato
b. glucosa / fructosa-1.6-bisP / lactato / CO_2
c. glucógeno / fructosa-1.6-bisP / piruvato / gliceraldehído-3-P
d. glucógeno / fructosa-1.6-bisP / NADH+H^+ / AcetilCoA
e. glucosa / gliceraldehído-3-P / piruvato / AcetilCoA

488. La enzima fosfoglucomutasa cataliza la transformación de glucosa-1-fosfato en glucosa-6-fosfato. A pH=7 y temperatura=25°C, la K'$_{eq}$ de esta reacción es de 19, ¿cuál es su $\Delta G'^o$?

a. -0,08 kJ/mol
b. -3,17 kJ/mol
c. -7,30 kJ/mol
d. -82,16 kJ/mol
e. -7295,94 kJ/mol

489. La enzima aspartato aminotransferasa cataliza la transformación de glutamato y oxalacetato en aspartato y α-cetoglutarato. A pH=7 y temperatura=25°C, la K'_{eq} de esta reacción es de 6,8, ¿cuál es su $\Delta G'^{\circ}$?

a. -0,05 kJ/mol
b. -2,06 kJ/mol
c. -4,74 kJ/mol
d. -53,49 kJ/mol
e. -4749,89 kJ/mol

490. La enzima triosa fosfato isomerasa cataliza la transformación de dihidroxiacetona fosfato en gliceraldehido-3-fosfato. A pH=7 y temperatura=25°C, la K'_{eq} de esta reacción es de 0,0475, ¿cuál es su $\Delta G'^{\circ}$?

a. 0,09 kJ/mol
b. 3,28 kJ/mol
c. 7,55 kJ/mol
d. 85,02 kJ/mol
e. 7550,13 kJ/mol

491. La enzima fosfofructoquinasa cataliza la transformación de fructosa-6-fosfato y ATP en fructosa-1,6-bisfosfato y ADP. A pH=7 y temperatura=25°C, la K'_{eq} de esta reacción es de 254, ¿cuál es su $\Delta G'^{\circ}$?

a. -0,15 kJ/mol
b. -5,96 kJ/mol
c. -13,72 kJ/mol
d. -154,51 kJ/mol
e. -13720,79 kJ/mol

492. La reacción de disociación del ácido acético...

$$CH_3COOH + H_2O \rightarrow CH_3COO^- + H_3O^+$$

...tiene una constante K_a = 1,75x10-5. Calcula la ΔG de esta reacción a pH=0.

a. -13,10 kcal/mol
b. -1,31 kcal/mol
c. 1,31 kcal/mol
d. 6,49 kcal/mol
e. 13,3 kcal/mol

493. ¿Cuál de las fórmulas escritas es correcta respecto a la siguiente reacción química?

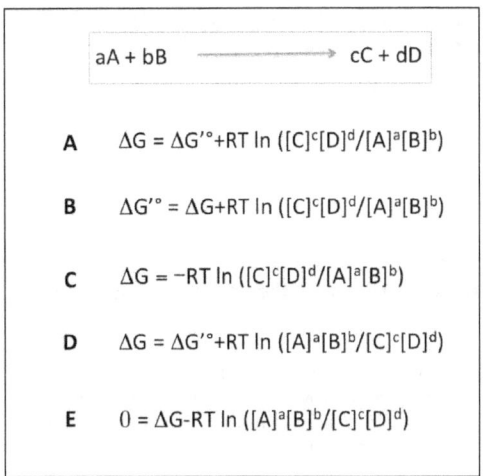

$$aA + bB \longrightarrow cC + dD$$

A $\quad \Delta G = \Delta G'^{\circ} + RT \ln ([C]^c[D]^d/[A]^a[B]^b)$

B $\quad \Delta G'^{\circ} = \Delta G + RT \ln ([C]^c[D]^d/[A]^a[B]^b)$

C $\quad \Delta G = -RT \ln ([C]^c[D]^d/[A]^a[B]^b)$

D $\quad \Delta G = \Delta G'^{\circ} + RT \ln ([A]^a[B]^b/[C]^c[D]^d)$

E $\quad 0 = \Delta G - RT \ln ([A]^a[B]^b/[C]^c[D]^d)$

a. A
b. B
c. C
d. D
e. E

494. La enzima fosfoglucomutasa cataliza la transformación de glucosa-1-fosfato en glucosa-6-fosfato. La K'_{eq} de esta reacción a pH=7 y temperatura=25°C es de 19, ¿cuáles son las concentraciones de glucosa-1-fosfato y de glucosa-6-fosfato en el equilibrio?

    a. [glucosa-1-fosfato]=1mM ; [glucosa-6-fosfato]=19mM
    b. [glucosa-1-fosfato]=19mM ; [glucosa-6-fosfato]=1mM
    c. [glucosa-1-fosfato]=18mM ; [glucosa-6-fosfato]=1mM
    d. [glucosa-1-fosfato]=1mM ; [glucosa-6-fosfato]=20mM
    e. [glucosa-1-fosfato]=20mM ; [glucosa-6-fosfato]=18mM

495. La $\Delta G'^{\circ}$ de la hidrólisis del ATP, según la reacción siguiente, es de -30,5 kJ/mol. Si las concentraciones de ATP, ADP y P_i, en eritrocitos humanos, son de 2,25 mM, 0,25 mM y 1,65 mM, respectivamente, el pH es 7,0 y la temperatura es de 37°C. ¿Cuál es el valor de ΔG en esas condiciones?

$$ATP \longrightarrow ADP + P_i$$

    a. -8,32 kJ/mol
    b. -22,18 kJ/mol
    c. -39,10 kJ/mol
    d. -52,68 kJ/mol
    e. -22209,13 J/mol

496. La $\Delta G'^{o}$ de la hidrólisis de la glutamina, para formar glutamato y $NH4^{+}$ es de -11,4 kJ/mol. Si las concentraciones de glutamina, glutamato y $NH4^{+}$, en hepatocitos humanos, son de 0,6 mM, 0,05 mM y 0,2 M, respectivamente, el pH es 7,0 y la temperatura es de 37°C. ¿Cuál es el valor de ΔG en esas condiciones?

   a. -0,85 kJ/mol
   b. −10,55 kJ/mol
   c. -15,49 kJ/mol
   d. -10565,19 J/mol
   e. -21953,79 J/mol

497. Las reacciones químicas generadoras de bioluminiscencia en las luciérnagas son las siguientes:

   a. La enzima luciferasa capta luciferil adenilato, lo combina con O_2 y forma oxiluciferina. En esta reacción se desprende CO_2, AMP y luz visible. La oxiluciferina, mediante una serie de reacciones, da lugar a luciferina, que por adición de AMP, se transforma de nuevo en luciferil adenilato, cerrando el ciclo.
   b. La enzima luciferina oxidasa capta luciferina, la combina con O_2 y forma oxiluciferina. En esta reacción se desprende CO_2, AMP y luz visible. La oxiluciferina, por adición de AMP, se transforma de nuevo en luciferina, cerrando el ciclo.
   c. La enzima luciferina deshidrogenasa capta luciferina, la combina con O_2 y forma oxiluciferina. En esta reacción se desprende CO_2, AMP y luz visible. La oxiluciferina, por adición de AMP, se transforma de nuevo en luciferina, cerrando el ciclo.
   d. La oxiluciferina se transforma en luciferina, en el seno de la enzima luciferina oxidasa, en una reacción en la que se desprende O_2, ATP y luz visible. La luciferina, con el tiempo, es oxidada de nuevo a oxiluciferina, y se cierra el ciclo.
   e. La oxiluciferina se transforma en luciferina, en el seno de la enzima luciferina oxidasa, en una reacción en la que se desprende CO_2, AMP y luz visible. La luciferina, con el tiempo, es oxidada de nuevo a oxiluciferina, y se cierra el ciclo.

498. ¿Cuál de las siguientes frases es FALSA?

   a. El NADH presenta un máximo de absorbancia a 260 nm de longitud de onda.
   b. El NAD^{+} presenta un máximo de absorbancia a 260 nm de longitud de onda y otro máximo, de menor intensidad, a ~340 nm.
   c. El NADH actúa como transportador de electrones en forma soluble.
   d. El NADH está compuesto por dos nucleótidos unidos por sus grupos fosfato.
   e. el anillo de nicotinamida es plano en el NAD^{+} y pierde la planaridad en el NADH.

499. Los coenzimas NADH y NADPH tienen una base purínica y una pirimidínica. La base purínica es la adenina, la base pirimidínica es...

a. La timina
b. La nicotinamida
c. La nicotindiamida
d. La citidinamida
e. La nistatina

500. A una disolución acuosa de glucosa-6-fosfato se le añaden cantidades catalíticas de glucosa-6-fosfatasa. Al llegar al equilibrio, la concentración de glucosa-6-fosfato es de 0,5 mM, la de glucosa es 0,2 M y la de fosfato inorgánico (P_i) es 0,53 M. Sabiendo que la disolución está a pH = 7, temperatura = 37°C, ¿cuál es la $\Delta G'^o$ de esta reacción?

a. -13807 kJ/mol
b. -15,44 kJ/mol
c. −13,81 kJ/mol
d. 13,81 kJ/mol
e. 15,44 kJ/mol

501. La hidrólisis del ATP...

a. hace más básico el medio
b. hace más ácido el medio
c. no afecta al pH del medio
d. sólo afecta al pH del medio si va acoplada a la fosforilación de una proteína
e. sólo afecta al pH del medio si va unida a la formación de NADH + H$^+$

502. La $\Delta G'^o$ de la hidrólisis del ATP...

a. se hace cada vez más positiva a medida que aumenta el pH del medio
b. se hace cada vez más negativa a medida que aumenta el pH del medio
c. varía de forma exponencial a medida que el pH del medio cambia de forma lineal
d. a y c son correctas
e. b y c son correctas

503. La $\Delta G'^o$ de la hidrólisis del ATP...

a. varía en el rango entre -7 kcal/mol y -9 kcal/mol a medida que la $[Mg^{2+}]$ varía en el rango de 0 a 50 mM
b. a concentraciones prácticamente nulas de Mg^{2+}, es inferior a -8 kcal/mol, luego va aumentando hasta aproximadamente -7 kcal/mol se hace cada vez más negativa a medida que aumenta el pH del medio
c. varía de forma exponencial a medida que el pH del medio cambia de forma lineal
d. a y c son correctas
e. b y c son correctas

504. ¿Cuáles de las siguientes afirmaciones, referentes a la reacción de hidrólisis del ATP, son correctas?

$$ATP \rightarrow ADP + P_i$$

A $\rightarrow$ la entropía de los productos es mayor que la de los reactivos

B $\rightarrow$ la ΔG de solvatación de los productos es más negativa que la ΔG de los productos

C $\rightarrow$ los productos quedan mejor estabilizados por resonancia que los reactivos

D $\rightarrow$ la repulsión electrostática (fundamentalmente entre fosfatos) es menos intensa en los productos que en los reactivos

a. sólo A y D
b. sólo B y D
c. sólo B, C y D
d. sólo A, B y C
e. A, B, C y D

505. Los coenzimas NADH y NADPH tienen una base purínica y una pirimidínica. La base purínica es la adenina, la base pirimidínica es la nicotinamida...

a. ...y se forma mediante la descarboxilación de la timina
b. ...y se forma a partir de la niacina, que a su vez se fabrica a partir del triptófano
c. ... y se forma a partir del ácido nicotínico, que a su vez se fabrica por la nicotín transaminasa a partir de α-cetoglutarato y glutamina
d. ... y se forma a partir del coenzima B_{12}
e. ... y se forma a partir del ácido nicotínico, que a su vez se fabrica por la nicotín transaminasa a partir de α-cetoglutarato y timina

506. La aldolasa cataliza la siguiente reacción en la glucólisis...

Fructosa-1,6-bisP → Dihidroxiacetona-P + Gliceraldehido-3-P

...que podemos simplificar en su nomenclatura como FbP→DHP+G3P.

Sabiendo que la $\Delta G^{0'}$ de dicha reacción es de 5,5 kcal·mol^{-1} (pH=7; 25°C). Calcula la [G3P] en el equilibrio si la concentración inicial de FbP es de 1 M.

   a. 9,5 M
   b. 0,95 M
   c. 0,095 M
   d. 0,0095 M
   e. 0,00095 M

507. Experimento A.
Añadimos, a un extracto de levaduras, ATP con el fosfato γ marcado radiactivamente con ^{32}P. Una hora más tarde, aislamos la fracción soluble correspondiente al P_i y medimos la cantidad de $^{32}P_i$ radiactivo encontrado.

Experimento B.
Añadimos, a un extracto de levaduras, ATP con el fosfato β marcado radiactivamente con ^{32}P. Una hora más tarde, aislamos la fracción soluble correspondiente al P_i y medimos la cantidad de $^{32}P_i$ radiactivo encontrado.

Al comparar lo observado en ambos experimentos, ¿cuál es el comportamiento más esperable?

   a. en el experimento A encontramos más ^{32}P en la fracción de fosfato inorgánico (P_i) que en el experimento B
   b. en el experimento B encontramos más ^{32}P en la fracción de fosfato inorgánico (P_i) que en el experimento A
   c. en el experimento A y en el B encontramos más o menos la misma cantidad de ^{32}P en la fracción de fosfato inorgánico (P_i), que será elevada por el elevado consumo de ATP que suelen realizar las levaduras
   d. en el experimento A y en el B encontramos más o menos la misma cantidad de ^{32}P en la fracción de fosfato inorgánico (P_i), que será prácticamente nula dado que las levaduras consumen muy poco ATP
   e. en el experimento A y en el B encontramos más o menos la misma cantidad de ^{32}P en la fracción de fosfato inorgánico (P_i), que será prácticamente nula dado que la radiactividad se pierde muy rápidamente tras la hidrólisis del ATP

508. La siguiente reacción...

...funciona en el músculo para fabricar ATP de forma rápida. Las concentraciones de reactivos y productos cuando esta reacción alcanza el equilibrio son las siguientes:

[creatinaP] = 25 mM
[ADP] = 0,013mM
[creatina] = 13 mM
[ATP] = 4 mM

La $\Delta G'^{\circ}$ para la hidrólisis del ATP es de –7,3 Kcal/mol. Calcula la $\Delta G'^{\circ}$ de la hidrólisis de la creatina-P.

$$\text{Creatina-P} + H_2O \rightarrow \text{Creatina} + P_i$$

a. -9,5 kcal/mol
b. -10,3 kcal/mol
c. -11,1 kcal/mol
d. -46,40 kJ/mol
e. c y d son correctas

509. Muchos procesos metabólicos se activan o se inhiben en respuesta a las concentraciones relativas delos nucleótidos de adenina. Conocer el estado de las concentraciones de AMP, ADP y ATP en una célula es indicativo de la tasa de funcionamiento de ciertas rutas como la glucólisis. Atkinson propuso, para medir este estado de la célula, un parámetro denominado "carga energética de adenilato" ¿Cómo se calcula dicho parámetro?

a. ([ATP]+([ADP]/2)) / ([ATP]+[ADP]+[AMP])
b. ([ADP]+[ATP]) / ([ATP]+[ADP]+[AMP])
c. ([ATP]+[ADP]) / ([ATP]+[AMP])
d. ([ATP]+([ADP]/2)) / (([ATP]/2)+[ADP]+([AMP]/2))
e. ([ADP]+([AMP]/2)) / ([ATP]+[ADP]+[AMP])

510. Añadimos cantidades suficientes de la enzima glucosa-6-fosfatasa a una disolución 0,1 M de glucosa-6-P. Cuando la reacción de pérdida del fosfato...

$$\text{glucosa-6-fosfato} + H_2O \rightarrow \text{Glucosa} + P_i$$

...alcanza el equilibrio, la cantidad de glucosa-6-fosfato se ha reducido hasta ser tan sólo del 0,05% de su valor inicial. Calcula la $\Delta G'°$ para la síntesis de la Glucosa-6-fosfato (reacción inversa a la mostrada). Otras condiciones en todo momento (pH=7; 25°C)

a. 3,2 kcal/mol
b. 4,0 kcal/mol
c. -3200 cal/mol
d. -4000 cal/mol
e. 4,8 kcal/mol

511. La reacción de disociación del ácido acético...

$$CH_3COOH + H_2O \rightarrow CH_3COO^- + H_3O^+$$

...tiene una constante K_a = 1,75x10-5. Calcula la ΔG de esta reacción a pH=5.

a. -13,10 kcal/mol
b. -1,31 kcal/mol
c. 1,31 kcal/mol
d. 6,49 kcal/mol
e. 13,3 kcal/mol

512. Calcula la ΔG de la hidrólisis de ATP en las siguientes condiciones. pH=7; T=25°C; [ATP]=10^{-3}M; [ADP]=10^{-4}M; [P$_i$]=10^{-2}M; $\Delta G'^0$ (pH=7, 25°C) = -7,7 kcal mol^{-1}

a. -11,79 kcal/mol
b. -7,70 kcal/mol
c. -3,96 kcal/mol
d. 2,55 kcal/mol
e. 16,62 kcal/mol

513. Calcula la K'eq de la fosforilación de la glucosa por la hexokinasa...

$$\text{Glucosa} + \text{ATP} \rightarrow \text{Glucosa-6-P} + \text{ADP}$$

...sabiendo que la $\Delta G'^0$ de la hidrólisis del ATP es -7,7 kcal.mol^{-1} y la $\Delta G'^0$ de la hidrólisis de la glucosa-6-P es de -3,14 kcal mol^{-1} (ambas reacciones a 25°C y pH = 7)

a. $-8,21 \cdot 10^3$
b. $-5,21 \cdot 10^3$
c. $2,21 \cdot 10^3$
d. $5,21 \cdot 10^3$
e. $8,21 \cdot 10^3$

514. La aldolasa cataliza la siguiente reacción en la glucólisis...

$$\text{Fructosa-1,6-bisP} \rightarrow \text{Dihidroxiacetona-P} + \text{Gliceraldehido-3-P}$$

...que podemos simplificar en su nomenclatura como FbP→DHP+G3P.

Sabiendo que la $\Delta G^{0'}$ de dicha reacción es de 5,5 kcal mol^{-1} (pH=7; 25°C). Calcula la [G3P] en el equilibrio si la concentración inicial de FbP es de 0,01 M.

a. 9,5 M
b. 0,95 M
c. 0,095 M
d. 0,0095 M
e. 0,00095 M

Metabolismo glucídico

Absorción y transporte de glúcidos

515. La maltasa intestinal cataliza la siguiente reacción...
a. maltosa → 2 D-glucosa
b. maltosa + H_2O → 2 D-glucosa
c. maltosa → D-glucosa + D-fructosa
d. maltosa + H_2O → D-glucosa + D-fructosa
e. maltosa + H_2O → D-glucosa + D-manosa

516. Las hexosas disueltas en el líquido intestinal pasan al hígado a través de...
a. la vena safena
b. la arteria aorta
c. la vena cubital
d. la vena hepática
e. la vena porta

517. ¿Cómo se absorbe la glucosa a nivel intestinal?
a. Mediante un transporte de tipo antiporte acoplado a la captación de Na^+.
b. Mediante un transporte de tipo simporte acoplado a la captación de Na^+.
c. Mediante un transporte de tipo antiporte acoplado a la captación de K^+.
d. Mediante un transporte de tipo simporte acoplado a la captación de K^+.
e. Mediante un canal de glucosa denominado GLUT, del que se han descrito 4 variedades (GLUT1, GLUT2, GLUT3 y GLUT4)

518. La sacarasa intestinal cataliza la siguiente reacción...
a. sacarosa + H_2O → 2 D-glucosa
b. sacarosa + H_2O → D-glucosa + D-galactosa
c. sacarosa + H_2O → D-glucosa + D-fructosa
d. sacarosa + H_2O → L-glucosa + D-galactosa
e. sacarosa + H_2O → D-glucosa + L-galactosa

519. La lactasa intestinal cataliza la siguiente reacción...
a. sacarosa + H_2O → 2 D-glucosa
b. sacarosa + H_2O → D-glucosa + D-galactosa
c. sacarosa + H_2O → D-glucosa + D-fructosa
d. sacarosa + H_2O → L-glucosa + D-galactosa
e. sacarosa + H_2O → D-glucosa + L-galactosa

Glucolisis

520. ¿Qué opción de las siguientes contiene las palabras correctas, en el orden correcto, para rellenar los huecos del siguiente fragmento?

"La glucolisis es la transformación de una molécula de glucosa, que tiene ____ átomos de carbono, en 2 moléculas de _____, cada una de ellas con ____ átomos de carbono. En este proceso, se obtiene un rendimiento neto de ___ ATPs, y ____ coenzimas reducidos del tipo _____. "

- a. 12, fosfoenolpiruvato, 6, 2, 2, NADH+H$^+$
- b. 6, piruvato, 3, 2, 2, NADH+H$^+$
- c. 4, dihidroxiacetonafosfato, 2, 2, 2, NADH+H$^+$
- d. 6, piruvato, 3, 2, 1, FADH$_2$
- e. 6, piruvato, 3, 2, 1, NADH+H$^+$

521. ¿Cuál de las siguientes afirmaciones es FALSA?

- a. la tasa de la glucólisis en un tejido vivo disminuye en presencia de O$_2$, en lo que se conoce como 'efecto Pasteur'
- b. si un tejido que está realizando glucolisis se expone a una concentración elevada de O$_2$, se observa un incremento en la concentración de fructosa-1,6-bisP, mientras que otros intermediarios de la vía glucolítica como la fructosa-6-P disminuyen su concentración
- c. la actividad de la glucólisis depende de la carga energética de adenilato, cuando la carga es elevada, la ruta está inactivada, y cuando es baja, la ruta se activa
- d. el AMP, al ADP y la fructosa-2,6-bisP activan la enzima fosfofructoquinasa y, con ello, la vía glucolítica
- e. la velocidad de la reacción glucolítica crece a medida que la concentración de ATP del tejido disminuye

522. Cuatro intermediarios de la glucólisis son moléculas que están normalmente en forma cíclica en disolución acuosa. ¿Cuáles?

- a. gliceraldehido-3-P / galactosa-1-P / glucosa / dihidroxiacetona-P
- b. fosfoenolpiruvato / glucosa / 2-fosfoglicerato / 3-fosfoglicerato
- c. fructosa-1,6-bisP / fructosa-2,6-bisP / piruvato / fosfoenolpiruvato
- d. glucosa-6-P / fructosa-6-P / 1,3-bisPglicerato / fosfoenolpiruvato
- e. fructosa-1,6-bisP / glucosa / glucosa-6-P / fructosa-6-P

523. La glucolisis es la transformación de glucosa en piruvato, pasando por una serie de compuestos que son los siguientes, con el orden que se indica:

a. glucosa → glucosa-6-fosfato → fructosa-6-fosfato → fructosa-1,6-bisfosfato → (dihidroxiacetona-fosfato + gliceraldehido-3-fosfato) → 1,3-bisfosfoglicerato → 3-fosfoglicerato → 2-fosfoglicerato → fosfoenolpiruvato → piruvato
b. glucosa → fructosa-6-fosfato → fructosa-1,6-bisfosfato → gliceraldehido-3-fosfato → 1,3-bisfosfoglicerato → 3-fosfoglicerato → fosfoenolpiruvato → piruvato
c. glucosa → glucosa-6-fosfato → fructosa-6-fosfato → (dihidroxiacetona-fosfato + gliceraldehido-3-fosfato) → 1,3-bisfosfoglicerato → 3-fosfoglicerato → fosfoenolpiruvato → piruvato
d. glucosa → glucosa-6-fosfato → fructosa-1,6-bisfosfato → (dihidroxiacetona-fosfato + gliceraldehido-3-fosfato) → 1,3-bisfosfoglicerato → 3-fosfoglicerato → 2-fosfoglicerato → fosfoenolpiruvato → piruvato
e. glucosa → glucosa-6-fosfato → glucosa-1,6-bisfosfato → (dihidroxiacetona-fosfato + gliceraldehido-3-fosfato) → 1,3-bisfosfoglicerato → 3-fosfoglicerato → 2-fosfoglicerato → fosfoenolpiruvato → piruvato

524. La glucolisis es la transformación de glucosa en piruvato, pasando por una serie de compuestos que son los siguientes, en el orden que se indica. Cada uno de estos compuestos tiene un número de átomos de carbono (indicado entre paréntesis) ¿Cuál es la opción correcta?

a. glucosa (6) → glucosa-6-fosfato (6) → fructosa-6-fosfato (6) → fructosa-1,6-bisfosfato (6) → (dihidroxiacetona-fosfato (4) + gliceraldehido-3-fosfato (2)) → 1,3-bisfosfoglicerato (3) → 3-fosfoglicerato (3) → 2-fosfoglicerato (3) → fosfoenolpiruvato (3) → piruvato (3)
b. glucosa (6) → glucosa-6-fosfato (6) → fructosa-6-fosfato (6) → fructosa-1,6-bisfosfato (6) → (dihidroxiacetona-fosfato (2) + gliceraldehido-3-fosfato (4)) → 1,3-bisfosfoglicerato (3) → 3-fosfoglicerato (3) → 2-fosfoglicerato (3) → fosfoenolpiruvato (3) → piruvato (3)
c. glucosa (6) → glucosa-6-fosfato (6) → fructosa-6-fosfato (6) → fructosa-1,6-bisfosfato (6) → (dihidroxiacetona-fosfato (3) + gliceraldehido-3-fosfato (3)) → 1,3-bisfosfoglicerato (3) → 3-fosfoglicerato (3) → 2-fosfoglicerato (2) → fosfoenolpiruvato (2) → piruvato (2)
d. glucosa (6) → glucosa-6-fosfato (6) → fructosa-6-fosfato (6) → fructosa-1,6-bisfosfato (6) → (dihidroxiacetona-fosfato (2) + gliceraldehido-3-fosfato (4)) → 1,3-bisfosfoglicerato (4) → 3-fosfoglicerato (4) → 2-fosfoglicerato (4) → fosfoenolpiruvato (3) → piruvato (3)
e. glucosa (6) → glucosa-6-fosfato (6) → fructosa-6-fosfato (6) → fructosa-1,6-bisfosfato (6) → (dihidroxiacetona-fosfato (3) + gliceraldehido-3-fosfato (3)) → 1,3-bisfosfoglicerato (3) → 3-fosfoglicerato (3) → 2-fosfoglicerato (3) → fosfoenolpiruvato (3) → piruvato (3)

525. ¿Cuál de las siguientes afirmaciones es FALSA?

a. El ATP se une alostéricamente a la fosfofructoquinasa, disminuyendo su afinidad por la fructosa-6-P y frenando así el avance de la vía glucolítica

b. El glucagón, a través de la acción de la proteína quinasa A, inhibe la fosfofructoquinasa-2, disminuyendo la concentración de fructosa-2,6-bisP y, de este modo, inhibiendo la actividad de la fosfofructoquinasa-1

c. El citrato se une alostéricamente a la fosfofructoquinasa, inhibiendo su actividad y frenando así el avance de la vía glucolítica

d. la acción alostérica e inhibidora del ATP sobre la fosfofructoquinasa-1 se hace más intensa a medida que aumenta el pH

e. El fosfoenolpiruvato se une alostéricamente a la fosfofructoquinasa, inhibiendo su actividad y frenando así el avance de la vía glucolítica

526. La glucolisis es la transformación de glucosa en piruvato, pasando por una serie de compuestos que son los siguientes, en el orden que se indica. Cada uno de estos compuestos tiene un número de átomos de oxígeno (indicado entre paréntesis) ¿Cuál es la opción correcta?

a. glucosa (6) → glucosa-6-fosfato (6) → fructosa-6-fosfato (6) → fructosa-1,6-bisfosfato (6) → (dihidroxiacetona-fosfato (3) + gliceraldehido-3-fosfato (3)) → 1,3-bisfosfoglicerato (3) → 3-fosfoglicerato (3) → 2-fosfoglicerato (3) → fosfoenolpiruvato (3) → piruvato (3)

b. glucosa (6) → glucosa-6-fosfato (6) → fructosa-6-fosfato (6) → fructosa-1,6-bisfosfato (6) → (dihidroxiacetona-fosfato (4) + gliceraldehido-3-fosfato (5)) → 1,3-bisfosfoglicerato (6) → 3-fosfoglicerato (6) → 2-fosfoglicerato (6) → fosfoenolpiruvato (4) → piruvato (4)

c. glucosa (6) → glucosa-6-fosfato (9) → fructosa-6-fosfato (9) → fructosa-1,6-bisfosfato (12) → (dihidroxiacetona-fosfato (6) + gliceraldehido-3-fosfato (6)) → 1,3-bisfosfoglicerato (6) → 3-fosfoglicerato (6) → 2-fosfoglicerato (6) → fosfoenolpiruvato (6) → piruvato (3)

d. glucosa (6) → glucosa-6-fosfato (9) → fructosa-6-fosfato (9) → fructosa-1,6-bisfosfato (12) → (dihidroxiacetona-fosfato (6) + gliceraldehido-3-fosfato (6)) → 1,3-bisfosfoglicerato (10) → 3-fosfoglicerato (7) → 2-fosfoglicerato (7) → fosfoenolpiruvato (6) → piruvato (3)

e. glucosa (6) → glucosa-6-fosfato (7) → fructosa-6-fosfato (7) → fructosa-1,6-bistostato (8) → (dihidroxiacetona-fosfato (4) + gliceraldehido-3-fosfato (4)) → 1,3-bisfosfoglicerato (5) → 3-fosfoglicerato (4) → 2-fosfoglicerato (4) → fosfoenolpiruvato (4) → piruvato (3)

527. Las enzimas que transfieren grupos fosfato, como la hexoquinasa o la fosfofructoquinasa-1, necesitan tener en el centro activo un catión para que pueda darse el proceso catalítico. ¿De qué catión se trata normalmente?

a. Na^+
b. K^+
c. Ca^{2+}
d. Mn^{2+}
e. Mg^{2+}

528. La fosfoglucosa isomerasa...

a. cataliza la transformación de glucosa-6-P en glucosa-1-P
b. cataliza la transformación de glucosa-6-P en UDP-galactosa
c. cataliza la transformación de glucosa-6-P en fructosa-6-P
d. cataliza la transformación de glucosa-6-P en fructosa-1,6-bisP
e. cataliza la transformación de glucosa-6-P en fructosa-1-P

529. ¿Cuál de las siguientes afirmaciones es FALSA?

a. La piruvato quinasa se inhibe por altas concentraciones de ATP
b. La fructosa-1,6-bisP activa de forma alostérica la piruvato quinasa
c. El AcetilCoA activa la piruvato quinasa
d. a y c
e. b y c

530. La hexoquinasa...

a. cataliza la transformación de glucosa en glucosa-1-P
b. cataliza la transformación de glucosa en UDP-galactosa
c. cataliza la transformación de glucosa en fructosa-6-P
d. cataliza la transformación de glucosa en fructosa-1,6-bisP
e. cataliza la transformación de glucosa en glucosa-6-P

531. La fosfofructoquinasa1...

a. cataliza la transformación de glucosa-6-P en glucosa-1-P
b. cataliza la transformación de fructosa-6-P en fructosa-1,6-bisP
c. cataliza la transformación de glucosa en fructosa-6-P
d. cataliza la transformación de glucosa-6-P en fructosa-1,6-bisP
e. cataliza la transformación de glucosa-6-P en fructosa-6-P

532. Louis Pasteur observó un comportamiento en la vía glucolítica que hoy se conoce por 'efecto Pasteur' ¿De qué se trata?

a. La glucolisis se detenía en presencia de ácidos fuertes
b. A medida que las levaduras que están degradando glucosa son sometidas a concentraciones crecientes de etanol, derivan la ruta glucolítica hacia la producción de lactato
c. La tasa glucolítica es mucho mayor en levaduras que simultáneamente son alimentadas con ácidos grasos
d. La adición de etanol a un cultivo de levaduras provoca una acumulación de piruvato y detiene la vía glucolítica
e. La tasa de la glucólisis se reduce drásticamente al exponer un cultivo de levaduras al aire

533. La fosfofructoquinasa2...

a. cataliza la transformación de glucosa-6-P en fructosa-2,6-bisP
b. cataliza la transformación de fructosa-6-P en fructosa-2,6-bisP
c. cataliza la transformación de fructosa-1,6-bisP en fructosa-2,6-bisP
d. cataliza la transformación de glucosa en fructosa-2,6-bisP
e. cataliza la transformación de fructosa-1,6-bisP en fructosa-2,6-bisP, y viceversa

534. En el cuerpo humano, la transformación de glucosa en glucosa-6-P ...

a. esta catalizada por uno de los tres tipos de hexoquinasas existentes, gasta una molécula de ATP, y requiere presencia de Ca^{2+} en el centro catalítico
b. esta catalizada por uno de los cuatro tipos de hexoquinasas existentes, gasta dos moléculas de ATP, y requiere presencia de Mg^{2+} en el centro catalítico
c. esta catalizada por uno de los cuatro tipos de hexoquinasas existentes, gasta dos moléculas de ATP, y requiere presencia de K^+ en el centro catalítico
d. esta catalizada por uno de los tres tipos de hexoquinasas existentes, gasta dos moléculas de ATP, y requiere presencia de K^+ en el centro catalítico
e. esta catalizada por uno de los cuatro tipos de hexoquinasas existentes, gasta una molécula de ATP, y requiere presencia de Mg^{2+} en el centro catalítico

535. ¿Cuál de las siguientes afirmaciones sobre la entrada de azúcares en la vía glucolítica es FALSA?

a. Cada galactosa que entra en la glucólisis consume previamente 1 ATP para transformarse en galactosa-1-P.
b. Cada galactosa que entra en la vía glucolítica pasa inicialmente por el estado de galactosa-1-P, aquí se le transfiere un grupo UDP y se convierte en UDP-galactosa.
c. La UDP-galactosa se transforma en UDP-glucosa por la enzima glucosa epimerasa.
d. La UDP-glucosa le transfiere el UDP a la galactosa-1-P y queda transformada en glucosa-1-P. Esto sucede catalizado por la enzima UDP-glucosa-galactosa-1-P uridililtransferasa.
e. La fosfoglucomutasa toma entonces la glucosa-1-P y la convierte en fructosa-6-P, cambiando el fosfato de lugar y la posición del carbono anomérico.

536. ¿A qué ruta corresponde el siguiente dibujo?

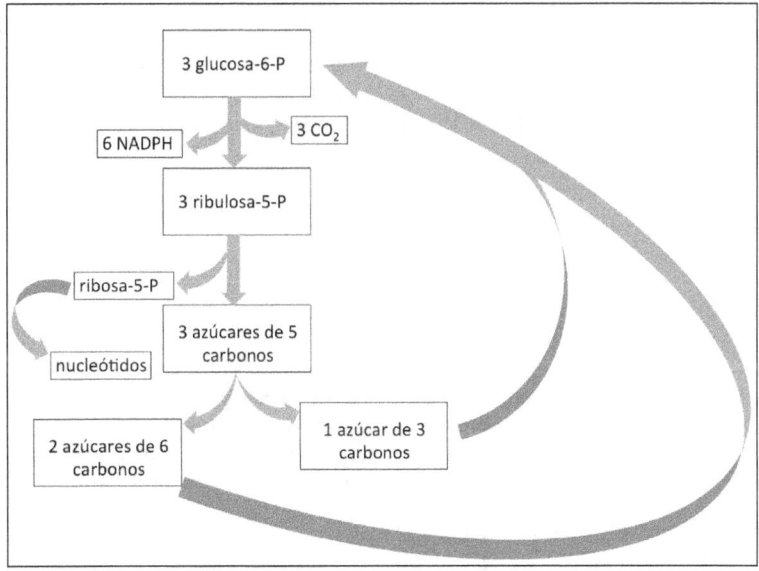

a. rutas anapleróticas del ciclo de Krebs
b. ruta de las pentosas fosfato
c. ciclo de Calvin
d. ciclo de Krebs
e. ciclo del glioxilato

177

537. En la glucolisis se generan, por cada glucosa, dos moléculas de NADH + 2H⁺. Concretamente, ¿qué enzima se encarga de este paso?

a. la hexoquinasa
b. la piruvato deshidrogenasa
c. la fructosa bisfosfato aldolasa
d. la gliceraldehido deshidrogenasa
e. la fosfogliceratoquinasa

538. Para que la glucolisis tenga rendimiento energético neto favorable (en forma de 2 ATPs por cada glucosa que entra en la ruta) es necesario que en uno de sus pasos se genere una fosfotriosa de alta energíaLa glucolisis gasta un ATP en activar la glucosa, y luego recupera este En la glucolisis se generan, por cada glucosa, dos moléculas de NADH + 2H⁺. Concretamente, ¿qué enzima se encarga de este paso?

a. la hexoquinasa
b. la piruvato deshidrogenasa
c. la fructosa bisfosfato aldolasa
d. la gliceraldehido deshidrogenasa
e. la fosfogliceratoquinasa

539. La fosfofructoquinasa1 añade un grupo fosfato a su sustrato, la fructosa-6-P. ¿En qué carbono lo añade?

a. 1
b. 2
c. 3
d. 4
e. 5

540. En la mayoría de tejidos del cuerpo, la fructosa entra en la ruta glucolítica a nivel de la fructosa-6-P. En las células hepáticas, sin embargo, opera una vía ligeramente distinta. Allí la fructoquinasa fosforila la fructosa en posición 1 generando fructosa-1-P. ¿Cuál es el destino más frecuente de este metabolito?

a. se convierte en fructosa-6-P por la fructosa epimerasa hepática.
b. se convierte en fructosa-1,6-bisP por la fosfofructoquinasa hepática.
c. se descarboxila y la pentosa generada se incorpora en la ruta de las pentosas fosfato.
d. se fragmenta por la aldolasa B, generando dihidroxiacetona-P y gliceraldehido.
e. se convierte en glucosa-1-P por una isomerasa específica y posteriormente una epimerasa lo transforma en glucosa-6-P.

541. La triosa fosfato isomerasa cataliza la conversión entre una triosa con un grupo _____ y otra con un grupo _____.

a. enol / cetona
b. cetona / aldehido
c. aldehído / carboxilo
d. imino / amino
e. cetona / carboxilo

542. La fosfoglicerato mutasa cataliza el intercambio de un grupo fosfato entre los carbonos ____ y ____ del fosfoglicerato.

a. 1 y 2
b. 1 y 3
c. 2 y 3
d. 1 y 4
e. 2 y 4

543. En la transformación de fosfoenolpiruvato en piruvato, la piruvato quinasa consume...

a. 1 ADP
b. 1 ADP + 1 NAD$^+$
c. 2 ADPs
d. 2 ADPs + 2 NAD$^+$
e. 2 NAD$^+$

544. El paso de 2-fosfoglicerato a fosfoenolpiruvato, a través de la enzima enolasa, de la glucolisis, implica...

a. la pérdida de 1 ATP
b. la ganancia de 1 ATP
c. la pérdida de una molécula de H_2O
d. la pérdida de una molécula de CO_2
e. la pérdida de un grupo fosfato

545. El paso de 1,3-bisPglicerato a 3-fosfoglicerato, a través de la enzima fosfogliceratoquinasa, de la glucolisis, implica...

a. la pérdida de 1 ATP
b. la ganancia de 1 ATP
c. la pérdida de una molécula de H_2O
d. la pérdida de una molécula de CO_2
e. la pérdida de un grupo fosfato

546. La enzima UDP-glucosa pirofosforilasa actúa en la vía glucolítica ¿cuál es su papel?

a. Introducir derivados del grupo hemo en la ruta
b. Preparar el precursor activado (UDP-glucosa) que permitirá la entrada de galactosa en la ruta
c. Transformar glucosa en fructosa-1,6-bisP mediante una vía alternativa que pasa por formar UDP-glucosa y prescinde de la fosfofructoquinasa-1, con lo cual escapa a la regulación clásica de la glucólisis.
d. Romper la UDP-glucosa para formar fructosa-1-P que, mediante la acción de una epimerasa, se transforma en fructosa-6-P y entra en la ruta.
e. Romper la fructosa-6-P, generando fosfato inorgánico (P_i) y formando un intermediario (UDP-glucosa) que se dirige a la ruta de las pentosas fosfato. Esta enzima se activa alostéricamente por fructosa-1,6-bisP y citrato, desviando el flujo metabólico a otros destinos en condiciones de alta tasa de glucólisis.

547. En la primera fase de la glucolisis, a través de 5 pasos, la glucosa queda transformada en 2 moléculas de gliceraldehido-3-P. Globalmente, al comparar una glucosa (G) y 2 moléculas de gliceraldehído-3-P (G3P)...

a. se mantiene el número de carbonos y oxígenos
b. se reduce a la mitad el número de carbonos y oxígenos, y aparece un fósforo en cada G3P
c. se mantiene el número de carbonos y se duplica el número de oxígenos
d. aparece un átomo de fósforo en cada G3P, que no estaba en G
e. c y d son correctas

548. La transformación de gliceraldehído-3-fosfato en piruvato conlleva el paso por una serie de intermediarios, cada uno de los cuales tiene uno, cero o varios grupos fosfato. Incluyendo al piruvato y al gliceraldehído-3-P, si escribimos la serie indicado únicamente el número de grupos fosfato del compuesto, sería como sigue...

a. $1 \rightarrow 1 \rightarrow 2 \rightarrow 1 \rightarrow 1 \rightarrow 0$
b. $1 \rightarrow 1 \rightarrow 1 \rightarrow 1 \rightarrow 2 \rightarrow 1$
c. $1 \rightarrow 0 \rightarrow 1 \rightarrow 0 \rightarrow 0 \rightarrow 0$
d. $1 \rightarrow 2 \rightarrow 1 \rightarrow 1 \rightarrow 1 \rightarrow 0$
e. $1 \rightarrow 2 \rightarrow 2 \rightarrow 2 \rightarrow 1 \rightarrow 0$

549. ¿Qué dos enzimas de la glucolisis consumen ATP?
a. triosa fosfato isomerasa y gliceraldehídofosfato deshidrogenasa
b. enolasa y fosfoglicerato mutasa
c. enolasa y fosfofructoquinasa1
d. hexoquinasa y fosfofructoquinasa1
e. fosfoglicerato quinasa y fosfoglucosa isomerasa

550. La sacarosa de la dieta se convierte fácilmente en grasa mediante una peculiar ruta alternativa a la glucólisis que es especialmente activa en el hígado. Esta ruta permite escapar al control de la enzima fosfofructoquinasa ¿De qué ruta se trata?

a. fructosa → fructosa-1-P → dihidroxiacetona-P + gliceraldehido → glicerol-3-P → triacilgliceroles
b. fructosa → fructosa-1-P → fructosa-6-P → fructosa-1,6-bisP → dihidroxiacetona + gliceraldehido-3-P → glicerol-3-P → triacilgliceroles
c. glucosa → glucosa-1-P → piruvato → glicerol-3-P → triacilgliceroles
d. glucosa + fructosa → fructosa-6-P → dihidroxiacetona + gliceraldehido-3-P → glicerol-3-P → triacilgliceroles
e. fructosa → fructosa-1,6-bisP → dihidroxiacetona-P + gliceraldehido-3-P → glicerol-3-P → triacilgliceroles

551. ¿En qué reacción enzimática de la glucolisis se produce una descarboxilación del sustrato?

a. en la triosa fosfato isomerasa
b. en la enolasa
c. en la fosfofructoquinasa1
d. en la hexoquinasa
e. en ninguna

Fermentaciones anaeróbicas del piruvato

552. ¿Cuántas moléculas de NADH+H⁺ se generan en la oxidación de una molécula de glucosa a 2 moléculas de lactato?

a. no se genera ninguna, se consumen 2. Es decir, el balance neto es de -2
b. 0
c. 1
d. 2
e. 4

553. En un tipo de fermentación alcohólica el piruvato se transforma en etanol. ¿Cuál de las siguientes afirmaciones respecto a este proceso es FALSA?

a. se reduce una molécula de NAD^+ por cada molécula de piruvato transformado
b. es una reacción en dos pasos que pasa por acetaldehído
c. se pierde una molécula de CO_2 por cada piruvato transformado
d. participa la enzima piruvato descarboxilasa
e. participa la enzima alcohol deshidrogenasa

554. ¿Cuál de las siguientes reacciones corresponde a la transformación de la glucosa que tiene lugar en la fermentación láctica?

> **A.** Glucosa + 2NAD⁺ + 2 ADP + 2 P$_i$ → 2 lactato + 2 NADH + 2 H⁺ + 2 ATP + 2 H$_2$O
>
> **B.** Glucosa + 2 ATP + → 2 lactato + 2 ADP + 2 P$_i$ + 2 H$_2$O
>
> **C.** Glucosa + 2 ADP + 2 P$_i$ → 2 lactato + 2 ATP + 2 H$_2$O
>
> **D.** Glucosa → 2 lactato + 2 H$_2$O
>
> **E.** Glucosa + 3 ADP + 3 P$_i$ → 3 lactato + 3 ATP + 3 H$_2$O

a. A
b. B
c. C
d. D
e. E

555. La piruvato carboxilasa, para transformar piruvato en acetaldehído, necesita de una coenzima denominada...

a. coenzima A
b. NAD+
c. riboflavina
d. niacina
e. pirofosfato de tiamina

556. Si pudiésemos seguir el destino de cada átomo de carbono de una glucosa, mediante marcaje con ^{14}C, en su transformación completa hasta etanol a través de los procesos de glucólisis y fermentación alcohólica. ¿Qué carbonos irían al CO_2?

a. 1 y 2
b. 3 y 4
c. 5 y 6
d. 1 y 6
e. 2 y 5

557. El glicerol producido en el catabolismo de los ácidos grasos se incorpora a la vía glucolítica. ¿Cómo lo hace mayoritariamente?

a. se oxida a dihidroxiacetona por la glicerol deshidrogenasa. Posteriormente, la dihidroxiacetona-P quinasa lo transforma en dihidroxiacetona-P
b. se fosforila por la glicerol quinasa y se transforma en glicerol-3-P. Posteriormente, la glicerol-3-P deshidrogenasa lo transforma en dihidroxiacetona-P
c. la glicerol carboxiquinasa lo transforma en lactato, con pérdida de una molécula de CO_2
d. la glicerol carboxiquinasa lo transforma en lactato, con pérdida de una molécula de CO_2
e. se une a otro glicerol en el entorno de la glicerol polimerasa formando glucosa. Posteriormente, la hexoquinasa la convierte en glucosa-6-P

558. Si pudiésemos seguir el destino de cada átomo de carbono de una glucosa, mediante marcaje con ^{14}C, en su transformación completa hasta etanol a través de los procesos de glucólisis y fermentación alcohólica. ¿Qué carbonos irían al etanol?

a. 1, 2, 3 y 4
b. 3, 4, 5 y 6
c. 1, 3, 5 y 6
d. 1, 2, 5 y 6
e. 2, 3, 4 y 5

559. ¿Cuál de las siguientes afirmaciones respecto a la lactato deshidrogenasa es FALSA?

a. es una proteína tetramérica
b. las isoformas presentes en el hígado y corazón son más ricas en la subunidad M que las que encontramos en músculo esquelético
c. las cinco isoenzimas existentes se forman medinte combinaciones de las subunidades M y H, dando lugar a 5 isoformas distintas: H_4, MH_3, M_2H_2, M_3H y M_4.
d. un análisis de sangre con alto contenido en las isoformas H_4 y MH_3 puede ser indicativo de destrucción de tejido cardiaco, como consecuencia por ejemplo de un infarto de miocardio
e. las subunidades M y H presentan diferencias en su secuencia de aminoácidos

560. ¿Cuál de las siguientes reacciones corresponde a la transformación de la glucosa que tiene lugar en la fermentación alcohólica?

A. Glucosa + 2 H^+ + 2 ADP + 2 P_i → 2 etanol + 2 CO_2 + 2 ATP + 2 H_2O

B. Glucosa + 2 ATP + → 2 etanol + 2 ADP + 2 P_i + 2 H_2O

C. Glucosa + 2 ADP + 2 P_i → 2 etanol + 2 ATP + 2 H_2O + 2 CO_2

D. Glucosa + 2 NAD^+ + 2 ADP + 2 P_i → 2 etanol + 2 H_2O + 2 CO_2 + 2 ATP + 2 NADH + 2 H^+

E. Glucosa + 3 ADP + 3 P_i → 3 etanol + 3 ATP + 3 H_2O

a. A
b. B
c. C
d. D
e. E

Ciclo de Krebs

561. Completa los tres huecos de esta serie:

isocitrato → α-cetoglutarato → _____ → succinato → _____ →malato →
acetilCoA + oxalacetato→ _____

a. piruvato / fumarato / lactato
b. alanina / NADH + H$^+$ / citrato
c. succinilCoA / fumarato / citrato
d. citrato / succinilCoA / fumarato
e. FADH$_2$ / CO$_2$ / succinilCoA

562. La reacción química igualada correspondiente a una vuelta completa del ciclo de Krebs es la siguiente:

a. AcetilCoA + H$_2$O + NAD$^+$ + 2 FAD + GDP + P$_i$ → 2 CO$_2$ + NADH + 2 FADH$_2$ + CoA-SH + GTP
b. AcetilCoA + 2 H$_2$O + 3 NAD$^+$ + FAD + GDP + P$_i$ → 2 CO$_2$ + 3 NADH + FADH$_2$ + CoA-SH + GTP
c. AcetilCoA + 2 H$_2$O → 2CO$_2$
d. AcetilCoA + 3 NAD$^+$ + GDP + P$_i$ → 2 CO$_2$ + 3 NADH + CoA-SH + GTP
e. AcetilCoA + 2 H$_2$O + 4 NAD$^+$ + GDP + P$_i$ → 2 CO$_2$ + 4 NADH + CoA-SH + GTP

563. La citrato sintasa cataliza la adición de acetilCoA a oxalacatetato, formando citrato. ¿Cuántas moléculas de CO$_2$ pierde una molécula de citrato durante una vuelta del ciclo de Krebs, hasta volver a ser citrato de nuevo?

a. 0
b. 1
c. 2
d. 3
e. 4

564. COMPLETA: en el ciclo de Krebs se producen 4 reacciones de oxidación, en tres de ellas el aceptor final de electrones es el _____ y en otra es el _____.

a. NAD$^+$ / FAD
b. FAD / NAD$^+$
c. FMN / FAD
d. FAD / FMN
e. NAD$^+$ / FMN

565. La citrato sintasa cataliza la adición de acetilCoA a oxalacetato, formando citrato. ¿Cuántas moléculas de H_2O pierde una molécula de citrato durante una vuelta del ciclo de Krebs, hasta volver a ser citrato de nuevo?

    a. 0
    b. 1
    c. 2
    d. 3
    e. 4

566. Dispones de piruvato marcado con ^{14}C en el grupo carboxílico, como se indica con una estrella en la siguiente figura,

¿en qué moléculas podrías encontrar la marca radiactiva tras someter este piruvato marcado a la acción de la piruvato deshidrogenasa y una vuelta del ciclo de Krebs?

    a. acetilCoA → citrato → isocitrato → α-cetoglutarato → CO_2
    b. acetilCoA → citrato → isocitrato → α-cetoglutarato → succinilCoA → succinato → fumarato → malato → oxalacetato
    c. acetilCoA → citrato → isocitrato → CO_2
    d. CO_2
    e. acetilCoA → citrato → CO_2

567. ¿Cuál de las siguientes afirmaciones es FALSA?

    a. el ciclo de Krebs se inicia con la adición de dos átomos de carbono del acetilCoA al oxalacetato, formando una molécula de 6 carbonos llamada citrato
    b. en diferentes etapas, este intermediario de 6 carbonos pierde dos moléculas de CO_2. Los átomos de carbono perdidos son los mismos que se encontraban en el acetilCoA inicial
    c. a partir del succinilCoA, todos los compuestos principales del ciclo de Krebs, hasta llegar al oxalacetato, tienen 4 carbonos
    d. el oxalacetato, en el ciclo de Krebs, se forma por oxidación del malato, asociado a la reducción de una molécula de NAD^+
    e. en el ciclo de Krebs, la adición de una molécula de H_2O al fumarato da lugar a malato. Esta reacción está catalizada por la fumarato hidratasa

568. Si pudieras marcar con ^{14}C todos los carbonos presentes en el acetilCoA y seguir su recorrido a lo largo de su primera vuelta en el ciclo de Krebs ¿qué porcentaje de estos átomos serían liberados en forma de CO_2?

a. 0 %
b. 25 %
c. 50 %
d. 75 %
e. 100 %

569. Fritz Lipmann recibió el premio Nobel junto con Hans Krebs en la primera mitad del siglo XX. A Krebs se lo dieron por descubrir que los compuestos orgánicos se degradaban en una ruta cíclica. ¿Cuál fue el descubrimiento más conocido de Fritz Lipmann?

a. la coenzima A
b. el ciclo de los ácidos tricarboxílicos
c. el ciclo del ácido cítrico
d. b y c
e. la degradación anaeróbica del piruvato en lactato

570. La succinato deshidrogenasa es una enzima que oxida el succinato, formando un doble enlace entre los carbonos centrales y generando mayoritariamente uno de los isómeros posibles. ¿De qué molécula se trata?

a. isómero *cis* del fumarato (también llamado maleato)
b. isómero *trans* del fumarato
c. L-malato
d. D-malato
e. L-oxalacetato

571. En el ciclo de Krebs, la ruta desde succinato hasta oxalacetato transcurre a través de los siguientes intermediarios...

a. succinato → succinilCoA → fumarato → oxalacetato
b. succinato → citrato → malato → fumarato → oxalacetato
c. succinato → malato → fumarato → oxalacetato
d. succinato → fumarato → malato → oxalacetato
e. succinato → α-cetoglutarato → malato → oxalacetato

572. Consideramos que un GTP y un ATP son intercambiables sin que esto suponga ningún coste energético. Por ello, en las siguientes notaciones, escribiremos únicamente ATP para referirnos a ambos. De esta manera, la oxidación completa de una molécula de glucosa mediante la glucólisis y el ciclo de Krebs puede resumirse en la siguiente ecuación química:

a. Glucosa + 10 NAD^+ + 4 ADP + 4 P_i → 6 CO_2 + 10 NADH + 4 ATP
b. Glucosa + 2 H_2O + 10 NAD^+ + 2 FAD + 4 ADP + 4 P_i → 6 CO_2 + 10 NADH + 6 H^+ + 2 $FADH_2$ + 4 ATP
c. Glucosa + 6 H_2O + 10 NAD^+ + 2 FAD + 4 ADP + 4 P_i → 6 CO_2 + 10 NADH + 6 H^+ + 2 $FADH_2$ + 4 ATP
d. Glucosa + 2 H_2O + 6 NAD^+ + 2 FAD + 4 ADP + 4 P_i → 6 CO_2 + 6 NADH + 6 H^+ + 2 $FADH_2$ + 2 ATP
e. Glucosa + 2 H_2O + 4 NAD^+ + 2 FAD + 4 ADP + 4 P_i → 6 CO_2 + 4 NADH + 6 H^+ + 2 $FADH_2$ + 4 ATP

573. Las células con un exceso de aminoácidos pueden transformarlos en unos aminoácidos concretos que, mediante una transaminación en 1 etapa, se transforman directamente en intermediarios del ciclo de Krebs, concretamente en α-cetoglutarato y oxalaceteto. ¿Cuáles son estos aminoácidos?

a. alanina y fenilalanina
b. glutamato y aspartato
c. tirosina y cisteína
d. asparagina y cisteína
e. tirosina y glicina

574. Dispones de piruvato marcado con ^{14}C en el carbono central, como se indica con una estrella en la siguiente figura,

¿en qué moléculas podrías encontrar la marca radiactiva tras someter este piruvato marcado a la acción de la piruvato deshidrogenasa y una vuelta del ciclo de Krebs?

a. acetilCoA → citrato → isocitrato → α-cetoglutarato → CO_2
b. acetilCoA → citrato → isocitrato → α-cetoglutarato → succinilCoA → succinato → fumarato → malato → oxalacetato
c. acetilCoA → citrato → isocitrato → CO_2
d. CO_2
e. acetilCoA → citrato → CO_2

575. Si la enzima aconitasa (que transforma el citrato en isocitrato) no se uniera asimétricamente a su sustrato ¿qué porcentaje de los átomos de carbono incorporados al ciclo de Krebs como acetilCoA serían liberados en forma de CO_2 en una vuelta del ciclo?

a. 0 %
b. 25 %
c. 50 %
d. 75 %
e. 100 %

576. En los experimentos de Hans Krebs con tejido muscular de paloma, ¿qué efectos se observaban al añadir citrato a dicho tejido?

a. un aumento de la oxidación del piruvato directamente proporcional a la cantidad de citrato añadida
b. una reducción del consumo de O_2 directamente proporcional a la cantidad de citrato añadida
c. una reducción de la oxidación del piruvato directamente proporcional a la cantidad de citrato añadida
d. un aumento del consumo de O_2 directamente proporcional a la cantidad de citrato añadida
e. un aumento del consumo de O_2 desproporcionadamente elevado en comparación con la cantidad de citrato añadida

577. En los experimentos de Hans Krebs con tejido muscular de paloma, ¿cuál de los siguientes compuestos inhibía el consumo de piruvato?

a. isocitrato
b. succinato
c. citrato
d. cis-aconitato
e. malonato

578. COMPLETA: El ciclo de Krebs empieza cuando una molécula de 2 carbonos (_____) se combina con una de 4 carbonos (_____), dando lugar a una molécula de 6 carbonos (_____)

a. fumarato / oxalacetato / malato
b. fumarato / malato / oxalacetato
c. acetilCoA / citrato / oxalacetato
d. acetilCoA / oxalacetato / citrato
e. piruvato / malato / citrato

579. El succinato se transforma a fumarato en una reacción catalizada por la succinato deshidrogenasa. Explica la transformación química que ocurre en esta reacción

    a. se adiciona un grupo carbonilo en el extremo del succinato, formando un aldehido
    b. se adiciona un grupo carbonilo en uno de los carbonos centrales del succinato, generando una cetona
    c. se oxida uno de los extremos del succinato, generando un ácido dicarboxílico
    d. se produce la deshidrogenación (formación de un doble enlace) entre los carbonos centrales del succinato
    e. se pierde una molécula de CO_2, generando una molécula de 3 carbonos

580. ¿Cuál de las siguientes afirmaciones, respecto a los experimentos de Hans Krebs con tejido muscular de paloma, es FALSA?

    a. la adición de malonato provocaba la acumulación de α-cetoglutarato
    b. la adición de piruvato y oxalacetato provocaba la acumulación de citrato
    c. la adición de cis-aconitato provocaba un descenso en el consumo de O_2
    d. al añadir malonato, se frenaba el consumo de O_2
    e. al añadir malonato, se acumulaba citrato

581. La piruvato deshidrogenasa, concretamente su actividad enzimática E_2 (dihidrolipoamida transacetilasa) se inhibe por uno de los siguientes compuestos:

    a. acetilCoA
    b. CoA-SH
    c. citrato
    d. piruvato
    e. succinilCoA

582. ¿Cuáles de estas sustancias actúan como coenzimas y están unidas a las enzimas del complejo Piruvato Deshidrogenasa?

    a. TPP
    b. FAD
    c. Ácido lipoico
    d. a y c
    e. a, b y c

583. En el paso de succinilCoA a succinato, dentro del ciclo de Krebs, se produce una fosforilación a nivel de sustrato. ¿Cuál es el nucleótido trifosfato producido más habitualmente en células, por ejemplo, de hígado?

a. ATP
b. CTP
c. GTP
d. TTP
e. UTP

584. Dispones de piruvato marcado con ^{14}C en el extremo NO carboxílico, como se indica con una estrella en la siguiente figura,

¿en qué moléculas podrías encontrar la marca radiactiva tras someter este piruvato marcado a la acción de la piruvato deshidrogenasa y una vuelta del ciclo de Krebs?

a. acetilCoA → citrato → isocitrato → α-cetoglutarato → CO_2
b. acetilCoA → citrato → isocitrato → α-cetoglutarato → succinilCoA → succinato → fumarato → malato → oxalacetato
c. acetilCoA → citrato → isocitrato → CO_2
d. CO_2
e. acetilCoA → citrato → CO_2

585. La reacción catalizada por la malato deshidrogenasa es la siguiente...

a. L-malato + NAD^+ → oxalacetato + NADH + H^+
b. D-malato + NAD^+ → oxalacetato + NADH + H^+
c. L-malato + FAD → oxalacetato + $FADH_2$
d. D-malato + FAD → oxalacetato + $FADH_2$
e. L-malato + NAD^+ → citrato + NADH + H^+

586. La conversión de piruvato en acetilCoA está catalizada por...

a. la fosfofructoquinasa
b. la acetilcolinesterasa
c. la piruvato deshidrogenasa
d. la lactato deshidrogenasa
e. la acilCoA transcarbamilasa

587. Cuando una molécula de piruvato es sometida a la cadena de reacciones catalizada por la piruvato deshidrogenasa, ¿cuál es el destino de sus tres átomos de carbono tras esta reacción?

a. 2 pasan al CO_2 y 1 al acetilCoA
b. 2 pasan al acetilCoA y 1 se añade al oxalacetato
c. 2 pasan al acetilCoA y 1 se incorpora al ciclo de Krebs
d. 2 pasan al acetilCoA y 1 al CO_2
e. b y c son correctas

588. La piruvato deshidrogenasa, concretamente su actividad enzimática E_2 (dihidrolipoamida transacetilasa) se activa por uno de los siguientes compuestos:

a. acetilCoA
b. CoA-SH
c. citrato
d. piruvato
e. succinilCoA

589. Si la enzima aconitasa (que transforma el citrato en isocitrato) no se uniera asimétricamente a su sustrato ¿qué porcentaje de los átomos de carbono incorporados al ciclo de Krebs como acetilCoA serían liberados en forma de CO_2 en dos vueltas del ciclo?

a. 0 %
b. 25 %
c. 50 %
d. 75 %
e. 100 %

590. El complejo de la piruvato deshidrogenasa está compuesto por tres enzimas...

a. la piruvato deshidrogenasa (E_1), la dihidrolipoamida deshidrogenasa (E_2) y la dihidrolipoamida transacetilasa (E_3)

b. la dihidrolipoamida transacetilasa (E_1), la NADH-reductasa (E_2) y la dihidrolipoamida deshidrogenasa (E_3)

c. la NADH-reductasa (E_1), la dihidrolipoamida deshidrogenasa (E_2) y la dihidrolipoamida transacetilasa (E_3)

d. la piruvato carboxilasa (E_1), la dihidrolipoamida transacetilasa (E_2) y la citrato sintasa(E_3)

e. la piruvato deshidrogenasa (E_1), la dihidrolipoamida deshidrogenasa (E_2) y la citrato sintasa (E_3)

591. El complejo de la piruvato deshidrogenasa (PDH) está compuesto por tres enzimas, la piruvato deshidrogenasa (E_1), la dihidrolipoamida deshidrogenasa (E_2) y la dihidrolipoamida transacetilasa (E_3). ¿Cuántas cadenas polipeptídicas de cada enzima contiene cada complejo PDH en procariotas?

a. 1 E_1, 2 E_2 y 1 E_3

b. 24 E_1, 24 E_2 y 12 E_3

c. 12 E_1, 12 E_2 y 6 E_3

d. 6 E_1, 12 E_2 y 12 E_3

e. 6 E_1, 12 E_2 y 6 E_3

592. En el paso de succinilCoA a succinato, dentro del ciclo de Krebs, se produce una fosforilación a nivel de sustrato. En función del tejido en el que nos encontremos, la succinilCoA sintetasa tiene preferencia por fosforilar un sustrato diferente ¿Cuál es el nucleótido trifosfato producido más habitualmente en células, por ejemplo, de cerebro?

a. ATP
b. CTP
c. GTP
d. TTP
e. UTP

593. En un experimento, se parte de piruvato marcado con ^{14}C en el extremo NO carboxílico, como se indica con una estrella en la siguiente figura,

Se añade este sustrato a un cultivo celular de hepatocitos al que previamente se le han añadido altas concentraciones de malonato (inhibidor de la succinato deshidrogenasa). Se considera que las concentraciones añadidas son suficientes para bloquear al 100 % esta enzima. Al cabo de un tiempo, se recogen y se analizan muestras de metabolitos del ciclo de Krebs, observándose que hay moléculas de isocitrato con dos carbonos marcados, concretamente los que se muestran en esta figura.

¿Cómo explicarías este resultado?

a. porque el ciclo de Krebs NO se bloquea porque deje de funcionar la succinato deshidrogenasa

b. porque, aunque el ciclo de Krebs se bloquea cuando deja de funcionar la succinato deshidrogenasa, el flujo puede continuar a través del ciclo de Cori

c. porque, aunque el ciclo de Krebs se bloquea cuando deja de funcionar la succinato deshidrogenasa, el flujo puede continuar a través del ciclo de la ruta anaplerótica catalizada por la piruvato carboxilasa

d. porque, aunque el ciclo de Krebs se bloquea cuando deja de funcionar la succinato deshidrogenasa, el flujo puede continuar a través del ciclo del glioxilato

e. porque, aunque el ciclo de Krebs se bloquea cuando deja de funcionar la succinato deshidrogenasa, el flujo puede continuar a través de la ruta de las pentosas fosfato

594. ¿Cuál de las siguientes afirmaciones sobre la regulación del complejo piruvato deshidrogenasa (PDH) es FALSA?

a. una alta concentración de Mg^{2+} libre activa una fosfatasa, que elimina los grupos fosfato de ciertas serinas del complejo, activando el complejo PDH
b. una alta concentración de Mg^{2+} libre se produce cuando la relación [ATP]/[ADP] es baja
c. la acción de una quinasa añade grupos fosfato a ciertas serinas del complejo PDH, inactivándolo
d. un aumento en la [acetilCoA] activa las quinasas que añaden grupos fosfato al complejo PDH. Por ello, un aumento de la [acetilCoA] tiene un efecto inhibidor sobre el complejo PDH.
e. un aumento en la [NADH] inhibe las quinasas que añaden grupos fosfato al complejo PDH. Por ello, un aumento de la [acetilCoA] tiene un efecto activador sobre el complejo PDH

595. El complejo de la piruvato deshidrogenasa (PDH) está compuesto por tres enzimas, la piruvato deshidrogenasa (E_1), la dihidrolipoamida deshidrogenasa (E_2) y la dihidrolipoamida transacetilasa (E_3). ¿Qué coenzimas acompañan a cada una de estas actividades enzimáticas?

a. La pirofosfato tiamina (TPP) está unida a E_1, el ácido lipoico está unido a E_2 y el dinucleótido de flavina y adenina (FAD) participa en la reacción de E_3.
b. El dinucleótido de nicotina y adenina (NAD) participa en la reacción de E_1, la pirofosfato tiamina (TPP) está unida a E_2 y el dinucleótido de flavina y adenina (FAD) participa en la reacción de E_3.
c. La coenzima A (coA) está unida a E_1, la pirofosfato tiamina está unida a E_2 y el ácido lipoico participa en la reacción de E_3.
d. La pirofosfato tiamina (TPP) está unida a E_1, el dinucleótido de nicotina y adenina (NAD) está unido a E_2 y el dinucleótido de flavina y adenina (FAD) participa en la reacción de E_3.
e. El ácido lipoico está unido a E_1, el dinucleótido de nicotina y adenina participa en la reacción de E_2 y la coenzima A (coA) participa en la reacción de E_3.

596. Si la glucosa se metaboliza completamente a través de la glucólisis y el ciclo de Krebs, ¿qué átomos de la glucosa se transformarán primero en CO_2?

a. el 1 y el 2
b. el 3 y el 4
c. el 5 y el 6
d. el 1 y el 4
e. el 3 y el 6

597. ¿En qué dos pasos del ciclo de Krebs se genera CO_2 como residuo?

a. acetilCoA + oxalacetato → citrato ; citrato → isocitrato
b. citrato → isocitrato ; succinilCoA → succinato
c. isocitrato → α-cetoglutarato ; fumarato → malato
d. isocitrato → α-cetoglutarato ; α-cetoglutarato → succinilCoA
e. malato → oxalacetato ; isocitrato → α-cetoglutarato

598. Hay un complejo enzimático del ciclo de Krebs en el que participan las mismas cinco coenzimas que encontramos en el complejo de la Piruvato Deshidrogenasa. ¿De qué complejo se trata?

a. α-cetoglutarato deshidrogenasa
b. isocitrato deshidrogenasa
c. aconitasa
d. sucinilCoA sintetasa
e. ninguna de las anteriores

599. ¿Cuál de las siguientes afirmaciones es FALSA?

a. El complejo de la piruvato deshidrogenasa de Escherichia coli tiene una masa superior a los 1000 kDa
b. El complejo de la piruvato deshidrogenasa de Escherichia coli es más grande que un ribosoma bacteriano
c. En eucariotas, el tamaño del complejo de la piruvato deshidrogenasa es aproximadamente del doble que en eucariotas
d. En procariotas, el complejo de la piruvato deshidrogenasa tiene 60 subunidades organizadas siguiendo una simetría cúbica.
e. En eucariotas, el complejo de la piruvato deshidrogenasa tiene 96 subunidades organizadas siguiendo una simetría cúbica.

600. ¿Cuál de las siguientes condiciones NO supondrá un incremento de la velocidad del complejo piruvato deshidrogenasa?

a. una disminución del ratio [ATP]/[AMP]
b. un aumento del ratio [NAD⁺]/[NADH]
c. un aumento de la concentración de CoA-SH (coenzima A en su forma reducida)
d. un aumento de la concentración de glucosa
e. una disminución del ratio [CoA-SH]/[acetilCoA]

601. El pirofosfato de tiamina (TPP) participa como coenzima en numerosas descarboxilaciones de α-cetoácidos. Estudios recientes de RMN han permitido dilucidar que el papel del TPP es actuar de nucleófilo que se adiciona al grupo carbonilo de dichos cetoácidos, permitiendo que liberen una molécula de CO_2. Observa la estructura química del TPP y responde. ¿Cuál es el átomo del TPP que participa directamente en este ataque nucleófilo?

a. A
b. B
c. C
d. D
e. E

602. El fluoroacetato es un potente inhibidor del ciclo de Krebs, que se emplea como pesticida. ¿Cómo actúa esta droga?

a. es un inhibidor de la citrato sintasa, por su parecido con el acetilCoA
b. se transforma en fluoroacetilCoA, que actúa de sustrato de la citrato sintasa, generándose fluorocitrato, que inhibe la aconitasa
c. es un quelante de hierro, que evita que se formen los centros hierro-azufre (4Fe – 4S) esenciales para la acción catalítica de la aconitasa
d. se transforma en fluoroacetilCoA, que es un inhibidor de la citrato sintasa, al imitar a su sustrato, el acetilCoA
e. desprotona el citrato, disminuyendo drásticamente su afinidad por el centro activo de la aconitasa

197

603. Para que la tiamina pirofosfato (TPP) pueda ejercer su papel catalítico en la descarboxilación de α-cetoácidos, es necesario que la enzima que la alberga le sustraiga un protón. ¿Mediante cuál de los siguientes aminoácidos es más probable que la enzima realice esta tarea?

    a. Ácido glutámico
    b. Tirosina
    c. Histidina
    d. Lisina
    e. Alanina

604. La piruvato deshidrogenasa, concretamente su actividad enzimática E$_3$ (dihidrolipoamida deshidrogenasa) se inhibe por uno de los siguientes compuestos:

    a. NADH
    b. NAD$^+$
    c. citrato
    d. FADH$_2$
    e. acetilCoA

605. El ácido lipoico actúa de coenzima en la reacción del complejo piruvato deshidrogenasa. Para ello, ha de estar unido covalentemente a la enzima. Esta unión la realiza mediante un enlace amida entre su propio grupo carboxílico y...

    a. Un grupo hidroxilo de serina o treonina (excepcionalmente, también de tirosina)
    b. Otro grupo carboxílico de ácido glutámico o aspártico
    c. Un grupo δ-amino de alguna arginina
    d. Un grupo ε-amino de alguna lisina
    e. Un grupo β-amino de glutamina o asparagina

606. El complejo de la piruvato deshidrogenasa (PDH) cataliza la siguiente reacción.

    a. Piruvato + CoA + NAD$^+$ → acetil-CoA + CO$_2$ + NADH
    b. Piruvato + NAD$^+$ → Lactato + NADH
    c. Piruvato + NADH → Lactato + CO$_2$ + NAD$^+$
    d. Piruvato + CoA + NADH → acetil-CoA + CO$_2$ + NAD$^+$
    e. Piruvato + CoA + NAD$^+$ → acetil-CoA + NADH

607. El complejo de la piruvato deshidrogenasa tiene, entre los siguientes compuestos, un activador alostérico. ¿Cuál es?

 a. AMP
 b. NAD^+
 c. fosfoenolpiruvato
 d. piruvato
 e. α-cetoglutarato

608. El complejo de la piruvato deshidrogenasa (PDH) está compuesto por tres enzimas. Unida covalentemente a la dihidrolipoamida transacetilasa (E_2) hay dos residuos de lipoamida. ¿Cuál de las siguientes afirmaciones referentes al papel de estos residuos es FALSA?

 a. cada lipoamida está unida a la cadena lateral de un residuo de lisina, dando lugar a una cadena lineal de ~1,4 nm de longitud
 b. una de las lipoamidas interacciona directamente con el hidroxietil-TPP de la enzima E_1, uniéndo covalentemente el grupo etil proveniente del piruvato y formando con él un tioéster
 c. entre ambas lipoamidas se intercambian el residuo acetil que tienen unido mediante tioéster
 d. la adición de CoA reducida provoca la reducción de uno de los grupos lipoamida y la generación de acetilCoA
 e. el grupo lipoamida reducido tras la formación del acetilCoA vuelve a oxidarse cediendo directamente sus electrones al NAD+ y produciendo NADH

609. ¿Qué reacción cataliza la enzima citrato sintasa?

 a. piruvato + malato + H_2O → citrato
 b. acetilCoA + H_2O → citrato + CoA
 c. acetilCoA + oxalacetato + H_2O → citrato + CoA + H^+
 d. acetilCoA + fumarato + H_2O → citrato + CoA + H^+
 e. piruvato + oxalacetato + H_2O → citrato

610. La isocitrato deshidrogenasa cataliza la transformación de isocitrato en α-cetoglutarato. El mecanismo de acción de dicha reacción transcurre de la siguiente forma:

a. el isocitrato se oxida y, posteriormente, se pierde una molécula de CO_2

b. el isocitrato pierde una molécula de CO_2 y, posteriormente, se produce su oxidación a α-cetoglutarato, reduciéndose una molécula de FAD

c. el isocitrato pierde una molécula de CO_2 y, posteriormente, se produce su oxidación a α-cetoglutarato, reduciéndose una molécula de NAD^+

d. el isocitrato se fragmenta en dos moléculas: el etanol (2C) y el succinato (4C). A éste último se le añade un CO_2, para formar α-cetoglutarato

e. el isocitrato se deshidrata, formando aconitato. Éste capta de nuevo una molécula de H_2O, al tiempo que pierde un CO_2.

611. En el paso de succinilCoA a succinato, dentro del ciclo de Krebs, se produce una fosforilación a nivel de sustrato. En función del tejido en el que nos encontremos, la succinilCoA sintetasa tiene preferencia por fosforilar un sustrato diferente ¿Cuál es el nucleótido trifosfato producido más habitualmente en células, por ejemplo, de musculatura cardiaca?

a. ATP

b. CTP

c. GTP

d. TTP

e. UTP

612. En la reacción de la succinilCoA sintetasa, un fosfato inorgánico (P_i) se añade covalentemente a un residuo de la enzima, liberándose coenzimaA reducida. Este fosfato es luego cedido al GDP para formar GTP. ¿De qué residuo estamos hablando?

a. serina

b. tirosina

c. asparagina

d. glutamina

c. histidina

613. La succinato deshidrogenasa cataliza la oxidación de succinato a fumarato. Para ello, una molécula de FAD unida covalentemente a la enzima es reducida para dar lugar a $FADH_2$. Para volver a ser operativa, esta molécula de FADH2 a de reoxidarse de nuevo. ¿Cómo lo hace?

a. cede sus electrones al piruvato para formar gliceraldehido
b. cede sus electrones a la cadena de transporte electrónico mitocondrial
c. cede sus electrones al SO2 para formar SH2
d. cede sus electrones al CO2 para formar CH4
e. cede sus electrones al piruvato para formar lactato

614. El ciclo del glioxilato...

a. ...necesita de la acción catalítica de las enzimas malato sintasa e isocitrato liasa
b. ...permite que los microorganismos que contienen acetato tioquinasa, y pueden por tanto convertir el acetato en acetilCoA, puedan alimentarse de este ácido y fabricar azúcares complejos
c. ...produce succinato, que ha de ser transportado a las mitocondrias para poderse convertir en oxalacetato
d. a y b son ciertas
e. a, b y c son ciertas

615. La piruvato deshidrogenasa, concretamente su actividad enzimática E_3 (dihidrolipoamida deshidrogenasa) se activa por uno de los siguientes compuestos:

a. NADH
b. NAD^+
c. citrato
d. $FADH_2$
e. acetilCoA

616. El complejo de la piruvato deshidrogenasa tiene, entre los siguientes compuestos, un inhibidor alostérico. ¿Cuál es?

a. AMP
b. ATP
c. acetilCoA
d. citrato
e. α-cetoglutarato

617. Denominamos rutas anapleróticas a...

a. aquellas rutas metabólicas cuyo funcionamiento permite reponer los niveles de los intermediarios del ciclo de Krebs que han sido empleados en rutas biosintéticas
b. aquellas rutas metabólicas que sigue el succinato para la biosíntesis del grupo hemo
c. aquellas rutas metabólicas que, partiendo de cualquier intermediario del ciclo de Krebs, se encaminan a la biosíntesis de moléculas más complejas
d. aquellas rutas metabólicas que, partiendo de cualquier intermediario del ciclo de Krebs, forman parte del anabolismo celular
e. c y d son correctas

618. Una de las principales rutas anapleróticas, especialmente en hígado y riñón de mamíferos, está catalizada por la enzima piruvato carboxilasa ¿Qué reacción cataliza esta enzima?

a. el paso de piruvato a malato
b. el paso de piruvato a fumarato
c. el paso de piruvato a acetilCoA
d. el paso de piruvato a citrato
e. el paso de piruvato a oxalacetato

619. La piruvato carboxilasa se activa alostéricamente por uno de los siguientes compuestos. ¿cuál es?

a. piruvato
b. acetilCoA
c. malato
d. oxalacetato
e. NAD$^+$

620. ¿Cuál de las siguientes afirmaciones sobre el ciclo del gloxilato es FALSA?

a. evita las reacciones del ciclo de Krebs que comportan una pérdida de CO_2
b. implica la fragmentación de isocitrato (6C) en glioxilato (2C) y succinato (4C), mediante la enzima isocitrato liasa
c. implica la unión entre acetilCoA (2C) y glioxilato (2C) para formar malato, mediante la enzima malato sintasa
d. por cada vuelta de ciclo, 2 moléculas de acetilCoA son transformadas en oxalacetato
e. el succinato generado por la isocitrato liasa es conducido al glioxisoma, donde se convierte en oxalacetato

621. La piruvato carboxilasa es una proteína tetramérica que cataliza la cnversión de piruvato en oxalacetato. Para ello, emplea una coenzima. El CO_2 es añadido a esta coenzima en un primer paso. Posteriormente, el CO_2 es transferido desde la coenzima al piruvato. Esta coenzima actúa muy frecuentemente de cofactor de las carboxilaciones en las que participa el CO_2. ¿De qué coenzima se trata?

    a. Coenzima A
    b. NADH
    c. TPP
    d. Ácido lipoico
    e. Biotina

622. En bacterias y plantas existe una ruta anaplerótica alternativa a la piruvato carboxilasa. Se trata de la fosfoenolpiruvato carboxilasa. ¿Cuál de las siguientes afirmaciones respecto a esta ruta es VERDADERA?

    a. esta enzima cataliza la conversión de fosfoenolpiruvato en oxalacetato
    b. esta enzima no emplea biotina como cofactor
    c. es una ruta muy activa en la ruta C_4 de fijación de CO_2
    d. a y c son correctas
    e. todas son correctas

623. En una de las reacciones del ciclo del glioxilato, se produce glioxilato (2C) y succinato (4C). El glioxilato se combina con el acetilCoA para dar malato. El succinato es conducido a un orgánulo celular, para transformarse en oxalacetato empleando 3 reacciones del ciclo de Krebs. ¿De qué orgánulo se trata?

    a. cloroplasto
    b. mitocondria
    c. glioxisoma
    d. peroxisoma
    e. lisosoma

624. La reacción catalizada por la enzima málica es una conocida ruta anaplerótica ¿cuál es la ecuación química ajustada de esta reacción?

    a. piruvato + HCO_3^- + NADPH + H^+ → L-malato + $NADP^+$ + H_2O
    b. acetilCoA + 2 HCO_3^- + 2 NADPH + 2 H^+ → L-malato + 2 $NADP^+$ + H_2O
    c. acetilCoA + 2 HCO_3^- + 2 NADPH + 2 H^+ → L-malato + 2 $NADP^+$ + 2 H_2O
    d. piruvato + CO_2 + NADH + H^+ → L-malato + NAD^+
    e. piruvato + CO_2 + NADH + H^+ → L-malato + NAD^+ + H_2O

625. Muchas plantas son capaces de fabricar directamente azúcares a partir de la grasa acumulada en sus semillas. Esto lo hacen empleando una variante anabólica del ciclo de Krebs denominada...

a. ciclo de Cori
b. ciclo de Hatch-Slach
c. ciclo de Calvin
d. ciclo del glioxilato
e. ciclo del ácido cítrico

626. La isocitrato liasa cataliza la siguiente reacción.

a. isocitrato $\rightarrow$ a-cetoglutarato + CO_2
b. isocitrato $\rightarrow$ succinato + glioxilato
c. isocitrato $\rightarrow$ fumarato + 2 CO_2
d. isocitrato $\rightarrow$ malato + 2 CO_2
e. isocitrato + 2 CoA-SH $\rightarrow$ 2 acetilCoA + glioxilato

627. La malato sintasa cataliza la siguiente reacción.

a. glioxilato + acetilCoA + H_2O $\rightarrow$ malato + CoA-SH + H^+
b. glioxilato + acetilCoA + NADH + H^+ $\rightarrow$ malato + CoA-SH
c. glioxilato + acetilCoA $\rightarrow$ malato + CoA-SH
d. succinato + H_2O $\rightarrow$ malato
e. succinato + NAD^+ $\rightarrow$ malato + NADH + H^+

628. El destino principal del succinato producido en el ciclo del glioxilato es...

a. la fabricación de acetilCoA, que se deriva a la síntesis de ácidos grasos (lipogénesis)
b. la transformación en diversos productos de fermentación, principalmente lactato
c. la oxidación a través del ciclo de Krebs y la obtención de ATP a través de la cadena de transporte electrónico y la fosforilación oxidativa
d. la transformación en oxalacetato para que éste entre en gluconeogénesis
e. la génesis de aminoácidos pequeños

Ruta de las pentosas fosfato

629. ¿Cuáles son las dos finalidades metabólicas más importantes de la ruta de las pentosas fosfato?

a. la reducción de la concentración de glucosa en el citosol y la fabricación de componentes de los ácidos nucleicos
b. la generación de NADPH necesario para rutas biosintéticas y la fabricación de ribosa-5-P para la biosíntesis de nucleótidos
c. la generación de α-cetoglutarato para la biosíntesis de aminoácidos y la fabricación de ribosa-5-P para la biosíntesis de nucleótidos
d. la reducción de la concentración de glucosa en el citosol y la generación de NADPH necesario para rutas biosintéticas
e. la fabricación de NADPH para emplearlo en gluconeogénesis y la fabricación de ribulosa-5-P para la síntesis del grupo hemo

630. La ruta de las pentosas fosfato puede ser una buena vía de metabolización de las ribosas procedentes de la dieta. ¿En qué tipo de principios activos encontramos principalmente estos residuos?

a. ácidos nucleicos
b. triacilgliceroles
c. esteroides
d. azúcares
e. proteínas

631. La ruta de las pentosas fosfato tiene una primera fase oxidativa en la que la glucosa-6-fosfato es oxidada a 6-fosfogluconolactona, que se oxida a 6-fosfogluconato que, a su vez, se oxida y descarboxila hasta formar ribulosa 5-fosfato. Por cada mol de glucosa-6-fosfato que entra en esta etapa, se obtienen finalmente...

a. un moles de NADPH, un mol de CO_2 y un mol de ribulosa-5-fosfato
b. dos moles de NADPH, dos moles de CO_2 y un mol de ribulosa-5-fosfato
c. dos moles de NADPH, un mol de CO_2 y un mol de ribulosa-5-fosfato
d. dos moles de NADPH, un mol de CO_2 y dos moles de ribulosa-5-fosfato
e. un mol de NADPH y un mol de ribulosa-5-fosfato

632. En el siguiente esquema simplificado de la ruta de las pentosas fosfato, ¿por qué tendríamos que sustituir las letras A, B, C y D?

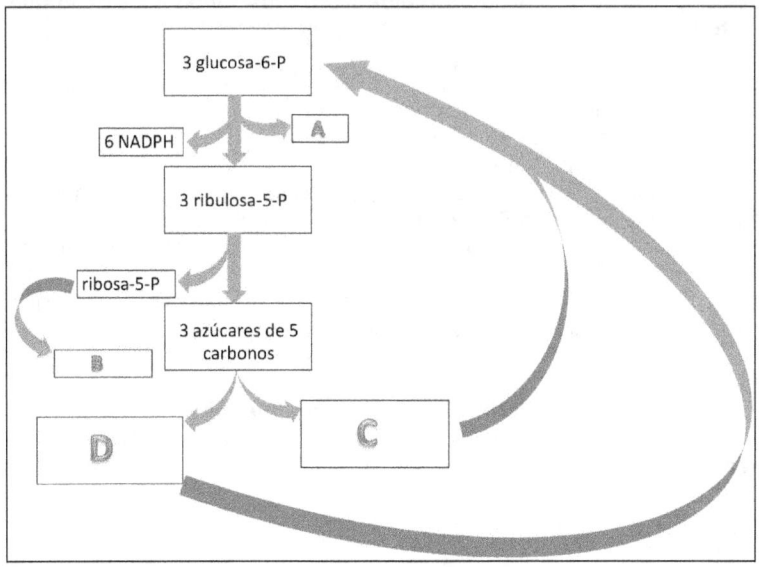

a. A='3 CO_2' / B='grupo hemo' / C='2 ribosa-5-P' / D='4 acetilCoA'

b. A='3 CO_2' / B='grupo hemo' / C=' 2 azúcares de seis carbonos' / D=' 1 azúcar de 3 carbonos'

c. A='2 acetilCoA' / B='nucleótidos' / C='1 azúcar de 3 carbonos' / D='2 azúcares de seis carbonos'

d. A='3 CO_2' / B='nucleótidos' / C='1 azúcar de 3 carbonos' / D='2 azúcares de seis carbonos'

e. A='2 CO_2' / B='nucleótidos' / C='1 azúcar de 3 carbonos' / D='1 azúcar de seis carbonos'

633. En una primera fase oxidativa de la ruta de las pentosas fosfato se genera ribulosa-5-fosfato que, es isomerizada posteriormente a ribosa-5-fosfato. Este metabolito se emplea en la síntesis de componentes de los ácidos nucleicos. Cuando no es necesaria esta síntesis, la ribosa-5-fosfato ha de ser metabolizada ¿cómo se realiza este proceso?

a. Mediante una compleja sucesión de reacciones, tres ribosas-5-P se convierten en dos azúcares de 6 carbonos y un azúcar de 3 carbonos, que se catabolizan por vía glucolítica.

b. Mediante una compleja sucesión de reacciones, dos ribosas-5-P se convierten en un azúcar de 6 carbonos y un azúcar de 4 carbonos. La hexosa se cataboliza por vía glucolítica y la tetrosa se incorpora finalmente al ciclo de Krebs.

c. Mediante una compleja sucesión de reacciones, 4 ribosas-5-P se convierten en 3 azúcares de 6 carbonos y una molécula de acetilCoA. Las hexosas se catabolizan por vía glucolítica y el acetilCoA se incorpora al ciclo de Krebs.

d. Mediante una compleja sucesión de reacciones, tres ribosas-5-P se convierten en un azúcar de 6 carbonos y dos azúcares de 3 carbonos, que se catabolizan por vía glucolítica.

e. Mediante una compleja sucesión de reacciones, 3 ribosas-5-P se convierten en 1 azúcar de 6 carbonos, que se cataboliza por vía glucolítica, y 2 moléculas succinato, que se incorporan al ciclo de Krebs. En el proceso se pierden 2 moléculas de CO_2.

634. La deficiencia de glucosa-6-P deshidrogenasa es una patología genética ligada al cromosoma X que afecta a más de 400 millones de personas. ¿Cuál de las siguientes situaciones es consecuencia clara de unos niveles extremadamente bajos de esta enzima?

a. Se bloquea la síntesis endógena de ácidos nucleicos, y se muere por incapacidad de regenerar el tejido muscular cardíaco.

b. El glutatión de los eritrocitos pierde la capacidad de ser reducido, ya que éste proceso necesita casi exclusivamente del NADPH producido en la ruta de las pentosas fosfato. Ello hace que los eritrocitos no puedan mantener su hemoglobina en estado reducido (Fe^{2+}), además de provocar hemolisis en condiciones de *stress* oxidativo como las derivadas de infecciones o ingestión de ciertos fármacos.

c. La glucosa-6-P no puede ser introducida en la ruta de las pentosas fosfato y se acumula, generando cristales de una forma reducida de la glucosa (sorbitol) especialmente visibles en el cristalino del ojo.

d. Se impide la generación de ácidos grasos a partir de azúcares, provocando un aumento desorbitado de las reservas de glucógeno que se manifiesta en una hepatomegalia.

e. Se impide la derivación de la glucosa hacia la síntesis del grupo hemo, por lo que los eritrocitos no pueden renovarse, produciéndose un cuadro de anemia.

Cadena de transporte electrónico y fosforilación oxidativa

635. Si una molécula de glucosa se oxida completamente, rindiendo 38 ATPs, y necesitando para esta oxidación participar en la cadena de transporte electrónico mitocondrial, el aceptor final de sus electrones es...

a. el NADH + H$^+$
b. el FADH$_2$
c. el coenzima Q
d. el O$_2$
e. a y b son correctas

636. La fosforilación oxidativa conlleva...

a. la oxidación de H$_2$O para formar O$_2$
b. la oxidación de O$_2$ para formar H$_2$O
c. la reducción de H$_2$O para formar O$_2$
d. la reducción de O$_2$ para formar H$_2$O
e. ninguna de las anteriores

637. La hipótesis quimiosmótica fue enunciada por...

a. Peter Mitchell
b. Claude Bernard
c. Max Perutz
d. Carl Ferdinand Cori
e. Stanley Miller

638. Según enuncia la hipótesis quimiosmótica...

a. las diferencias de concentración entre protones a ambos lados de la membrana mitocondrial interna son la manifestación de la energía obtenida en la oxidación de glúcidos, lípidos y proteínas
b. la estabilidad de la molécula de ADN viene determinada por la concentración de iones Na$^+$ en el surco mayor y el surco menor
c. las diferencias entre las concentraciones de Na$^+$ y K$^+$ a ambos lados de la membrana plasmática determinan la posibilidad de que se genere un potencial de acción en las neuronas y, por tanto, pueda transmitirse el impulso nervioso
d. la velocidad de la ruta glucolítica se ve afectada por la concentración de H$^+$, es decir, por el pH
e. la afinidad de la hemoglobina por el O$_2$ se ve afectada por la concentración de H$^+$, es decir, por el pH

639. Las deshidrogenasas ligadas a NAD sustraen dos átomos de hidrógeno de sus sustratos. Uno de ellos es transferido como _____ al NAD⁺, y otro es transferido como _____ al medio.

a. anión hidruro / anión hidruro
b. protón / protón
c. catión hidruro / catión hidruro
d. catión hidruro / protón
e. anión hidruro / protón

640. La cesión de electrones desde el FADH₂ o desde el NADH tiene una diferencia fundamental...

a. el NADH es una molécula de mayor tamaño y, por tanto, siempre tiene un potencial redox superior al FADH₂
b. el FADH₂ es un transportador de electrones soluble y su entorno químico (disolución acuosa) no varía tanto como el del NADH, por lo tanto su potencial redox es más constante y el del NADH más variable
c. el FADH₂ suele estar fuertemente unido a flavoproteínas, por tanto, su potencial redox varía mucho en función de los residuos que le quedan cercanos en la estructura proteica. No ocurre así con el NADH, que viaja generalmente en forma soluble.
d. el FADH₂ es una molécula de mayor tamaño y, por tanto, siempre tiene un potencial redox superior al NADH
e. el NADH sólo cede protones, mientras que el FADH₂ puede ceder aniones hidruro

641. Los citocromos...

a. a y b tienen el grupo hemo unido covalentemente
b. a y c tienen el grupo hemo unido covalentemente
c. a y b tienen el grupo hemo unido fuertemente, pero no de forma covalente
d. b y c tienen el grupo hemo unido fuertemente, pero no de forma covalente
e. a y c tienen el grupo hemo unido fuertemente, pero no de forma covalente

642. ¿Quién descubrió que las mitocondrias eran el lugar donde ocurre la fosforilación oxidativa?

a. Peter Mitchell y Stanley Pawson
b. Albert Lehninger y Eugene Kennedy
c. Max Peruzt y Andy Rossman
d. Carl Ferdinand Cori y Gerty Cori
e. Stanley Miller y John Urey

643. ¿Cuál de las siguientes estructuras químicas corresponde a la ubiquinona?

a. A
b. B
c. C
d. D
e. E

644. La membrana mitocondrial externa sería permeable a...

a. una molécula de 3 daltons
b. una molécula de 1000 daltons
c. una molécula de 4 kDaltons
d. a y b son correctas
e. a, b y c son correctas

645. ¿Cuál o cuáles de los siguientes procesos NO tiene lugar en la matriz mitocondrial?

a. β-oxidación de los ácidos grasos
b. reacción de la piruvato deshidrogenasa
c. glucolisis
d. ciclo de Krebs
e. rutas de oxidación terminal de amino ácidos

646. ¿Cuántos complejos de cadena de transporte electrónico + ATP sintasa suele haber en una mitocondria estándar de un hepatocito estándar?

a. 1
b. ~10-20
c. ~50-80
d. ~10000
e. millones

647. Las mitocondrias de las siguientes células, por lo general, difieren en cuanto al número de complejos de cadena de transporte electrónico y ATP sintasa que albergan en su membrana mitocondrial interna. De la siguiente lista, ¿cuáles son las mitocondrias en las que estos complejos son más abundantes?

a. las mitocondrias de los hepatocitos
b. las mitocondrias de las células musculares cardíacas
c. las mitocondrias de los eritrocitos
d. las mitocondrias de las bacterias intestinales (_Escherichia coli_)
e. las mitocondrias de las bacterias bucales (_Streptococcus mutans_)

648. ¿ A qué moléculas corresponden las siguientes estructuras químicas?

A　　　　　B　　　　　C

a. A = FAD ; B = FMN ; C = NAD
b. A = NAD ; B = FMN ; C = NAD
c. A = FMN ; B = NAD ; C = FAD
d. A = FAD ; B = NAD ; C = FMN
e. A = FMN ; B = FAD ; C = NAD

211

649. La notación 'citocromo b$_{562}$' indica...

a. que este citocromo tiene unidas 5 moléculas de grupo hemo A, 6 de grupo hemo B y 2 de grupo hemo C
b. que este citocromo se descubrió como número 562 de los más de mil citocromos conocidos
c. que este citocromo tiene un peso molecular de 562 kDa
d. que este citocromo tiene un peso molecular de 562 Da
e. que este citocromo tiene un máximo de absorción a una longitud de onda de 562 nm

650. Las proteínas Fe-S de Rieske...

a. ... son proteínas con centros Fe-S en los que dos de los átomos de Fe^{2+} están coordinados con una selenocisteína en vez de con una cisteína
b. ... son proteínas con centros Fe-S en los que dos de los átomos de Fe^{2+} están coordinados con una metionina en vez de con una cisteína
c. ... son proteínas con centros Fe-S en los que dos de los átomos de Fe^{2+} están coordinados con una lisina en vez de con una cisteína
d. ... son proteínas con centros Fe-S en los que dos de los átomos de Fe^{2+} están coordinados con una histidina en vez de con una cisteína
e. ... son proteínas con centros Fe-S en los que dos de los átomos de Fe^{2+} están coordinados con una tirosina en vez de con una cisteína

651. El siguiente dibujo...

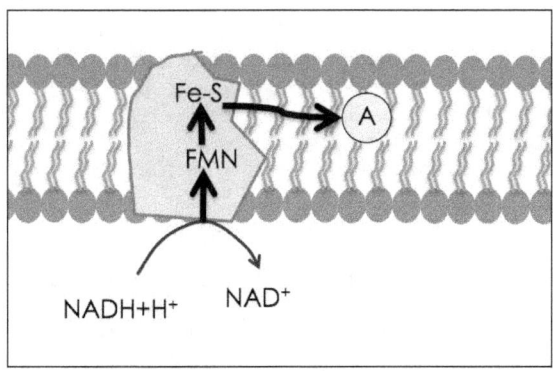

a. ...corresponde al complejo II de la cadena de transporte electrónico mitocondrial, la letra A se refiere a la Ubiquinona

b. ...corresponde al complejo I de la cadena de transporte electrónico mitocondrial, la letra A se refiere a la Ubiquinona

c. ...corresponde al complejo I de la cadena de transporte electrónico mitocondrial, la letra A indica la presencia de un centro de Rieske

d. ...corresponde al complejo II de la cadena de transporte electrónico mitocondrial, la letra A se refiere al coenzima Q

e. ...corresponde al complejo I de la cadena de transporte electrónico mitocondrial, la letra A se refiere a la presencia de un centro 2Fe-2S

652. La NADH deshidrogenasa...

a. es la primera enzima (complejo I) de la cadena de transporte electrónico mitocondrial

b. es la segunda enzima (complejo II) de la cadena de transporte electrónico mitocondrial

c. es la tercera enzima (complejo III) de la cadena de transporte electrónico mitocondrial

d. es la cuarta enzima (complejo IV) de la cadena de transporte electrónico mitocondrial

e. es la quinta enzima (complejo V) de la cadena de transporte electrónico mitocondrial

Otras reacciones del oxígeno en el cuerpo

653. Empleamos el término oxidasa para denominar a las enzimas que...

a. ...catalizan la oxidación de un sustrato mediante la adición de alguno de los átomos de oxígeno del O_2 al producto
b. ...catalizan la oxidación de un sustrato sin incorporar ninguno de los átomos de oxígeno del O_2 al producto
c. ...catalizan la oxidación de un sustrato mediante la reducción de la coenzima FAD
d. ...catalizan la oxidación de un sustrato mediante la reducción de la coenzima NADH
e. ...catalizan la oxidación de un sustrato generando H_2O_2

654. Una enzima que cataliza reacciones que responden a una ecuación genérica como se muestra a continuación...

$$A\text{-}H + BH_2 + O=O \rightarrow A\text{-}OH + B + H_2O$$

...¿qué nombre reciben?

a. oxidasas
b. hidratasas
c. monooxigenasas
d. peroxidasasa
e. dioxigenasas

655. Empleamos el término oxigenasa para denominar a las enzimas que...

a. ...catalizan la oxidación de un sustrato mediante la adición de alguno de los átomos de oxígeno del O_2 al producto
b. ...catalizan la oxidación de un sustrato sin incorporar ninguno de los átomos de oxígeno del O_2 al producto
c. ...catalizan la oxidación de un sustrato mediante la reducción de la coenzima FAD
d. ...catalizan la oxidación de un sustrato mediante la reducción de la coenzima NADH
e. ...catalizan la oxidación de un sustrato generando H_2O_2

656. Los citocromos P450 comparten una característica estructural común ¿cuál es?

a. ...seis hélices-α rodean al grupo hemo
b. ...las dos posiciones del grupo hemo no unidas a la porfirina están ocupadas por residuos de aspartato, que se retiran en presencia de O_2 o monóxido de carbono, para permitir la coordinación de estos gases
c. ...una de las posiciones de coordinación del grupo hemo tiene unido constitutivamente un átomo de cobre ionizado (Cu^{2+}), lo que genera que estas proteínas absorban intensamente la luz a 450 nm
d. ...una de las seis posiciones de coordinación del grupo hemo está ocupada por un ión tiolato de una cisteína
e. ...presenta 4 residuos de hidroxiprolina uniendo covalentemente el grupo hemo

657. La enzima superóxido dismutasa cataliza la siguiente reacción:

a. $4\ OH\cdot \rightarrow 2\ H_2O + O_2$
b. $O_2\cdot^- + OH\cdot + H^+ \rightarrow H_2O + O_2$
c. $O_2\cdot^- + H_2O_2\cdot^- + 2\ H^+ \rightarrow 2\ H_2O + O_2$
d. $2\ O_2\cdot^- \rightarrow 2\ O_2$
e. $2\ O_2\cdot^- + 2\ H^+ \rightarrow H_2O_2 + O_2$

658. ¿Cuál de las siguientes afirmaciones sobre los citocromos P450 es FALSA?

a. Añaden a cada uno de sus sustratos los dos átomos de oxígeno de la molécula de O_2
b. Una de las seis posiciones de coordinación del grupo hemo está ocupada por un ión tiolato de una cisteína
c. Se encuentran, por lo general, en el retículo endoplasmático de células eucariotas y no en las mitocondrias
d. Intervienen en la hidroxilación de numerosos compuestos, como por ejemplo, los intermediarios de la biosíntesis de hormonas esteroideas
e. El grupo hemo de estas proteínas, cuando está en forma reducida y unido a monóxido de carbono, absorbe intensamente la luz visible de 450 nm de longitud de onda

659. ¿De dónde vienen los átomos de oxígeno presentes en los grupos hidroxilos añadidos a los sustratos del citocromo P450?

a. Del O_2
b. Del H_2O
c. Del H_2O_2
d. Del monóxido de carbono
e. De óxidos de hierro solubles (FeO, Fe_2O)

215

660. ¿Cuál es el donador habitual de electrones en las reacciones del citocromo P450?

a. El ión tiolato de la cisteína coordinada con el grupo hemo
b. El NADH + H$^+$
c. El FADH$_2$
d. El NADPH + H$^+$
e. El hierro unido al grupo hemo (Fe^{2+})

661. La hidroxilación de sustratos mediante el citocromo P450 conlleva la fragmentación de una molécula de O$_2$ en dos átomos de oxígeno. Uno de ellos pasará a formar parte del grupo hidroxilo añadido al sustrato ¿Dónde va a parar habitualmente el otro?

a. Es retenido por el citocromo P450 y se incorpora a otro sustrato, formando un nuevo grupo hidroxilo
b. A una molécula de CO$_2$
c. A una molécula de H$_2$O$_2$
d. A una variada serie de especies de oxígeno reactivas
e. A una molécula de H$_2$O

662. Los intercambios de electrones entre los transportadores de un electrón y los transportadores de dos no son eficientes al 100 %, por ello, se generan con frecuencia especies que contienen oxígeno reducido de forma incompleta (número de oxidación mayor que -2) y son más reactivas que el O$_2$, por lo que se conocen con el nombre de especies de oxígeno reactivas (ROS) ¿Cuáles de las siguientes especies se incluyen en esta categoría?

a. el peróxido de hidrógeno (H$_2$O$_2$)
b. el ión superóxido (O$_2$.$^-$)
c. el radical hidroxilo (OH ·)
d. b y c son correctas
e. todas son correctas

663. El radical hidroxilo daña las membranas biológicas mediante una conocida reacción en cadena. ¿De qué se trata?

a. La formación de aldehídos volátiles a partir de los fosfolípidos de membrana
b. la formación de radicales peróxido de los ácidos grasos
c. la hidrólisis de los fosfolípidos de membrana y su insolubilización
d. la oxidación del grupo hidroxilo terminal de las moléculas de colesterol
e. la saponificación de los lípidos complejos de membrana

664. Una de las formas de acción patológica de los radicales hidroxilo es la generación de bases modificadas de los ácidos nucleicos, como la 8-oxoguanina, la isoguanina,... ¿Por qué estas modificaciones, que cambian grupos químicos que no participan directamente en las uniones Watson Crick, son mutágenas?

a. Porque debilitan el esqueleto azúcar-fosfato del ADN y se rompe
b. Porque las modificaciones químicas cambian las preferencias tautoméricas y la fidelidad de las bases a los tautómeros amino-oxo, posibilitando apareamientos alternativos a los Watson Crick que pueden originar transversiones o transiciones.
c. Porque se alteran los dipolos de las bases y las interacciones de apilamiento, que son las que marcan la preferencia selectiva de los apareamientos Watson Crick, quedan modificadas.
d. Porque la flexibilidad del enlace azúcar-base queda muy modificada, permitiendo que predominen conformaciones de los nucleótidos que permiten apareamientos alternativos.
e. Porque las bases se hacen mucho más solubles y la despolimerización del ADN es más favorable desde un punto de vista termodinámico

665. El radical superóxido ($O_2 \cdot {}^{-}$) no es en sí mismo tóxico sino que adquiere su capacidad tóxica al combinarse con otro radical libre que se produce con mucha frecuencia en numerosos tejidos animales, se trata de..

a. el óxido nítrico (NO·)
b. el radical hidroxilo (OH·)
c. el radical metilo ($CH_3 \cdot$)
d. el peróxido de hidrógeno (H_2O_2)
e. el radical cianuro (CN·)

666. La combinación del ión superóxido ($O_2 \cdot {}^{-}$) con óxido nítrico (NO·) produce una especie de oxígeno reactiva llamada peroxinitrito (OONO⁻) que produce peroxidación lipídica y tiene un importante efecto dañino sobre las proteínas de membrana. ¿Cuál es este efecto?

a. la oxidación de todos los puentes disulfuro y la consiguiente desnaturalización
b. la reducción de los grupos carbonilo, provocando la rotura de numerosos enlaces peptídicos
c. la nitración de los grupos hidroxilo de las tirosinas
d. la reducción de los heterociclos, evitando numerosas interacciones de apilamiento existentes entre aminoácidos aromáticos, con la consiguiente desnaturalización
e. la protonación de los aminoácidos con carga negativa, modificando drásticamente la red de interacciones de unas proteínas con otras

667. Existen numerosas sustancias no proteicas que actúan de antioxidantes en el cuerpo humano. ¿Cuáles de las siguientes lo son?
A. glutatión
B. vitamina C (ácido ascórbico)
C. vitamina E (α-tocoferol)
D. ácido úrico
    a. todas
    b. sólo A, B y C
    c. sólo A
    d. sólo A y C
    e. sólo A y B

668. Entre las siguientes sustancias antioxidantes hay una que actúa de forma mayoritaria en el citoplasma de las células eucariotas, donde además es mucho más abundante que en el exterior celular, ¿de qué sustancia se trata?
    a. glutatión
    b. vitamina C (ácido ascórbico)
    c. vitamina E (α-tocoferol)
    d. ácido úrico
    e. β-caroteno

669. Entre las siguientes sustancias antioxidantes hay una que actúa de forma mayoritaria en el medio extracelular, donde además es mucho más abundante que en el citoplasma de las células eucariotas, ¿de qué sustancia se trata?
    a. glutatión
    b. vitamina C (ácido ascórbico)
    c. vitamina E (α-tocoferol)
    d. ácido úrico
    e. β-caroteno

670. Entre las siguientes sustancias antioxidantes hay una que actúa cuyo papel principal es el de unirse al peroxinitrito e inactivarlo, ¿de qué sustancia se trata?
    a. glutatión
    b. vitamina C (ácido ascórbico)
    c. vitamina E (α-tocoferol)
    d. ácido úrico
    e. β-caroteno

671. Entre las siguientes sustancias antioxidantes hay una que actúa cuyo papel principal es el de unirse a las membranas biológicas y evitar el fenómeno de peroxidación lipídica, ¿de qué sustancia se trata?
    a. glutatión
    b. vitamina C (ácido ascórbico)
    c. vitamina E (α-tocoferol)
    d. ácido úrico
    e. b y c

Metabolismo del glucógeno y su regulación

672. El glucógeno de un hepatocito se almacena en forma de rosetas...

a. en la fracción soluble del citoplasma
b. en los glicosomas
c. en los glioxisomas
d. en el interior del retículo endoplasmatico liso
e. en endosomas diversos

673. La glucógeno fosforilasa libera glucosa-1-fosfato ¿Cuántos átomos de oxígeno tiene este monosacárido?

a. 5
b. 6
c. 7
d. 8
e. 9

674. El glucógeno, en el ser humano, constituye...

a. el ~2% de la masa muscular y el ~10% de la masa hepática
b. el ~10% de la masa muscular y el ~10% de la masa hepática
c. el ~25% de la masa muscular y el ~10% de la masa hepática
d. el ~25% de la masa muscular y el ~50% de la masa hepática
e. el ~10% de la masa muscular y el ~50% de la masa hepática

675. La enzima desramificante tiene una actividad enzimática de tipo transferasa que permite mover un grupo de ____ residuos de glucosa desde las cercanías de un extremo α-1$\rightarrow$6 hasta un extremo α-1$\rightarrow$4 ¿De cuántos residuos se trata?

a. 2
b. 3
c. 4
d. 5
e. 6

676. La glucógeno sintasa no puede iniciar la síntesis de glucógeno desde cero, necesita una especie de 'primer', un pequeño polímero de glucosas, sobre el que añadir más glucosas. ¿Cuántas glucosas ha de tener como mínimo este primer?

a. 2
b. 4
c. 8
d. 16
e. 32

677. La glucógeno sintasa no puede iniciar la síntesis de glucógeno desde cero, necesita una especie de 'primer', un pequeño polímero de glucosas, sobre el que añadir más glucosas. ¿Qué proteína cataliza la formación y conservación de este 'primer' de glucosas?

a. transglucosilasa
b. UDP-glucosa polimerasa
c. glucogenina
d. enzima ramificante
e. fosfoglucopolimerasa

678. En el hígado, la glucosa-6-fosfato es transformada a glucosa para ser liberada al torrente sanguíneo. Esta reacción la cataliza la glucosa-6-fosfatasa. ¿En qué zona de la célula se encuentra esta enzima mayoritariamente?

a. en la fracción soluble del citoplasma
b. en el núcleo
c. en las mitocondrias
d. en el interior del retículo endoplasmático
e. unida a las rosetas de glucógeno

679. ¿Cuál(es) de las siguientes afirmaciones es(son) falsa(s)?

a. la glucógeno sintasa cuanto más fosforilada está, más activa es
b. la glucógeno fosforilasa cuanto más fosforilada está, más inactiva es
c. la glucógeno sintasa cuanto más fosforilada está, más inactiva es
d. la glucógeno fosforilasa cuanto más fosforilada está, más activa es
e. a y b

680. La insulina...

a. aumenta la captación de glucosa por los miocitos y los adipocitos, al provocar la migración del receptor GLUT4 de estas células a la membrana
b. estimula la glucogenogénesis en músculo e hígado
c. inhibe la glucogenogénesis en músculo e hígado
d. a y b
e. a y c

681. El sustrato de la glucogenina es ...

a. la insulina
b. el glucagón
c. la adrenalina
d. la UDP-glucosa
e. el AMP_c

Gluconeogénesis

682. ¿Cuál de los siguientes rangos de concentración de glucosa en sangre humana podría considerarse un valor normal no indicativo de problemas en la glucemia?

 a. 10-30 mg/dl
 b. 80-100 mg/dl
 c. 140-160 mg/dl
 d. 190-210 mg/dl
 e. 240-260 mg/ml

683. Durante el ejercicio físico intenso, se movilizan las reservas musculares de glucógeno. La glucosa se oxida rápidamente de forma anaerobia produciéndose un exceso de lactato, que es enviado a la circulación sanguínea. ¿Cuál es el destino más importante de este lactato, en términos cuantitativos?

 a. vuelve a ser captado por el músculo, transformado en glucosa y queda a la espera de poder ser oxidado por vía glucolítica, ciclo de Krebs y cadena respiratoria, en el momento en que la oxidación aerobia sea posible
 b. va al hígado, se transforma en piruvato, y luego en glucosa, que es vertida a sangre y captada por el músculo para reponer las reservas de glucógeno
 c. va al hígado, donde se introduce en el ciclo de Krebs y genera poder reductor en forma de NADH
 d. va al riñón, se transforma en piruvato, de ahí en alanina o glutamina, mediante transaminasas específicas, y se emplea en biosíntesis de aminoácidos a nivel renal
 e. va al cerebro, donde se transforma en cuerpos cetónicos y es oxidado

684. La degradación de algunos aminoácidos y de los ácidos grasos con un número impar de carbonos genera unos precursores gluconeogénicos ¿de qué moléculas se trata?

 a. lactato
 b. propionilCoA
 c. acetato
 d. acetilCoA
 e. cuerpos cetónicos

685. ¿Cuál de las siguientes afirmaciones concuerda más con los valores de consumo de glucosa de una persona sana?

a. El cerebro consume a diario una cantidad de glucosa normalmente inferior al 10% de lo consumido por todo el organismo

b. El cerebro consume ~10 Kg de glucosa al día, lo cual es mucho en relación con los ~12 Kg consumidos al día por todo el organismo, incluido el cerebro

c. El cerebro consume ~15000 mg de glucosa al día, lo cual es mucho en relación con los ~20000 mg consumidos al día por todo el organismo, incluido el cerebro

d. El cerebro consume ~120 g de glucosa al día, lo cual es mucho en relación con los ~160 g consumidos al día por todo el organismo, incluido el cerebro

e. El cerebro humano consume a diario aproximadamente su peso en glucosa (~1,3 Kg), mientras que el resto del cuerpo cubre sus necesidades con sólo 500 g adicionales

686. El catabolismo de las grasas puede generar glucosa de forma neta. ¿Qué productos de este catabolismo permiten un flujo neto de síntesis de glucosa?

a. el propionilCoA procedente de la β-oxidación de ácidos grasos con número impar de carbonos

b. el glicerol

c. el acetilCoA procedente de la β-oxidación

d. a y b

e. todas las anteriores

687. En una persona adulta promedio, ¿cuánta glucosa puede haber disponible para un uso rápido si contamos la glucosa presente en forma soluble en los fluidos corporales y la procedente por degradación rápida de las reservas de glucógeno? Se excluye la fabricación de glucosa de novo mediante gluconeogénesis.

a. 200 g

b. 2,5 Kg

c. 5 g

d. 20 Kg

e. 800 g

688. Las reservas de glucosa en el cuerpo (contando la glucosa soluble y el glucógeno) ascienden a una cantidad X. El consumo diario promedio de glucosa del cuerpo asciende a una cantidad Y. Si una persona en ayunas no realizara gluconeogénesis para reponer las reservas de glucosa gastadas. ¿Cuánto tiempo tardaría en agotar dichas reservas?

    a. 1 día
    b. 3-4 días
    c. 1 semana
    d. 1 mes
    e. 1 año

689. ¿Por qué puede resultar contraproducente la práctica de dar whisky a personas que se están recuperando de condiciones de frío y humedad?

    a. porque el etanol activa la gluconeogénesis, y pueden producirse acumulaciones de glucosa en forma de cristales a nivel del sistema nervioso

    b. porque el etanol, al oxidarse en el hígado por la alcohol deshidrogenasa, desequilibra el cociente [NADH]/[NAD$^+$], generando de forma indirecta por ello hipoglucemia, que afecta a los centros nerviosos de control de la temperatura, pudiendo provocar un enfriamiento del cuerpo

    c. porque la degradación del etanol en diversos tejidos, principalmente en hígado, genera un exceso de NAD$^+$, que estimula la vía glucolítica, frenando la gluconeogénesis. Ello genera de forma indirecta hipoglucemia, que afecta a los centros nerviosos de control de la temperatura, pudiendo provocar un enfriamiento del cuerpo

    d. porque los hepatocitos carboxilan una cierta proporción de etanol, convirtiéndolo en propanol, que acaba formando propionilCoA en algunas zonas del bulbo raquídeo responsables del control térmico. Este propionilCoA, al incorporarse a gluconeogénesis, genera una hiperglucemia transitoria que se ha visto que disminuye la cantidad de señales emitidas por estos centros nerviosos, produciendo generalmente un enfriamiento corporal

    e. porque el calor específico del etanol es menor que el del agua, dificultando por ello la capacidad de retención de calor de la sangre y otros fluidos del cuerpo

690. De la siguiente lista de compuestos ¿cuáles son frecuentemente empleados como sustratos de gluconeogénesis?
A. AcetilCoA en tejidos en los que funcione el ciclo del glioxilato
B. CO$_2$ producto de la piruvato deshidrogenasa y el ciclo de Krebs
C. Lactato procedente de la glucólisis
D. Glicerol procedente de hidrólisis de las grasas
E. Aminoácidos procedentes de la dieta o degradación proteica
F. Propionato producto de algunas degradaciones de ácidos grasos

a. Todos
b. Todos menos B y D
c. Todos menos B
d. Todos menos D y F
e. Todos menos A

691. ¿En qué compartimento(s) celular(es) tiene lugar la gluconeogénesis?

a. Mitocondria
b. Retículo endoplasmático
c. Mitocondria y glioxisomas
d. Mitocondria y peroxisomas
e. Citosol

692. El principal órgano gluconeogénico del cuerpo humano es _____. En segundo lugar encontramos _____.

a. Bazo / médula ósea roja
b. Hígado / Corteza renal
c. Hígado / Músculo esquelético
d. Músculo esquelético / Hígado
e. Sangre / Riñones

693. Los ácidos grasos que son degradados hasta acetilCoA pueden continuar esta ruta hacia la síntesis de glucosa ¿qué requisito es necesario para ello?

a. Que el acetilCoA pueda acceder como sustrato al ciclo del glioxilato

b. Que el acetilCoA entre en el ciclo de Krebs, se transforme en CO_2 y, mediante el ciclo de Calvin, se fabrique glucosa

c. Que el acetilCoA se transforme en piruvato por la piruvato deshidrogenasa y se inicie la vía gluconeogénica

d. Que el acetilCoA se transforme en glucosa mediante la acetato polimerasa

e. Que el acetilCoA se transforme en succinilCoA mediante una transferasa específica y, siguiendo el ciclo de Cori, acabe transformado en un sustrato gluconeogénico de 3 o 4 carbonos

694. En muchos rumiantes, la degradación de la celulosa produce grandes cantidades de glucosa que sufren cierto grado de fermentación antes de ser absorbidas. Ello genera propionato y lactato en grandes cantidades. Estos compuestos se incorporan a la gluconeogénesis. ¿Cómo lo hace el propionato?

a. directamente se deshidrogena a piruvato

b. se carboxila para dar lugar a malato que, mediante algunas etapas del ciclo de Krebs, da oxalacetato

c. se transforma en propionilCoA. A éste se le añade un CO_2 dando metilmalonilCoA. Éste isomeriza para formar succinilCoA que, mediante algunas etapas del ciclo de Krebs, da oxalacetato

d. se reduce a glicerol, transformándose posteriormente en dihidroxiacetona fosfato

e. se transforma en acetato, de ahí a acetilCoA que, mediante algunas etapas del ciclo de Krebs, da oxalacetato

695. ¿Cuál de los siguientes pasos NO forma parte de la gluconeogénesis?

a. paso de piruvato a lactato

b. paso de piruvato a fosfoenolpiruvato

c. paso de glucosa-6-P a glucosa

d. paso de fructosa-1,6-bisP a fructosa-6-P

e. paso de oxalacetato a fosfoenolpiruvato

696. La degradación de algunos aminoácidos y de los ácidos grasos con un número impar de carbonos genera residuos de propionilCoA que se incorpora a la gluconeogénesis ¿cómo se incorpora?

a. se convierte en lactato, de ahí a piruvato y a fosfoenolpiruvato

b. se convierte en acetilCoA y de ahí a oxalacetato

c. se convierte en succinilCoA y de ahí a oxalacetato

d. se oxida a propionato, de ahí a piruvato y a fosfoenolpiruvato

e. se oxida a glicerol-3-fosfato y de ahí a dihidroxiacetona fosfato

697. Una enzima muy importante en la gluconeogénesis es la piruvato carboxilasa. ¿Qué reacción cataliza?

a. Piruvato + CO_2 + H_2O + ADP + P_i $\rightarrow$ oxalacetato + ATP + 2 H^+

b. Piruvato + 3 CO_2 + 3 H_2O + 3 ATP $\rightarrow$ fructosa-1,6-bisP + 3 ADP + 3 P_i + 6 H^+

c. Piruvato + H_2O + ADP + P_i $\rightarrow$ acetato + CO_2+ ATP

d. Piruvato + CO_2 + H_2O + ATP $\rightarrow$ oxalacetato + ADP + P_i + 2 H^+

e. Piruvato + CO_2 $\rightarrow$ malato

698. La piruvato carboxilasa genera oxalacetato a partir de piruvato en el interior de la mitocondria. Para que este oxalacetato pueda seguir la ruta gluconeogénica es necesario que salga de la mitocondria al citosol ¿Cómo lo hace?

a. Mediante un transportador específico de oxalacetato, en un transporte antiporte con sodio.

b. Transformándose previamente a succinilCoA, que sale mediante la acilCoA translocasa, y volviéndose a oxidar a oxalacetato en tres pasos en el citosol, mediante la succicilCoA deshidrogenasa, una aromatasa y la malato deshidrogenasa.

c. Mediante un transportador específico de oxalacetato, en un transporte simporte con sodio.

d. Reduciéndose a malato mediante la malato deshidrogenasa mitocondrial. Saliendo de la mitocondria por el transportador de malato, en un transporte antiporte con ortofosfato, y oxidándose a oxalacetato por una malato deshidrogenasa citosólica.

e. Mediante un transportador específico de oxalacetato, en un transporte antiporte con calcio.

699. Cuando el oxalacetato generado por la piruvato carboxilasa llega al citosol, la enzima fosfoenolpiruvato carboxiquinasa (PEPCK) continúa la ruta gluconeogénica transformándolo en fosfoenolpiruvato. Para ello necesita fosforilarlo. ¿Qué nucleótido trifosfato emplea?

a. ATP
b. CTP
c. GTP
d. TTP
e. UTP

700. Cuando el oxalacetato generado por la piruvato carboxilasa llega al citosol, la enzima fosfoenolpiruvato carboxiquinasa (PEPCK) continúa la ruta gluconeogénica transformándolo en fosfoenolpiruvato. En esta reacción se libera un gas ¿cuál es?

a. O_2
b. CO_2
c. N_2
d. H_2
e. CO

701. ¿Cuál es el precursor gluconeogénico de mayor importancia en el cuerpo humano, en términos cuantitativos?

a. glicerol
b. alanina
c. lactato
d. propionilCoA
e. glicina

702. Partiendo de piruvato hasta llegar a glucosa, la gluconeogénesis transcurre por una serie de etapas sucesivas. Algunas de ellas están catalizadas por enzimas que pueden funcionar de forma reversible en la vía glucolítica. Otras, en cambio, no emplean enzimas glucolíticas, y permiten evitar pasos de la glucólisis que son irreversibles. ¿Cuáles de las siguientes reacciones de la gluconeogénesis pertenecen a este segundo grupo?

A   Piruvato + CO_2 + ATP + H_2O → oxalacetato + ADP + P_i + 2 H^+

B   Oxalacetato + GTP → fosfoenolpiruvato + CO_2 + GDP

C   Fosfoenolpiruvato + H_2O → 2-fosfoglicerato

D   2-fosfoglicerato → 3-fosfoglicerato

E   3-fosfoglicerato + ATP → 1,3-bisfosfoglicerato + ADP

F   1,3-bisfosfoglicerato + NADH + H^+ → gliceraldehído-3-fosfato + NAD^+ + P_i

G   Gliceraldehído-3-fosfato → dihidroxiacetona fosfato

H   Gliceraldehído-3-fosfato + dihidroxiacetona fosfato → fructosa-1,6-bisfosfato

I   Fructosa-1,6-bisfosfato + H_2O → fructosa-6-fosfato + P_i

J   Fructosa-6-fosfato → glucosa-6-fosfato

K   Glucosa-6-fosfato + H_2O → glucosa + P_i

a. C, E, J, K
b. A, B, E, K
c. A, C, E, I
d. A, B, I, K
e. B, C, E, I

703. Los diferentes sustratos de la gluconeogénesis entran en la ruta a diferentes niveles. En el siguiente esquema, ¿a qué letra corresponde cada uno de los siguientes compuestos? (lactato, alanina, glicerol, propionilCoA)

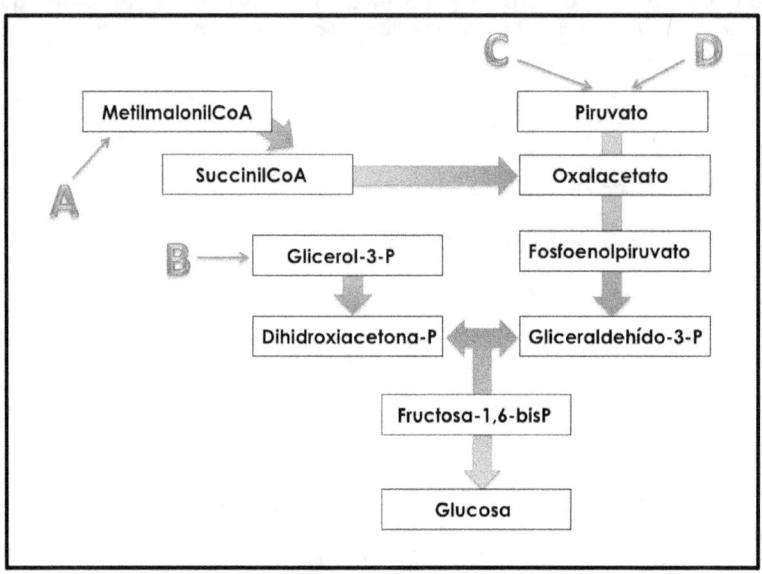

a. A=glicerol / B=lactato / C=propionilCoA / D= alanina
b. A=propionilCoA / B=lactato / C=glicerol / D= alanina
c. A=alanina / B=glicerol / C=propionilCoA / D= lactato
d. A=propionilCoA / B=glicerol / C=lactato / D= alanina
e. A=lactato / B=glicerol / C=propionilCoA / D= alanina

704. ¿Cuál de los siguientes compuestos es un activador de la gluconeogénesis?

a. fructosa-2,6-bisP
b. AMP
c. acetilCoA
d. b y c
e. todas son correctas

705. Durante el ejercicio físico intenso, se movilizan las reservas musculares de glucógeno. La glucosa se oxida rápidamente de forma anaerobia produciéndose un exceso de lactato, que es enviado a la circulación sanguínea. El destino de este lactato cierra un ciclo metabólico descrito por Carl y Gerti Cori en 1929, denominado ciclo de Cori. ¿Cuál es este destino del lactato?

a. va al cerebro, donde se transforma en cuerpos cetónicos, que son metabolizados, actúan como neurotransmisores y, tras cierto tiempo (pocos días) se metabolizan a piruvato, de ahí a glucosa, que vuelve al músculo para ser oxidada o guardada en forma de glucógeno.

b. vuelve a ser captado por el músculo, transformado en glucosa y queda a la espera de poder ser oxidado por vía glucolítica, ciclo de Krebs y cadena respiratoria, en el momento en que la oxidación aerobia sea posible

c. va al hígado, se transforma en piruvato, y luego en glucosa, que es vertida a sangre y captada por el músculo para reponer las reservas de glucógeno

d. va al hígado, donde se introduce en el ciclo de Krebs y genera poder reductor en forma de NADH

e. va al riñón, se transforma en piruvato, de ahí en alanina o glutamina, mediante transaminasas específicas, y se emplea en biosíntesis de aminoácidos a nivel renal

706. En muchos rumiantes, la degradación de la celulosa produce grandes cantidades de glucosa que sufren cierto grado de fermentación antes de ser absorbidas. Ello genera propionato y lactato en grandes cantidades. Estos compuestos se incorporan a la gluconeogénesis. ¿Cómo lo hace el lactato?

a. directamente se deshidrogena a piruvato

b. se transforma en acetilCoA y, mediante ciclo de Krebs, da lugar a piruvato

c. se fosforila dando lugar a fosfoenolpiruvato

d. se reduce formando glicerol, que se transforma en dihidroxiacetona fosfato

e. se carboxila dando lugar a oxalacetato

707. La glutamina se degrada en la corteza renal, mediante la siguiente reacción...

$$\text{Glutamina} + H_2O \rightarrow \text{glutamato} + NH_3$$

... produciendo amoniaco, que permite regular el pH de la orina. El glutamato producido puede ser sustrato gluconeogénico en esas mismas células. ¿Cómo entra en gluconeogénesis ese compuesto?

a. mediante la glutamato deshidrogenasa, se transforma en lactato y amoniaco, generando poder reductor (NADH)

b. se transforma en α-cetoglutarato, generando amoniaco y poder reductor (NADH). El α-cetoglutarato se transforma en oxalacetato por el ciclo de Krebs

c. se transforma en α-cetoglutarato, generando amoniaco y consumiendo ATP. El α-cetoglutarato se transforma en oxalacetato por el ciclo de Krebs

d. se transforma en succinilCoA, que se transforma en oxalacetato por el ciclo de Krebs

e. se descarboxila formando piruvato, que por la PEPCK citosólica se transforma en fosfoenolpiruvato

Biosíntesis de otros glúcidos

708. En la síntesis de lactosa en glándulas mamarias de mamífero, participan, entre otras, las siguientes moléculas...

a. ATP, UTP, β-D-galactosa, β-D-glucosa y β-D-galactosa-1-P
b. UTP, UDP-galactosa, β-D-glucosa y β-D-galactosa-1-P
c. ATP, β-D-glucosa y β-D-glucosa-1-P
d. a y b son ciertas
e. a y c son ciertas

709. La penicilina...

a. actúa inhibiendo la gluconeogénesis en las bacterias a nivel de la fosfofructukinasa-II (PFK2)
b. actúa inhibiendo el ensamblaje de las piezas que dan lugar a la estructura del peptidoglicano en la pared de las bacterias
c. actúa degradando los enlaces O-glucosídicos entre la N-acetil glucosamina y el ácido N-acetil murámico de la pared bacteriana, degradando así la estructura del peptidoglicano
d. inhibe la enzima responsable del anclaje de los ácidos lipoteicoicos a la membrana bacteriana
e. actúa inhibiendo la bomba de Na^+/K^+ de la pared bacteriana, evitando la obtención de ATP mediante gradiente electrostático

710. La glucosamina-6-fosfato es un aminoazúcar precursor de la mayoría de aminoazúcares del cuerpo. ¿A partir de qué precursores se genera él?

a. fructosa-6-P y glutamina
b. glucosa y amoniaco
c. glucosa-6-P y amoniaco
d. glucosa-6-fosfato y asparagina
e. glucosa-1-fosfato y amoniaco

711. El ácido siálico (ácido N-acetil murámico) se genera en una serie de reacciones en cadena a partir de la UDP-N-acetilglucosamina. En global, en todo este conjunto de reacciones hay dos compuestos fosforilados ricos en energía que aportan energía química en algunos pasos. Se trata de...
a. el ATP y el GTP
b. el ATP y el PEP
c. el ATP y la creatinina-P
d. el ATP y la fructosa-6-P
e. el ATP y la glucosa-6-P

712. Las proteínas pueden sufrir N-glicosilación en algunos residuos. ¿Cuál es la forma más común?

a. Un residuo de N-acetilglucosamina unido al nitrógeno amida de cualquier enlace peptídico
b. Un residuo de N-acetilglucosamina unido al nitrógeno amina de una lisina
c. Un residuo de N-acetilglucosamina unido al nitrógeno amida de una glutamina
d. Un residuo de N-acetilglucosamina unido al nitrógeno amida de una asparagina
e. Un residuo de N-acetilglucosamina unido al nitrógeno amina de una arginina

713. Las proteínas pueden sufrir O-glucosilación en algunos residuos. ¿Cuál es la forma más común?

a. Un residuo de N-acetilgalactosamina unido a un residuo de valina o histidina
b. Un residuo de N-acetilgalactosamina unido a un residuo de triptófano o tirosina
c. Un residuo de N-acetilgalactosamina unido a un residuo de alanina o glutamina
d. Un residuo de N-acetilgalactosamina unido a un residuo de glicina o alanina
e. Un residuo de N-acetilgalactosamina unido a un residuo de serina o treonina

714. La base molecular de los diferentes grupos sanguíneos del sistema AB0 estriba en la naturaleza de unos pentasacáridos unidos a las proteínas de superficie de los eritrocitos. ¿Cuál es la diferencia entre el antígeno A y el B?

a. una galactosa del A desaparece en el B
b. una galactosa del A está sustituída por una glucosa en el B
c. un ácido siálico del A cambia por una N-acetilgalactosamina en el B
d. una N-acetilgalactosamina del A está sustituída por una galactosa en el B
e. una fructosa del A está sustituída por una glucosa en el B

715. La base molecular de los diferentes grupos sanguíneos del sistema AB0 estriba en la naturaleza de unos oligosacáridos unidos a las proteínas de superficie de los eritrocitos. ¿Cuál de las siguientes afirmaciones referente a estos oligosacáridos es CIERTA?

a. se trata de O-glicosilaciones en las que intervienen los siguientes azúcares: fucosa, galactosa, N-acetilgalactosamina y ácido siálico
b. se trata de O-glicosilaciones en las que intervienen los siguientes azúcares: glucosa y galactosa
c. se trata de N-glicosilaciones en las que intervienen los siguientes azúcares: N-acetilgalactosamina y ácido siálico
d. se trata de N-glicosilaciones en las que intervienen los siguientes azúcares: N-acetilgalactosamina, N-acetilglucosamina, glucosa y ácido siálico
e. se trata de O-glicosilaciones en las que intervienen los siguientes azúcares: fucosa, fructosa y ácido siálico

716. En la biosíntesis de los antígenos sanguíneos del grupo ABO, una serie de monosacáridos (concretamente N-acetilgalactosamina, ácido siálico, galactosa y fucosa) se añaden a una proteína de la superficie de los eritrocitos, constituyendo un tetrasacárido sobre el que puede añadirse un monosacárido final. En este contexto, ¿cuál de las siguientes afirmaciones es CIERTA?

    a. en las personas del grupo O, no se añade ningún monosacárido más. Quedan las proteinas únicamente con este tetrasacárido

    b. en las personas del grupo A, una glucosiltransferasa que emplea como sustrato UDP-N-acetilgalactosamina lo añade formando un pentasacárido

    c. en las personas del grupo B, una galactosiltransferasa que emplea UDP-galactosa como sustrato lo añade formando un pentasacárido

    d. b y c son ciertas

    e. todas son ciertas

717. La síntesis de los oligosacáridos unidos a proteínas mediante nitrógeno es muy diferente de la de los unidos mediante oxígeno. ¿Cuál de las siguientes afirmaciones, relacionadas con los oligosacáridos ligados por N, es CIERTA?

    a. primero polimeriza el oligosacárido sin ningún soporte y luego se añade a la proteina

    b. el oligosacárido polimeriza sobre una base mineral y, posteriormente, se añade a la proteina

    c. el ensamblaje del oligosacárido se produce sobre un intermediario ligado a lípidos

    d. el ensamblaje del oligosacárido se produce directamente sobre la proteína

    e. se une directamente un monosacárido a un residuo de asparagina, a este monosacárido se le van añadiendo en cadena otros residuos, principalmente manosa, para formar cadenas más largas

718. La gran mayoría de oligosacáridos conocidos ligados por N a proteínas tienen una estructura común ¿cuál es?

    a. se estructuran a partir de una N-acetilgalactosamina unida a una asparagina de la proteina

    b. se estructuran en torno a un dímero de N-acetilglucosamina y manosa unido a un residuo de asparagina de la proteina

    c. se estructuran en torno a un trímero de dos manosas y una glucosa, unido a un residuo de asparagina de la proteina

    d. se estructuran a partir de un tetrámero de dos N-acetilglucosaminas y dos galactosas, unido a un residuo asparagina de la proteina

    e. se estructuran a partir de un pentasacárido con tres manosas y dos N-acetilglucosaminas, unido a un residuo de asparagina de la proteina

719. La síntesis de los oligosacáridos unidos a proteínas mediante nitrógeno es muy diferente de la de los unidos mediante oxígeno. ¿Cuál de las siguientes afirmaciones, relacionadas con los oligosacáridos ligados por N, es CIERTA?

    a. el oligosacárido polimeriza sobre una molécula de esteroide y, posteriormente, se añade a la proteina

    b. el oligosacárido polimeriza sobre una molécula de dolicol fosfato y, posteriormente, se añade a la proteina

    c. el oligosacárido polimeriza sobre una molécula de inositol trifosfato y, posteriormente, se añade a la proteina

    d. el oligosacárido polimeriza sobre una molécula de glutatión y, posteriormente, se añade a la proteina

    e. el oligosacárido polimeriza sobre una molécula de ácido pantoténico y, posteriormente, se añade a la proteina

720. La mayoría de oligosacáridos unidos a las proteínas por asparagina (ligados por N) se organizan siguiendo tres patrones estructurales: estructura compleja, híbrida o manosa elevada. Así mismo, se ensamblan uniéndose a un derivado lipídico. ¿Cuál de las siguientes afirmaciones, en este contexto, es FALSA?

    a. El núcleo estructural se ensambla ligado a un lípido isoprenoide llamado dolicol fosfato

    b. La unión con el dolicol involucra normalmente a un residuo de glucosa del oligosacárido

    c. El dolicol se fabrica empleando la misma ruta que produce colesterol y compuestos isoprenoides

    d. El dolicol se fosforila mediante una quinasa que emplea CTP

    e. El dolicol fosfato tiene un solo grupo fosfato en su estructura

721. La mayoría de oligosacáridos unidos a las proteínas por asparagina (ligados por N) se organizan siguiendo tres patrones estructurales: estructura compleja, híbrida o manosa elevada. ¿Cuál de las siguientes afirmaciones, en este contexto, es FALSA?

    a. En la estructura de manosa elevada se añaden casi exclusivamente residuos de manosa al pentasacárido principal

    b. En la estructura compleja se añaden N-acetilglucosamina, ácido siálico, fucosa y galactosa, en diferentes proporciones, al pentasacárido principal

    c. En la estructura híbrida, se añaden N-acetilglucosamina, ácido siálico, fucosa, manosa y galactosa, en diferentes proporciones, al pentasacárido principal

    d. La estructura compleja no suele implicar la adición de residuos de manosa más allá del pentasacárido principal

    e. En la estructura manosa elevada el oligosacárido se une a la asparagina directamente a través de manosa, prescinciendo de los dos residuos de N-acetilglucosamina del pentasacárido principal

722. El primer paso en la adición de fracciones glucídicas a las proteínas (biosíntesis de glucoproteínas) es el ensamblaje de un oligosacárido a un lípido, para ensamblarse posteriormente con la proteína. ¿Dónde ocurre este primer paso?

a. En el aparato de Golgi
b. En el retículo endoplasmático
c. En el núcleo celular
d. En las mitocondrias
e. En el exterior celular

723. El antibiótico tunicamicina inhibe la enzima que cataliza la unión entre el dolicol y la UDP-N-acetilglucosamina. ¿Qué efecto tiene este fármaco sobre la fisiología celular?

a. Bloquea la adición de azúcares ligados por O a las proteínas
b. Bloquea la adición de azúcares ligados por N a las proteínas
c. Inhibe la cadena de transporte electrónico mitocondrial
d. Inhibe la síntesis de glucofosfolípidos de mambrana
e. Bloquea la β-oxidación del dolicol

Metabolismo lipídico

Cuestiones generales

724. ¿Cuántos ATPs produce la oxidación completa del ácido palmítico (16C) mediante β-oxidación seguida de ciclo de Krebs, cadena de transporte electrónico y fosforilación oxidativa?
a. 16
b. 36
c. 38
d. 80
e. 108

725. ¿Cuántos ATPs cuesta activar un ácido graso (transformarlo en acilCoA) para que entre en el proceso de β-oxidación?
a. 0
b. 1
c. 2
d. 3
e. 4

726. ¿Cuántos $FADH_2$ produce la oxidación completa del ácido palmítico (16C) mediante β-oxidación?
a. 1
b. 7
c. 8
d. 15
e. 16

727. ¿Cuántos NADH produce la oxidación completa del ácido palmítico (16C) mediante β-oxidación?
a. 1
b. 7
c. 8
d. 15
e. 16

728. ¿Cuántos AcetilCoA produce la oxidación completa del ácido palmítico (16C) mediante β-oxidación?
a. 2
b. 4
c. 8
d. 16
e. 32

239

Digestión, absorción y transporte de lípidos

729. ¿Cuál de las siguientes lipoproteinas es el principal modo de transporte de colesterol desde los tejidos periféricos hacia el hígado, para su posterior metabolismo o excreción?

a. quilomicrones
b. VLDL
c. IDL
d. LDL
e. HDL

730. La lipasa pancreática...

a. funciona de forma óptima en la interfaz agua-aceite
b. necesita estar unida a la colipasa para funcionar
c. fragmenta los triacilglicéridos generando principalmente 2-monoacilglicéridos y ácidos grasos
d. a y b son correctas
e. todas son correctas

731. Los quilomicrones transportan lípidos mayoritariamente...

a. desde el intestino a los tejidos
b. desde el sistema linfático al hígado
c. desde el tejido adiposo blanco al hígado
d. desde el tejido adiposo marrón al hígado
e. desde el tejido adiposo marrón al tejido adiposo blanco, y viceversa

732. Los quilomicrones son lipoproteínas con aproximadamente la siguientes composición química...

a. triglicéridos (40-50%), fosfolípidos (10-20%), colesterol (10-20%) y proteínas (10-20%)
b. triglicéridos (80-90%), fosfolípidos (5-10%), colesterol (1-3%) y proteínas (1-2%)
c. triglicéridos (40-50%), fosfolípidos (30-40%), colesterol (5-10%) y proteínas (1-2%)
d. triglicéridos (40-50%), fosfolípidos (5-10%), colesterol (30-40%) y proteínas (1-2%)
e. triglicéridos (50-60%), fosfolípidos (10-20%), colesterol (1-2%) y proteínas (10-20%)

733. Los quilomicrones se fabrican mayoritariamente...

a. en el hígado
b. en las células epiteliales del duodeno
c. en los linfocitos B
d. en las células de Langerhans del páncreas
e. en las células de la médula renal

734. ¿Cuál de las siguientes lipoproteinas es el principal modo de transporte de los triacilgliceroles sintetizados en el hígado hasta los tejidos periféricos?

a. quilomicrones
b. VLDL
c. IDL
d. LDL
e. HDL

735. La lipasa pancreática...

a. ... cataliza la hidrólisis de los triacilgliceroles en la posición 3 y 1, generando secuencialmente 1,2-diacilgliceroles y 2-acilgliceroles
b. ... cataliza la hidrólisis de los triacilgliceroles en la posición 2 y 3, generando secuencialmente 1,3-diacilgliceroles y 1-acilgliceroles
c. ... cataliza la hidrólisis de los triacilgliceroles en la posición 1 y 3, generando secuencialmente 2,3-diacilgliceroles y 2-acilgliceroles
d. ... cataliza la hidrólisis de los triacilgliceroles en la posición 3 y 2, generando secuencialmente 1,2-diacilgliceroles y 1-acilgliceroles
e. ... cataliza la hidrólisis de los triacilgliceroles en la posición 2 y 1, generando secuencialmente 1,3-diacilgliceroles y 3-acilgliceroles

736. Las VLDL generadas por el hígado...

a. tienen grasas, colesterol, ésteres de colesterol, apoproteína B100, apoproteína C1 y apoproteína E
b. en su circulación por sangre capta apoproteína C2 de las HDL
c. en su circulación por sangre capta apoproteína E de las HDL
d. a y c son correctas
e. todas son correctas

737. Las emulsiones de las grasas en el intestino...

a. ... están favorecidas por la presencia de sales biliares
b. ... están favorecidas por la acción de la lipasa pancreática que, al hidrolizar los triacilgliceroles, genera moléculas de jabón formadas por un ácido graso y un catión (Na$^+$ o K$^+$)
c. ...favorecen la acción de la lipasa pancreática que, al ser soluble, sólo puede hidrolizar los triacilgliceroles que están en la interfase grasa-agua
d. ...aumentan la superficie de interacción grasa-agua, favoreciendo la acción de las enzimas digestivas
e. Todas las respuestas anteriores son ciertas

738. Para que los triacilgliceroles presentes en los quilomicrones y las VLDL puedan hidrolizarse, se necesita que una proteína de estas partículas active la lipoproteína lipasa. ¿De qué proteína se trata?

a. apoproteína B-100
b. apoproteína C-I
c. apoproteína C-II
d. apoproteína C-III
e. apoproteína D

739. La siguiente tabla recoge el porcentaje del peso seco total correspondiente cada uno de los componentes de una serie de lipoproteínas.

	A	B	C	D	E
Proteínas	15	50	2	23	9
Triacilgliceroles	31	5	85	6	53
Colesterol libre	7	5	3	7	8
Ésteres de colesterol	23	12	4	43	10
Fosfolípidos	22	28	6	21	20

Indica a qué tipo de lipoproteínas corresponden las letras A, B, C y D.

a. A=IDL, B=HDL, C=QM, D=LDL, E=VLDL
b. A=HDL, B=LDL, C=IDL, D=VLDL, E=QM
c. A=QM, B=VLDL, C=IDL, D=LDL, E=HDL
d. A=QM, B=VLDL, C=LDL, D=IDL, E=HDL
e. A=VLDL, B=LDL, C=QM, D=HDL, E=IDL

740. En los capilares de los tejidos periféricos, la lipoproteína lipasa actúa sobre los triacilgliceroles de los quilomicrones y de las VLDL generando ácidos grasos solubles y 2-monoacilgliceroles. Algunos de los ácidos grasos liberados se absorben en las cercanías de la reacción, pero otros son transportados por sangre a lugares más distantes. ¿Cuál es el modo de transporte mayoritario?

    a. asociados a la albúmina sérica
    b. disueltos en el plasma sanguíneo
    c. agregados formando micelas con cationes monovalentes
    d. asociados a ésteres de colesterol, formando grandes agregados insolubles
    e. dentro de los macrófagos, que previamente los fagocitan

741. ¿Cuál de las siguientes proteínas es muy minoritaria, sino inexistente, en los quilomicrones?

    a. apoproteína A-I
    b. apoproteína C-I
    c. apoproteína C-III
    d. apoproteína B-48
    e. apoproteína E

742. El centro activo de la lipasa pancreática contiene una tríada catalítica...

    a. ...que se asemeja mucho a la que emplea la hemoglobina para la unión reversible de O_2
    b. ... que permite un mecanismo catalítico análogo a la formación de puentes disulfuro por las tioreductasas
    c. ... contiene una tríada catalítica que se asemeja mucho a la de las serin-proteasas
    d. ... que permite un mecanismo análogo a la hidrólisis del piruvato por el complejo Piruvato deshidrogenasa
    e. ... muy similar a la que cataliza la adición de un fosfato a la glucosa en la enzima hexoquinasa

743. ¿Qué acción realiza la lipoproteína lipasa (LPL) cuando actúa sobre las VLDL?

    a. atrae a los macrófagos, acelerando la digestión de las VLDL
    b. posibilita la captación grasas por los tejidos
    c. permite la completa oxidación del acetilCoA generado por el proceso de la β-oxidación
    d. oxidar los ácidos grasos formando aldehidos volátiles, y permitiendo la emulsión de estas partículas
    e. reducir los ácidos grasos, formando aldehídos volátiles, y permitiendo la emulsión de estas partículas

744. La fosfolipasa A_2...

a. ...hidoliza el ácido graso unido al C2 de los fosfolípidos, generando lisofosfolípidos
b. ...hidoliza el ácido graso unido al C1 de los fosfolípidos, generando lisofosfolípidos
c. ... hidoliza los ácidos grasos unidos al C1 y al C2 generando fosfoglicerato y jabones de sodio o potasio
d. a y c son ciertas
e. b y c son ciertas

745. La fosfatidilcolina...

a. ...es un fosfolípido secretado en la bilis, que ayuda a la digestión de las grasas
b. ...es sustrato de la fosfolipasa A_2
c. ...es modificada por la enzima LCAT, transformándose en lisofosfatidilcolina
d. sólo a y b son ciertas
e. a, b y c son ciertas

746. ¿En qué órgano/tejido se fabrica principalmente el colesterol?

a. hígado
b. riñón
c. corazón
d. tejido adiposo blanco
e. tejido adiposo marrón

747. ¿Cuál de las siguientes lipoproteinas es el principal modo de transporte de los lípidos desde el intestino hasta los tejidos periféricos?
a. quilomicrones
b. VLDL
c. IDL
d. LDL
e. HDL

748. ¿Cuál de las siguientes proteínas se encuentra casi exclusivamente en los quilomicrones?
a. apoproteína A-I
b. apoproteína C-I
c. apoproteína C-III
d. apoproteína B-48
e. apoproteína E

749. Las sales biliares...

a. facilitan la emulsión de las grasas y, con ello, su digestión
b. permiten que las grasas formen agregados, facilitando su excreción
c. hidrolizan las grasas generando glicerol y ácidos grasos libres
d. hidrolizan las grasas generando 2-monoacilgliceroles y ácidos grasos libres
e. hidrolizan las grasas generando diacilgliceroles y ácidos grasos libres

750. Cuando sobre los quilomicrones tiene lugar una intensa actividad de hidrólisis de triacilgliceroles, catalizada por la lipoproteína lipasa, estas partículas quedan degradadas a unas partículas con mucha mayor abundancia de proteínas ¿qué nombre reciben estas partículas degradadas?

a. restos de quilomicrones
b. VLDL
c. IDL
d. LDL
e. liposomas

751. ¿Cuál de las siguientes proteínas es muy minoritaria, sino inexistente, en los quilomicrones?

a. apoproteína A-I
b. apoproteína C-I
c. apoproteína C-III
d. apoproteína B-48
e. apoproteína B-100

752. ¿Cuál de las siguientes listas de proteínas sería más propia de las HDL?

a. apoproteína B-100 ; apoproteína C-I ; apoproteína C-II ; apoproteína C-III ; apoproteína D
b. apoproteína A-I ; apoproteína A-II ; apoproteína C-I ; apoproteína C-II ; apoproteína C-III ; apoproteína D ; apoproteína E
c. apoproteína A-I ; apoproteína A-II ; apoproteína B-48 ; apoproteína C-I ; apoproteína C-II ; apoproteína C-III ;
d. apoproteína B-100 ; apoproteína C-I ; apoproteína C-II ; apoproteína C-III ; apoproteína E
e. apoproteína B-100

753. ¿Cuál de las siguientes lipoproteinas es el principal modo de transporte de colesterol hacia los tejidos periféricos?

a. quilomicrones
b. VLDL
c. IDL
d. LDL
e. HDL

754. ¿Cuál de las siguientes listas de proteínas sería más propia de las LDL?

a. apoproteína B-100 ; apoproteína C-I ; apoproteína C-II ; apoproteína C-III ; apoproteína D
b. apoproteína A-I ; apoproteína A-II ; apoproteína C-I ; apoproteína C-II ; apoproteína C-III ; apoproteína D ; apoproteína E
c. apoproteína A-I ; apoproteína A-II ; apoproteína B-48 ; apoproteína C-I ; apoproteína C-II ; apoproteína C-III ;
d. apoproteína B-100 ; apoproteína C-I ; apoproteína C-II ; apoproteína C-III ; apoproteína E
e. apoproteína B-100

755. ¿Cuál de las siguientes listas de proteínas sería más propia de las VLDL?

a. apoproteína B-100 ; apoproteína C-I ; apoproteína C-II ; apoproteína C-III ; apoproteína D
b. apoproteína A-I ; apoproteína A-II ; apoproteína C-I ; apoproteína C-II ; apoproteína C-III ; apoproteína D ; apoproteína E
c. apoproteína A-I ; apoproteína A-II ; apoproteína B-48 ; apoproteína C-I ; apoproteína C-II ; apoproteína C-III ;
d. apoproteína B-100 ; apoproteína C-I ; apoproteína C-II ; apoproteína C-III ; apoproteína E
e. apoproteína B-100

756. ¿Cuál de las siguientes listas de proteínas sería más propia de los quilomicrones?

a. apoproteína B-100 ; apoproteína C-I ; apoproteína C-II ; apoproteína C-III ; apoproteína D
b. apoproteína A-I ; apoproteína A-II ; apoproteína C-I ; apoproteína C-II ; apoproteína C-III ; apoproteína D ; apoproteína E
c. apoproteína A-I ; apoproteína A-II ; apoproteína B-48 ; apoproteína C-I ; apoproteína C-II ; apoproteína C-III ;
d. apoproteína B-100 ; apoproteína C-I ; apoproteína C-II ; apoproteína C-III ; apoproteína E
e. apoproteína B-100

757. Cuando sobre las VLDL tiene lugar una intensa actividad de hidrólisis de triacilgliceroles, catalizada por la lipoproteína lipasa, estas partículas quedan degradadas a unas partículas con mucha mayor abundancia de proteínas ¿qué nombre reciben estas partículas degradadas?

    a. restos de VLDL
    b. quilomicrones
    c. IDL
    d. LDL
    e. liposomas

Oxidación de los ácidos grasos

758. ¿En qué lugar de la célula tiene lugar la β-oxidación de los ácidos grasos?

a. en la mitocondria
b. en los lisosomas
c. en el aparato de Golgi
d. en el retículo endoplasmático
e. en los ribosomas

759. ¿Cuál es la ecuación química ajustada de la β-oxidación completa del palmitoilCoA (16C)?

a. PalmitoilCoA + 7 CoA-SH + 7 FAD + 7 NAD$^+$ + 7 H$_2$O → 8 AcetilCoA + 7 FADH$_2$ + 7 NADH + 7 H$^+$
b. PalmitoilCoA + 8 CoA-SH + 8 FAD + 8 NAD$^+$ + 8 H$_2$O → 8 AcetilCoA + 8 FADH$_2$ + 8 NADH + 8 H$^+$
c. PalmitoilCoA + 7 CoA-SH + 7 FAD + 7 NADP$^+$ + 7 H$_2$O → 8 AcetilCoA + 7 FADH$_2$ + 7 NADPH + 7 H$^+$
d. PalmitoilCoA + 8 CoA-SH + 8 FAD + 8 NADP$^+$ + 8 H$_2$O → 8 AcetilCoA + 8 FADH$_2$ + 8 NADPH + 8 H$^+$
e. PalmitoilCoA + 7 CoA-SH + 16 NAD$^+$ → 8 AcetilCoA + 16 NADH + 16 H$^+$

760. A principios de siglo XX (1904) una serie de completos experimentos realizados por un químico alemán, empleando la sustitución metilo→fenilo como trazador metabólico y adelantándose de este modo a la aparición de los trazadores de naturaleza radiactiva, permitieron dilucidar la naturaleza de la ruta de degradación de ácidos grasos en células eucariotas ¿Quién era este químico?

a. Lothar Andgewante
b. Franz Knoop
c. Feodor Lynen
d. Adouls Diels-Alder
e. Frederick Wittig

761. El siguiente esquema representa la entrada de los ácidos grasos 'activados' (acilCoA) en la mitocondria para iniciar la β-oxidación. ¿A qué compuestos o proteínas corresponden las letras A, B, C, D, E y F?

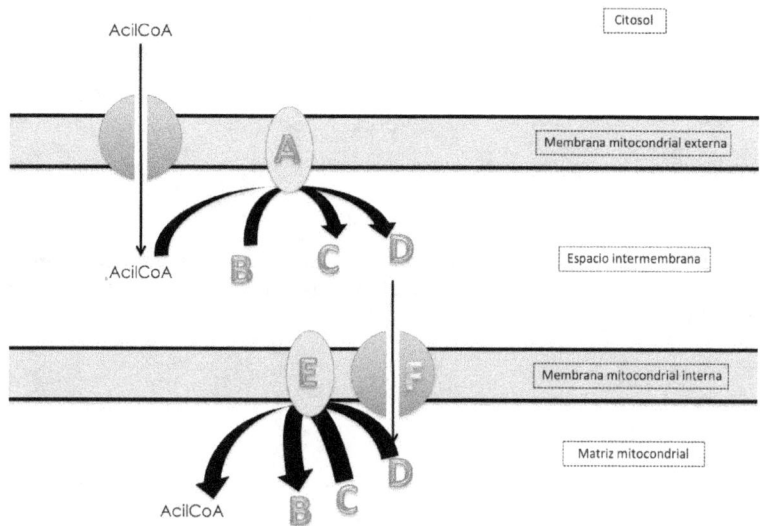

a. A=acilCoA quinasa / B=ATP / C=ADP / D=fosfo-acilCoA / E=acilCoA fosfatasa / F=transportador de fosfo-acilCoA

b. A=transportador de acilCoA / B=carnitina / C=CoA-SH / D=acilcarnitina / E=carnitina aciltransferasa / F=transportador de acilcarnitina

c. A=acilCoA quinasa / B=ATP / C=ADP / D=fosfo-acilCoA / E=fosfo-acilCoA fosfatasa / F=acilporina

d. A=carnitina aciltransferasa I / B=carnitina / C=CoA-SH / D=acilcarnitina / E=carnitina aciltransferasa II / F= transportador de acilcarnitina

e. A=acilCoA deshidrogenasa / B=NADPH / C=NADP⁺ / D=carboxilato del acilCoA / E=acilCoA deshidrogenasa / F=transportador de monocarboxilatos

762. Los ácidos grasos presentes en el citosol, para ser introducidos en la matriz mitocondrial, necesitan ser 'activados' mediante un proceso en varias etapas en el exterior de la mitocondria. En relación a dicho proceso, ¿cuál de las siguientes afirmaciones es FALSA?

a. los ácidos grasos unen primero una molécula de ATP formando un adenilato del ácido graso
b. al adenilato de ácido graso se le une una carnitina para formar acil carnitina
c. la carnitina es sustituída por un coenzima A, para formar un acilCoA
d. el acilCoA atraviesa la membrana mitocondrial externa mediante un transportador
e. todas son correctas

763. En la β-oxidación de los ácidos grasos se producen una serie de etapas cíclicas, en cada una de las cuales el ácido graso se reduce en longitud liberando una molécula de...

a. formilCoA
b. acetilCoA
c. propionilCoA
d. malonilCoA
e. propionato

764. Cada ciclo de la β-oxidación se compone de cuatro pasos o reacciones. En la primera de ellas, una acilCoA deshidrogenasa cataliza la siguiente reacción...

a. Acil-S-CoA + NAD$^+$ → cis-Δ2-enoil-S-CoA + NADH + H$^+$
b. Acil-S-CoA + E-FAD → trans-Δ2-enoil-S-CoA + E-FADH$_2$
c. Acil-S-CoA + NAD$^+$ → trans-Δ2-enoil-S-CoA + NADH + H$^+$
d. Acil-S-CoA + E-FAD → cis-Δ2-enoil-S-CoA + E-FADH$_2$
e. Acil-S-CoA + E-FAD → trans-Δ3-enoil-S-CoA + E-FADH$_2$

765. El siguiente esquema es una simplicación de los experimentos realizados a principios de siglo XX (1904) por el químico alemán Franz Knoop, que permitieron dilucidar la naturaleza de la ruta de degradación de ácidos grasos en células eucariotas.

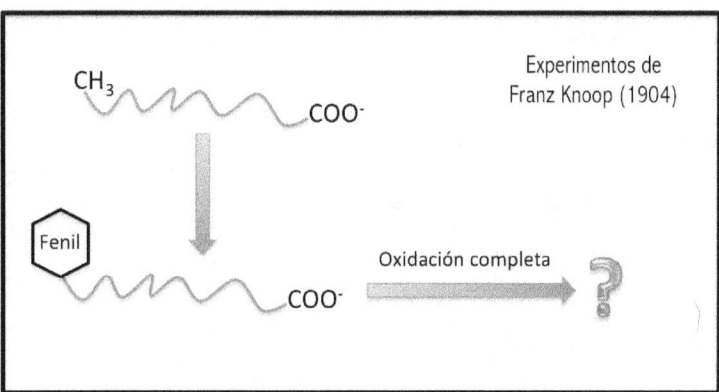

En ellos, el grupo metilo terminal de los ácidos grasos es sustituído por fenilo. Una vez degradado completamente por oxidación biológica el ácido graso se obtenía un resultado diferente en función de si éste era de número de carbonos par o impar ¿qué compuesto se obtenía al oxidar ácidos grasos de número impar de carbonos?

a. fenilalanina
b. ácido fenilacético
c. ácido benzoico
d. ácido fenilpropanoico
e. ácido fenilbutanoico

766. La oxidación de la acilCoA dependiente de FAD (primera etapa de cada ciclo de la β-oxidación) va seguida de...

a. una descarboxilación del acilCoA
b. una hidratación
c. una deshidrogenación dependiente de NAD^+
d. otra deshidrogenación dependiente de FAD
e. una deshidrogenación dependiente de $NADP^+$

767. En las mitocondrias hepáticas, el acetilCoA producido en la β-oxidación puede tener un destino alternativo a la entrada en ciclo de Krebs. Se trata de la cetogénesis. Esta ruta se inicia con la fabricación de acetoacetilCoA empleando la reacción de la tiolasa en sentido inverso. Este acetoacetilCoA se transforma en HMG-CoA por la HMGCoA sintasa y, específicamente en hígado, la HMG-CoA liasa lo convierte en acetoacetato y acetilCoA. ¿Cómo continúa esta ruta hacia la fabricación de cuerpos cetónicos y, concretamente, acetona?

a. el acetilCoA entra en ciclo de Krebs para formar citrato, que se fragmenta formando propionato, que se descarboxila a acetona
b. el acetilCoA entra en ciclo de Krebs para formar citrato, que se fragmenta formando tres moléculas de ácido acético, que se reducen a acetona
c. el acetilCoA pierde el CoA-SH, generando directamente acetona
d. el acetoacetato se reduce a β-hidroxibutirato o, en menor proporción, se descarboxila a acetona
e. el acetoacetato se descarboxila formando ácido acético, que se reduce posteriormente a acetona

768. Cada ciclo de la β-oxidación se compone de cuatro pasos o reacciones. En la primera de ellas, una acilCoA deshidrogenasa cataliza una oxidación del acilCoA (formación de un doble enlace en trans). Posteriormente, la enoilCoA hidratasa cataliza la siguiente reacción...

a. trans-Δ2-enoil-S-CoA + H_2O → L-3-hidroxiacil-S-CoA + CO_2
b. trans-Δ2-enoil-S-CoA + H_2O → D-2-hidroxiacil-S-CoA + acetilCoA
c. trans-Δ2-enoil-S-CoA + H_2O → D-2-hidroxiacil + acetilCoA
d. trans-Δ2-enoil-S-CoA + H_2O → L-3-hidroxiacil-S-CoA
e. trans-Δ2-enoil-S-CoA + E-FAD → L-3-hidroxiacil-S-CoA + E-FADH$_2$

769. La oxidación completa de un ácido palmítico citosólico (16 C) a CO_2 y agua, tras sufrir la correspondiente activación a palmitoilCoA, la β-oxidación completa y la oxidación completa del acetilCoA y las coenzimas reducidas producidas (NADH y FADH$_2$) mediante ciclo de Krebs, cadena de transporte electrónico y fosforilación oxidativa, tiene un rendimiento energético neto de...

a. 37 ATPs
b. 38 ATPs
c. 57 ATPs
d. 129 ATPs
e. 136 ATPs

770. El siguiente esquema es una simplicación de los experimentos realizados a principios de siglo XX (1904) por el químico alemán Franz Knoop, que permitieron dilucidar la naturaleza de la ruta de degradación de ácidos grasos en células eucariotas.

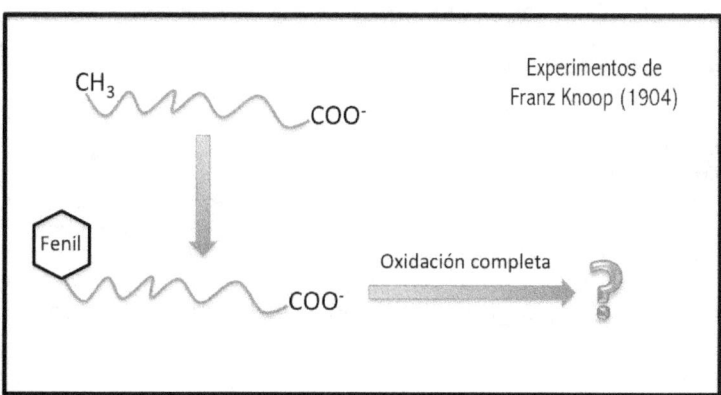

En ellos, el grupo metilo terminal de los ácidos grasos es sustituído por fenilo. Una vez degradado completamente por oxidación biológica el ácido graso se obtenía un resultado diferente en función de si éste era de número de carbonos par o impar ¿qué compuesto se obtenía al oxidar ácidos grasos de número par de carbonos?

a. fenilalanina
b. ácido fenilacético
c. ácido benzoico
d. ácido fenilpropanoico
e. ácido fenilbutanoico

771. La oxidación completa de un ácido palmítico citosólico (16 C) mediante β-oxidación completa genera...

a. $3\ FADH_2$
b. $4\ FADH_2$
c. $5\ FADH_2$
d. $6\ FADH_2$
e. $7\ FADH_2$

772. Cada ciclo de la β-oxidación se compone de cuatro pasos o reacciones. En la primera de ellas, una acilCoA deshidrogenasa cataliza la siguiente reacción...

$$\text{Acil-S-CoA + E-FAD} \rightarrow \text{trans-}\Delta\text{2-enoil-S-CoA + E-FADH}_2$$

¿Cuál de las siguientes afirmaciones respecto a esta reacción es FALSA?

a. los electrones del $FADH_2$ son transferidos a una proteína lanzadera llamada ETFP (flavoproteína de transferencia de electrones)

b. los electrones de la ETFP son transferidos directamente al citocromo a_3, de la cadena de transporte electrónico mitocondrial, gracias a la acción de la enzima EFT-Q oxidorreductasa

c. el mecanismo químico de la deshidrogenasa es de tipo eliminación E2

d. la acilCoA deshidrogenasa está compuesta de cuatro monómeros, cada uno de los cuales tiene un $FAD/FADH_2$ unido

e. el mecanismo se inicia con la desprotonación del carbono α del ácido graso, gracias a la acción de un ácido glutámico de la acilCoA deshidrogenasa

773. Cada ciclo de la β-oxidación se compone de cuatro pasos o reacciones. En la primera de ellas, una acilCoA deshidrogenasa cataliza una oxidación del acilCoA (formación de un doble enlace en trans). Posteriormente, la enoilCoA hidratasa cataliza la siguiente reacción:

$$\text{trans-}\Delta\text{2-enoil-S-CoA + H}_2\text{O} \rightarrow \text{L-3-hidroxiacil-S-CoA}$$

Posteriormente, actúa la 3-hidroxiacilCoA deshidrogenasa. ¿Cuál de las siguientes reacciones es la catalizada por esta enzima?

a. L-3-hidroxiacil-S-CoA $\rightarrow$ 3-cetoacil-S-CoA + H_2O

b. L-3-hidroxiacil-S-CoA + NAD^+ $\rightarrow$ 3-cetoacil-S-CoA + NADH + H^+

c. L-3-hidroxiacil-S-CoA + $NADP^+$ $\rightarrow$ 3-cetoacil-S-CoA + NADPH + H^+

d. L-3-hidroxiacil-S-CoA + $NADP^+$ $\rightarrow$ 2-cetoacil-S-CoA + NADPH + H^+

e. L-3-hidroxiacil-S-CoA + E-FAD $\rightarrow$ 3-cetoacil-S-CoA + E-$FADH_2$

774. En los peroxisomas de células eucariotas tiene lugar una β-oxidación peculiar de los ácidos grasos, que se caracteriza porque...

a. el producto final de la ruta es el malonilCoA, que suele derivarse a gluconeogénesis
b. los electrones captados por la acilCoA deshidrogenasa, en vez de pasar a la coenzima Q de la cadena de transporte electrónico mitocondrial, son cedidos al O_2, que se reduce a H_2O_2, que es finalmente eliminado por la catalasa
c. el primer ataque se produce sobre el carbono α, desplazando un carbono todas las reacciones posteriores. De este modo, cada dos vueltas de ciclo se produce un CO_2 y un acetilCoA
d. el primer ataque se produce sobre el carbono α, desplazando un carbono todas las reacciones posteriores. De este modo, cada vuelta de ciclo se produce un CO_2 y un acetilCoA
e. los acetilCoA generados cristalizan formando cristales de oxalato, visibles al microscópio de contraste interferencial

775. En condiciones de alta [acetilCoA] y baja [oxalacetato], el acetilCoA producido en la β-oxidación puede entrar de forma inversa en la reacción de la tiolasa, formando acetoacetil-CoA. ¿Cuál es el destino más habitual, entre los mencionados, de este compuesto?

a. transformarse en HMG-CoA e iniciar la síntesis de colesterol
b. transformarse en α-cetoglutarato y entrar en ciclo de Krebs
c. transformarse en succinil-CoA y entrar en ciclo de Krebs
d. transformarse en acetato mediante fermentación acética, obteniendo poder reductor (NADH)
e. nutrir la biosíntesis de acilCoAs mediante lipogénesis

776. En cada ciclo de la β-oxidación distinguimos cuatro pasos o reacciones. La última de ellas parte de 3-cetoacilCoA como sustrato, y está catalizada por la β-cetotiolasa. ¿Cuál es la ecuación de esta reacción?

a. 3-cetoacilCoA → ácido graso + acetilCoA
b. 3-cetoacilCoA + NAD^+ → acilCoA + NADH + H^+
c. 3-cetoacilCoA + $NADP^+$ → acilCoA + NADPH + H^+
d. 3-cetoacilCoA + CoA-SH → acilCoA + acetilCoA
e. 3-cetoacilCoA + H_2O → acetilCoA + CO_2

777. La oxidación completa de un ácido palmítico citosólico (16 C) mediante β-oxidación completa genera...

    a. 3 NADH
    b. 4 NADH
    c. 5 NADH
    d. 6 NADH
    e. 7 NADH

778. En las mitocondrias hepáticas, el acetilCoA producido en la β-oxidación puede tener un destino alternativo a la entrada en ciclo de Krebs. Se trata de la cetogénesis. ¿Qué circunstancias disparan esta ruta?

    a. una alta concentración de acetilCoA y oxalacetato
    b. una baja concentración de acetilCoA y oxalacetato
    c. una alta concentración de acetilCoA y una baja concentración de oxalacetato
    d. una baja concentración de acetilCoA y una alta concentración de oxalacetato
    e. ninguna de las anteriores activa significativamente esta ruta

Lipogénesis

779. Los adipocitos del tejido adiposo blanco tienen una actividad muy baja de glicerol quinasa. ¿De dónde proviene principalmente el glicerol-3-fosfato que emplean en la síntesis de nuevos triacilgliceroles?

a. de la β-oxidación
b. de la glucólisis
c. de la fotosíntesis
d. del ciclo de Cori
e. del ciclo de Krebs

780. La síntesis de palmitato en adipocitos consiste básicamente en ciclos de adición escalonada de compuestos de ____ carbonos al ácido graso en formación.

a. 1
b. 2
c. 3
d. 4
e. 5

781. ¿Cuál de las siguientes ecuaciones corresponde a la biosíntesis completa de una molécula de palmitato (16 C) a partir de acetilCoA?

a. 8 acetilCoA + 8 ATP + 16 NADPH + 16 H$^+$ → palmitato + 16 NADP$^+$ + 8 CoA-SH + 8 H$_2$O + 8 ADP + 8 P$_i$
b. 8 acetilCoA + 7 ATP + 14 NADPH + 13 H$^+$ → palmitato + 14 NADP$^+$ + 8 CoA-SH + 6 H$_2$O + 7 ADP + 7 P$_i$
c. 8 acetilCoA + 8 ATP → palmitato + 8 CoA-SH + 6 H$_2$O + 8 ADP + 8 P$_i$
d. 8 acetilCoA + 8 ATP → palmitato + 8 ADP + 8 P$_i$
e. 8 acetilCoA + 16 NADPH + 16 H$^+$ → palmitato + 16 NADP$^+$ + 8 CoA-SH + 8 H$_2$O

782. La síntesis de palmitato en adipocitos se inicia con la acción de la acetil-CoA carboxilasa, que combina acetilCoA y bicarbonato para dar lugar a...

a. malonilCoA
b. HMGCoA
c. succinilCoA
d. 2-β-OH-butirilCoA
e. 3-β-OH-butirilCoA

257

783. La enzima que limita la velocidad de la lipogénesis es...

a. la HGMCoA reductasa
b. la acetilCoa carboxilasa
c. la malonilCoA-ACP transacilasa
d. la acetilCoA-ACP transacilasa
e. la enoil-ACP reductasa

784. La síntesis de ácidos grasos desde acetilCoA incluye numerosos pasos intermedios en los que los ácidos grasos en formación se encuentran unidos covalentemente a un compuesto químico. ¿Cuál es?

a. CoA-SH
b. carnitina
c. ACP (proteína transportadora del acilo)
d. FMN
e. HMGCoA-SH

785. La síntesis de malonilCoA a partir de acetilCoA consume, por cada malonilCoA generado,...

a. 1 ATP
b. 1 GTP
c. 1 NADH
d. 1 NADPH
e. 1 FADH$_2$

786. Mediante uno de los siguientes mecanismos, los acilCoA de cadena larga actúan sobre la acetilCoA carboxilasa, inhibiendo la lipogénesis ¿De qué mecanismo se trata?

a. activan la despolimerización de las estructuras filamentosas de acetilCoA carboxilasa
b. provocan de forma indirecta la fosforilación masiva de la acetilCoA sintasa
c. provocan de forma indirecta la desfosforilación masiva de la acetilCoA sintasa
d. estimulan la adición de ciertas N-glicosilaciones sobre residuos de asparagina concretos de la acetilCoA carboxilasa
e. se unen a la acetilCoA carboxilasa formando agregados insolubles, que precipitan

787. La síntesis de malonilCoA a partir de acetilCoA está catalizada por la acetilCoA carboxilasa. Esta enzima tiene un cofactor unido por el grupo amino ε de una lisina. ¿De qué cofactor se trata?

    a. TPP
    b. ácido ascórbico
    c. FMN
    d. biotina
    e. ácido pantoténico

788. El siguiente esquema recoge las etapas que van desde el acetilCoA hasta la síntesis de un precursor de ácido graso de 4 carbonos (el butiril-ACP). ¿A qué compuestos corresponden las letras A, B, C, D y E?

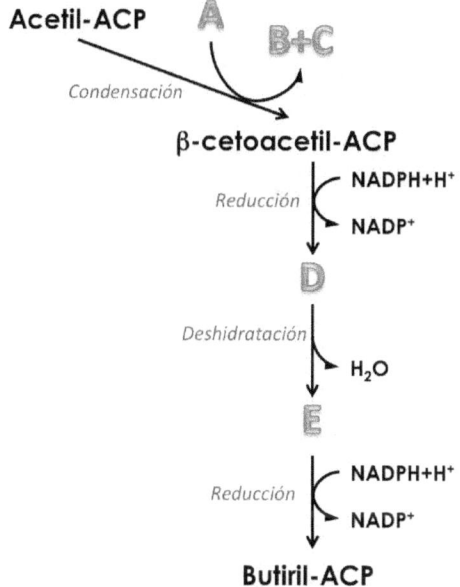

    a. HMGCoA / malonilCoA / CO_2 / β-hidroxiacil-ACP / trans-Δ3-enoil-ACP
    b. malonilCoA / acetato / CO_2 / D-3-hidroxiacil-ACP / cis-Δ2-enoil-ACP
    c. malonilCoA / acetato / CO_2 / cis-Δ3-hidroxiacil-ACP / cis-Δ3-enoil-ACP
    d. malonilCoA / acetato / CO_2 / β-hidroxiacil-ACP / trans-Δ3-enoil-ACP
    e. malonilCoA / ACP / CO_2 / D-3-hidroxiacil-ACP / trans-Δ2-enoil-ACP

789. En una reacción catalizada por la acilCoA desaturasa, la forma activada del ácido esteárico (18:0) se convierte en la forma activada del ácido oleico (18:1ΔA9), uno de los ácidos grasos monoinsaturados más frecuentes en animales. ¿Cuál es la ecuación de la reacción completa?

    a. estearoilCoA + NADPH + H$^+$ + O$_2$ $\rightarrow$ oleilCoA + NADP$^+$

    b. estearoilCoA + NADPH + H$^+$ + O$_2$ $\rightarrow$ oleilCoA + NADP$^+$ + 2 CO$_2$

    c. estearoilCoA + NADH + H$^+$ + O$_2$ $\rightarrow$ oleilCoA + NAD$^+$ + 2 H$_2$O

    d. estearoilCoA + NADPH + H$^+$ + O$_2$ $\rightarrow$ oleilCoA + NADP$^+$ + 2 H$_2$O

    e. estearoilCoA + NADH + H$^+$ $\rightarrow$ oleilCoA + NAD$^+$

Biosíntesis de esteroides, terpenos, porfirinas y eicosanoides

790. El colesterol y otros esteroides provienen de la ciclación de un politerpeno lineal de 30 carbonos denominado...

a. isopreno
b. ciclopentanoperhidrofenantreno
c. poliestireno
d. mevalonato
e. escualeno

791. ¿Cuál de los siguientes pasos pertenece al proceso de síntesis del colesterol?

a. conversión de residuos de 2 carbonos (acetato o acetilCoA) en compuestos de 6 carbonos (ácido mevalónico)
b. transformación de 6 unidades de ácido mevalónico (6 C) en 6 unidades de isopentenil pirofosfato (5 C)
c. combinación de 6 unidades de isopentenil pirofosfato (5 C) para dar lugar a una molécula de escualeno (30 C)
d. ciclación del escualeno y pérdida de tres carbonos, para dar lugar al colesterol
e. todas son correctas

792. ¿Cuál de los siguientes valores puede ser correcto si consideramos que se refieren a la cantidad de ácidos biliares segregados a la luz intestinal por un individuo promedio durante un día?

a. 2 g
b. 25 g
c. 500 mg
d. 500 g
e. 2 mg

793. El primer paso de la síntesis de colesterol es la fabricación de mevalonato desde acetilCoA ¿dónde tiene lugar?

a. en la mitocondria
b. en el citosol
c. en el retículo endoplasmático
d. b y c son correctas
e. todas son correctas

794. El primer paso de la síntesis de colesterol es la fabricación de mevalonato desde acetilCoA. El siguiente esquema representa dicha ruta ¿cuál es el significado de las letras A, B, C y D?

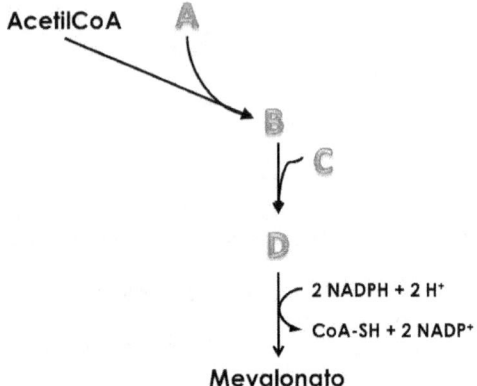

a. acetilCoA / acetoacetilCoA / acetilCoA / 3-OH-3-metilglutarilCoA
b. CO_2 / propionilCoA / acetilCoA / 3-OH-3-metilglutarilCoA
c. CO_2 / malonilCoA / acetilCoA / 2-OH-2-metilglutarilCoA
d. acetilCoA / acetoacetilCoA / malonilCoA / 2-OH-2-metilglutarilCoA
e. acetato / malonilCoA / acetilCoA / 2-OH-2-metilglutarilCoA

795. En la transformación del β-caroteno en la vitamina A_1 (todo-trans-retinol) intervienen...

a. una dioxigenasa y una reductasa
b. coenzimas de tipo NADPH, que se oxidan a $NADP^+$
c. energía química en forma de ATP
d. a y b son ciertas
e. todas son ciertas

796. El primer paso de la síntesis de colesterol es la fabricación de mevalonato desde acetilCoA. En el participa un enzima característico de la biosíntesis de esteroides. ¿De qué enzima se trata?

a. HMGCoA reductasa
b. mavalonato sintasa
c. acetoacetilCoA descarboxilasa
d. acetoacetilCoA deshidrogenasa
e. acetilCoA reductasa

797. La HMGCoA reductasa...

a. se inhibe al fosforilarse por medio de la proteina quinasa activada por AMP
b. se activa (a nivel transcripcional) por farnesol, un derivado del mevalonato
c. se inhibe (a nivel transcripcional) cuando desciende la concentración de colesterol
d. a y c son correctas
e. todas son correctas

798. La siguiente ruta es la de la síntesis de sales biliares a partir de colesterol. ¿A qué compuestos corresponden las letras A, B y C?

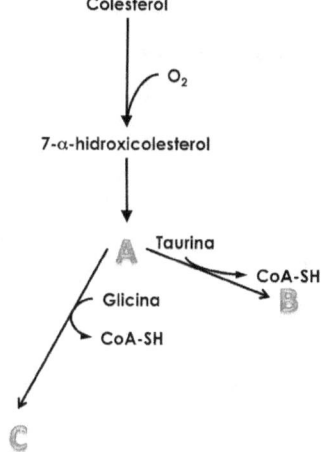

a. colilCoA / taurocolato / glicocolato
b. HMGCoA / taurilCoA / glicocola
c. lanosterilCoA / lanosterol / escualeno
d. escualenilCoA / taurocolato / glicocolato
e. malonilCoA / taurocolato /glicocolato

799. ¿Cuál de los siguientes valores puede ser correcto si consideramos que se refieren a la cantidad de ácidos biliares segregados a la luz intestinal por un individuo promedio durante un día y no recuperados por la circulación enterohepática?

a. 2 g
b. 25 g
c. 500 mg
d. 500 g
e. 2 mg

800. El siguiente esquema muestra de forma simplificada la ruta de síntesis de diversas hormonas esteroideas. ¿A qué compuestos corresponden las letras A, B, C y D?

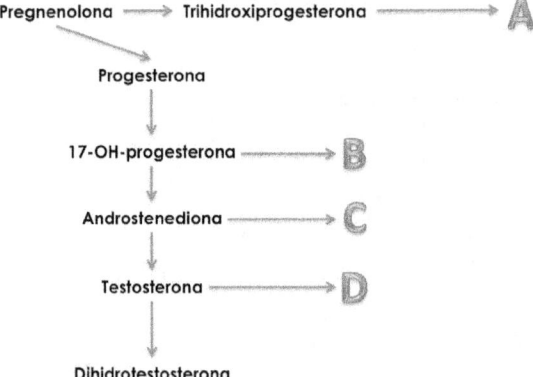

a. aldosterona / cortisol / estrona / estradiol
b. estradiol / aldosterona / estrona / cortisol
c. estradiol / aldosterona / cortisol / estrona
d. cortisol / estradiol / aldosterona / estrona
e. aldosterona / estradiol / estrona / cortisol

801. La bilirrubina...

a. es un producto catabólico del grupo hemo
b. es un producto del ciclo de la urea
c. es un intermediario del ciclo de Krebs
d. es un precursor de la gluconeogénesis hepática
e. es un producto de degradación del colesterol

802. La hemooxigenasa cataliza la transformación del grupo hemo en biliverdina. ¿Cuál es la ecuación de esta reacción química?

a. hemo + O_2 + NADPH + H^+ → biliverdina + Fe^{3+} + $NADP^+$ + H_2O + CO_2
b. hemo + NADH + H^+ → biliverdina + NAD^+
c. hemo + O_2 → biliverdina + Fe^{3+} + H_2O
d. hemo + O_2 → biliverdina + Fe^{3+} + CO_2
e. hemo + O_2 → biliverdina + CO_2

803. La biliverdina reductasa cataliza la transformación de biliverdina en bilirrubina, como se muestra en la siguiente figura. ¿Cuáles son los compuestos representados por las letras A y B?

a. A=H_2O; B=nada
b. A=(CoA-SH + NADH + H^+); B=NAD^+
c. A=(NADH + H^+); B=NAD^+
d. A=(NADPH + H^+); B=$NADP^+$
e. A=(NAD^+); B=NADH + H^+

804. Un estudiante ha escrito una serie de ecuaciones químicas que supuestamente están involucradas en la biosíntesis hepática del grupo hemo. ¿Cuál de ellas es un error?

- a. 4 porfobilinógeno (PBG) → uroporfirinógeno-III + 4 NH_4^+ + H_2O
- b. 2 succinilCoA + 2 glicina → 2 aminolevulinato + 2 CoA + 2 CO_2
- c. uroporfirinógeno-III + 4 CO_2 → coporfirinógeno-III
- d. coporfirinógeno-III + O_2 → 2 CO_2 + protoporfirinógeno-IX
- e. protoporfirinógeno-IX → protoporfirina-IX + 6 H^+

805. Las porfirinas se fabrican a partir de un aminoácido (_____) y un metabolito del ciclo de Krebs (_____).

- a. glicina / succinilCoA
- b. alanina / α-cetoglutarato
- c. lisina / α-cetoglutarato
- d. serina / succinato
- e. serina / fumarato

Control endocrino del metabolismo lipídico y glucídico

806. ¿Cuál de las siguientes afirmaciones sobre los efectos de un incremento de insulina a nivel hepático es FALSA?

a. activa gluconeogénesis
b. activa lipogénesis
c. activa gluconeogénesis
d. a y b
e. b y c

807. ¿Cuál de los siguientes NO es un efecto del glucagón?

a. activa glucogenogénesis hepática
b. activa lipolisis en tejido adiposo blanco
c. activa glucogenolisis hepática
d. a y b
e. b y c

808. ¿Cuál de los siguientes NO es un efecto de la insulina?

a. estimula la captación de glucosa a nivel muscular
b. estimula la captación de glucosa a nivel del tejido adiposo blanco
c. estimula la lipogénesis a nivel del tejido adiposo blanco
d. estimula la glucogenogénesis en músculo esquelético
e. estimula la gluconeogénesis hepática

809. La adrenalina...

a. inhibe la glucogenolisis en músculo esquelético
b. activa la lipolisis en tejido adiposo blanco
c. activa la glucogenogénesis en hígado
d. inhibe la gluconeogénesis en hígado
e. b y d son correctas

810. En el músculo...

a. la insulina estimula la captación de glucosa
b. la adrenalina estimula la glucogenolisis
c. la insulina estimula la glucogenogénesis
d. b y c son correctas
e. todas son correctas

811. En el tejido adiposo blanco...

a. la adrenalina inhibe la lipolisis
b. el glucagón inhibe la lipolisis
c. la insulina bloquea la captación de glucosa
d. la insulina activa la lipogénesis
e. a y d son correctas

812. ¿Cuál de las iguientes afirmaciones es FALSA?

a. la insulina provoca la desfosforilación y consiguiente activación de la piruvato deshidrogenasa
b. la insulina acelera el flujo de glucosa a través de la membrana plasmática
c. la insulina favorece la síntesis de triacilgliceroles
d. la insulina estimula la lipogénesis (fabricación de ácidos grasos desde acetilCoA)
e. la insulina estimula la glucogenolisis

813. En el hígado...

a. la glucogenogénesis es activada por la insulina e inhibida por glucagón y adrenalina
b. la insulina activa la lipogénesis
c. la gluconeogénesis es activada por la insulina e inhibida por la adrenalina
d. la glucogenolisis es inhibida por el glucagón
e. a y b son correctas

Metabolismo de aminoácidos

814. ¿Cuál de las siguientes fórmulas empíricas corresponde a la urea?

a. $(CH_3)_2CO$
b. $(NH_2)_2CO$
c. $(CH_3)NH$
d. $NH_2-NH-CH_3$
e. $CH_3-CO_2-NH_2$

815. El ciclo de la urea...

a. ...fue descrito por primera vez por James Watson y Francis Crick (1932)
b. ...fue descrito por primera vez por Thomas Morgan y Theodosius Dobzhansky (1932)
c. ...fue descrito por primera vez por John Urey y Stanley Miller (1932)
d. ...fue descrito por primera vez por Max Perutz y Severo Ochoa (1932)
e. ...fue descrito por primera vez por Hans Krebs y Kurt Henseleit (1932)

816. El ciclo de la urea...

a. ...en mamíferos tiene lugar principalmente en el hígado y, en menor medida, en el riñón
b. ...en mamíferos tiene lugar principalmente en el cerebro y, en menor medida, en las paredes del tubo digestivo
c. ...en mamíferos tiene lugar principalmente en los eritrocitos y, en menor medida, en células de músculo liso
d. en mamíferos tiene lugar principalmente en la musculatura esquelética y, en menor medida, en la musculatura lisa
e. ...en mamíferos tiene lugar principalmente en el riñón y, en menor medida, en la musculatura de tipo liso

817. Si a una persona le funciona mal el ciclo de la urea, de modo que la velocidad del ciclo es inferior a la habitual...
a. ...aumentarán sus niveles de glucosa en sangre
b. ...sus niveles de hormona adenocorticotropa serán superiores a los habituales
c. ...la cantidad de productos nitrogenados en sangre, especialmente amoniaco, será superior a la habitual
d. ...los niveles de lactato y piruvato le aumentan en sangre
e. ...la cantidad de compuestos fenólicos aumentará en hígado y, consecuentemente, en sangre

818. En la corteza renal se fabrica amoniaco para poder regular el pH de la orina. ¿Cuál es el principal aminoácido, en términos cuantitativos, del que se origina este compuesto?

a. arginina
b. glicina
c. asparagina
d. glutamina
e. alanina

819. Altas cantidades de nitrógeno son enviadas desde el músculo y otros tejidos al hígado a través de la sangre. En este trayecto, el nitrógeno no puede estar en forma de NH_4^+, puesto que modificaría demasiado diversos parámetros físicoquimicos de la sangre. ¿En forma de qué compuestos suele transportarse mayoritariamente?

a. glutamato y glutamina
b. arginina y glutamato
c. glutamina y α-cetoglutarato
d. alanina y urea
e. glutamina y alanina

820. El nitrógeno presente en el músculo en forma de NH_4^+ es transportado al hígado en forma de alanina. ¿Cómo se incorpora a dicho aminoácido?

a. En un proceso catalizado por la alanina transaminasa, el amoniaco se añade al piruvato formando glutamina. Mediante otra transaminasa, esta glutamina genera alanina, regenerando el piruvato inicial.
b. En una reacción catalizada por la glutamato deshidrogenasa, se une al α-cetoglutarato para dar lugar a glutamato. Este glutamato se une posteriormente al piruvato, en un proceso catalizado por una transaminasa, para formar alanina y regenerar el α-cetoglutarato empleado al principio.
c. En el entorno de la glutamato deshidrogenasa, el amoniaco se une al α-cetoglutarato para dar lugar a 2-aminosuccinato. Este compuesto se une posteriormente al glutamato, en un proceso catalizado por una transaminasa, para formar alanina y regenerar el α-cetoglutarato empleado al principio.
d. Se une a un ión bicarbonato para formar carbamoil fosfato y, mediante el ciclo de la urea, acabar formando urea, que se carboxila a alanina.
e. En una reacción catalizada por la alanina transaminasa, el amoniaco se une al lactato, formando directamente alanina.

821. En la mayoría de tejidos, excepto en el músculo, la forma mayoritaria de transportar el nitrógeno, que está en forma de NH₄⁺, es incorporándolo a la glutamina mediante la glutamina sintetasa. ¿Cuál es la reacción catalizada por esta enzima?

a. Glutamato + NH_4^+ + ATP → Glutamina + ADP + P_i + H_2O
b. Aspartato + NH_4^+ → Glutamina + H_2O
c. Piruvato + NH_4^+ + ATP → Glutamina + ADP + P_i
d. Piruvato + NH_4^+ + ATP → Glutamina + ADP + P_i + H_2O
e. Piruvato + NH_4^+ + NADH + H^+ → Glutamina + NAD^+ + H_2O

822. La incorporación de amonio al glutamato, formando glutamina que será transportada al hígado, es un proceso catalizado por la glutamina sintetasa en la mayoría de los tejidos, que implica un consumo energético de...

a. 1 ATP por amonio incorporado
b. 1 NADH por amonio incorporado
c. 1 $FADH_2$ por amonio incorporado
d. 2 ATPs por amonio incorporado
e. 1 GTP por amonio incorporado

823. ¿Cuál de las siguientes afirmaciones es FALSA?

a. la alanina transaminasa hepática funciona principalmente en el sentido de unir α-cetoglutarato y alanina para formar glutamato y piruvato
b. el piruvato generado por la alanina transaminasa hepática se dirige principalmente a gluconeogénesis, para fabricar glucosa que será enviada, en su mayoría al músculo
c. la glutamato deshidrogenasa hepática funciona principalmente en la dirección de unir α-cetoglutarato y amonio para dar lugar a glutamato
d. la alanina transaminasa muscular funciona principalmente en la dirección de unir glutamato y piruvato para dar alanina y α-cetoglutarato
e. el amonio es transportado en forma de alanina desde el músculo al hígado, donde se libera para entrar en el ciclo de la urea

824. La transaminasa GPT cataliza la reacción...

a. aspartato + α-cetoglutarato → oxalacetato + glutamato
b. aspartato + oxalacetato → α-cetoglutarato + glutamato
c. alanina + glutamato → α-cetoglutarato + piruvato
d. alanina + piruvato → α-cetoglutarato + glutamato
e. alanina + α-cetoglutarato → piruvato + glutamato

825. La transaminasa GOT cataliza la reacción...

a. aspartato + α-cetoglutarato → oxalacetato + glutamato
b. aspartato + oxalacetato → α-cetoglutarato + glutamato
c. alanina + glutamato → α-cetoglutarato + piruvato
d. alanina + piruvato → α-cetoglutarato + glutamato
e. alanina + α-cetoglutarato → piruvato + glutamato

826. ¿En qué órgano se fabrica principalmente la urea?

a. hígado
b. riñón
c. corazón
d. tiroides
e. médula ósea roja

827. La urea en el cuerpo humano se fabrica mediante el ciclo de la urea. La mayor intensidad de este proceso en el cuerpo humano, en términos cuantitativos, tiene lugar en un órgano concreto. ¿Cuál es?

a. El riñón
b. El cerebro
c. La médula ósea
d. El bazo
e. El hígado

828. ¿Cuál de las siguientes afirmaciones es FALSA?

a. Los animales amonotélicos son aquellos que excretan el nitrógeno en forma de amoníaco
b. La mayoría de animales terrestres son ureotélicos, es decir, excretan el nitrógeno en forma de urea
c. La mayoría de aves y reptiles son uricotélicos, es decir, excretan el nitrógeno en forma de ácido úrico
d. Las cinco etapas del ciclo de la urea tienen lugar en las mitocondrias de los hepatocitos
e. El ciclo de la urea fue descrito por primera vez en la década de los 1930 por Hans Krebs y un estudiante suyo llamado Kurt Henseleit

829. ¿Cuál de las siguientes afirmaciones es FALSA?

a. Un 10-15% de la energía procedente de la oxidación de los aminoácidos se pierde en la fabricación de urea. Para optimizar estas pérdidas, algunos rumiantes añaden urea al rumen y la emplean en la síntesis de nuevos aminoácidos.

b. Para transportar el amoniaco libre al hígado, la mayoría de los tejidos transforman glutamato en glutamina, que viaja en sangre hasta el hígado y es transformada allí de nuevo en glutamato, cediendo el amoniaco al ciclo de la urea.

c. El tejido que procesa más cantidad de nitrogeno introduciéndolo en el ciclo de la urea es el hígado

d. La alanina transaminasa muscular funciona principalmente en la dirección de unir glutamato y piruvato para dar alanina y α-cetoglutarato

e. a y d son falsas

830. El amoniaco presente en la matriz mitocondrial de los hepatocitos se mezcla con el CO_2 procedente de la respiración celular dando lugar, gracias al gasto de ATP, al carbamoil fosfato. Esta reacción está catalizada por la carbamoil fosfato sintetasa. ¿Cuál de los siguientes compuestos es un activador alostérico de dicha enzima?

a. acetilCoA

b. serotonina

c. ácido N-acetil murámico

d. AMP_c

e. N-acetil glutamato

831. En el interior de la mitocondria, en el seno del ciclo de la urea, el carbamoil fosfato y la ornitina forman un compuesto nitrogenado que sale al citosol. ¿De qué compuesto se trata?

a. Urea

b. Argino-succinato

c. Citrulina

d. Fumarato

e. Carbamina

273

832. ¿Cuál de las siguientes reacciones no pertenece al ciclo de la urea?

a. Carbamoil fosfato + ornitina → citrulina + P_i
b. Argino-succinato → fumarato + arginina
c. Arginina + H2O → Ornitina + Urea
d. Citrulina + Aspartato + ATP → Argino-succinato + AMP + PP_i
e. Ninguna

833. ¿Cuántos fosfatos de alta energía requiere la síntesis de una molécula de urea mediante una vuelta de ciclo de la urea?

a. 1
b. 2
c. 3
d. 4
e. 5

834. ¿Dónde se requiere la hidrólisis de ATP en el ciclo de la urea?

a. En la formación del carbamoil fosfato
b. En la formación de la urea
c. En formación de argino-succinato
d. a y c son correctas
e. Todas son correctas

835. ¿Cuál de las siguientes ecuaciones describe el flujo global de materia del ciclo de la urea?

a. $2 NH_4^+ + HCO_3^- + 3 ATP + H_2O$ → urea + 2 ADP + AMP + 4 P_i + 5 H^+
b. $2 NH_4^+ + HCO_3^-$ → urea + 5 H^+
c. $NH_4^+ + HCO_3^- + 3 ATP + H_2O$ → urea + 2 ADP + AMP + 4 P_i + H^+
d. $2 NH_4^+ + HNO_3^- + 2 ATP + H_2O$ → urea + ADP + AMP + 3 P_i + 3 H^+
e. $2 NH_4^+ + HNO_3^- + 2 ATP + H_2O$ → urea + 2 ADP + 2 P_i + 3 H^+

836. ¿Cuál de las siguientes afirmaciones respecto a la degradación de proteínas es FALSA?

a. La ubiquitina, en una reacción dependiente de ATP, condensa algunos de sus residuos glicina con residuos lisina de la proteína diana
b. las proteínas marcadas con ubiquitina son conducidas al proteasoma y degradadas
c. los residuos de aminoácido más proclives a la oxidación por Fe^{2+} y $OH^{.}$ son el glutamato y el aspartato
d. las proteínas de vida corta (vida media inferior a dos horas) suelen tener una o más regiones (de entre 12 y 60 aminoácidos) especialmente ricas en prolina, glutamato, serina y treonina
e. el tiempo de vida de una proteína intracelular está estadísticamente muy corrrelacionado con la naturaleza del aminoácido que encontramos en posición N-terminal. Se ha visto que si éste es tirosina, triptófano o fenilalanina, la vida de la proteína es más corta.

837. En hígado y riñón encontramos la enzima L-aminoácido oxidasa, que cataliza...

a. la eliminación del grupo amino en posición β de un aminoácido, convirtiéndolo en un grupo oxo
b. la eliminación del grupo amino en posición α de un aminoácido, convirtiéndolo en un grupo oxo
c. la eliminación del grupo amino en posición α de un aminoácido, dejando un metileno en esa posición
d. la eliminación del grupo amino en posición β de un aminoácido, dejando un metileno en esa posición
e. la eliminación del grupo amino en posición β de un aminoácido, dejando un hidroxilo en esa posición

838. En hígado y riñón encontramos la enzima L-aminoácido oxidasa, que cataliza una oxidación de los aminoácidos. ¿A qué coenzima cede los electrones generados en esta oxidación?

a. FAD^+
b. NAD^+
c. coenzima A
d. $NADP^+$
e. FMN

839. El siguiente esquema recoge los pasos del ciclo de la urea de Krebs-Henseleit. ¿A qué compuestos corresponden las letras A, B, C, D. E, F, G, H, I, J, K y L?

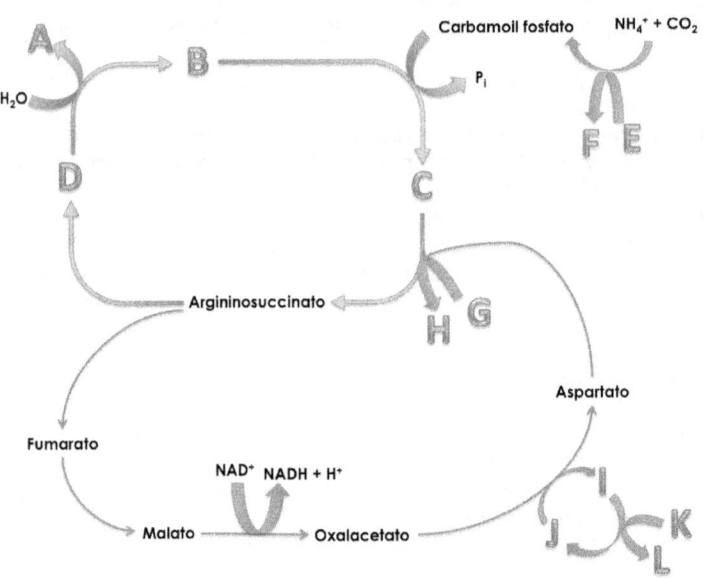

a. urea / ornitina / citrulina / arginina / 2 ATP / 2 ADP + P_i / ATP / AMP + PP_i / α-cetoglutarato / glutamato / NH_4^+ + NADH + H^+ / H_2O + NAD$^+$

b. urea / citrulina / ornitina / arginina / ATP / ADP + P_i / ATP / ADP + P_i / α-cetoglutarato / glutamato / NH_4^+ + NADH + H^+ / H_2O + NAD$^+$

c. urea / ornitina / citrulina / arginina / ATP / 2 ADP + P_i / ATP / ADP + P_i / α-cetoglutarato / glutamato / NH_4^+ + NADH + H^+ / H_2O + NAD$^+$

d. urea / citrulina / arginina / ornitina / 2 ATP / 2 ADP + P_i / ATP / AMP + PP_i / α-cetoglutarato / glutamato / NH_4^+ + NADH + H^+ / H_2O + NAD$^+$

e. urea / citrulina / arginina / ornitina / ATP / ADP + P_i / ATP / ADP + P_i / glutamato / α-cetoglutarato / NH_4^+ + NAD$^+$ / H_2O + NADH + H^+

840. La fenilcetonuria es una enfermedad genética caracterizada por la incapacidad del paciente para transformar fenilalanina en tirosina. Suele deberse a un deficiencia en la enzima fenilalanina hidrolasa o la enzima tetrahidrobiopterina reductasa. ¿Qué se observa en los pacientes de dicha patología?

a. son más claros de piel, dado que la tirosina es un precursor de la síntesis de melanina
b. presentan un incremento de fenilalanina en orina
c. es necesario suplementar la dieta de estos pacientes con tirosina
d. a, b y c son correctas
e. sólo b y c son correctas

841. ¿Cuál de los siguientes aminoácidos es esencial en humanos?

a. alanina
b. asparagina
c. prolina
d. ácido glutámico
e. histidina

842. Un importante porcentaje del flujo de carbono entre las proteínas de tejidos periféricos e hígado se hace por medio de la liberación de unos aminoácidos a sangre, que son finalmente captados a nivel hepático y nutren los procesos de la gluconeogénesis y el ciclo de la urea. ¿De qué aminoácidos se trata?

a. glicina y valina
b. serina y treonina
c. alanina y glutamina
d. glutamato y aspartato
e. prolina e histidina

843. ¿Cuál de las siguientes listas contiene exclusivamente aminoácidos esenciales en humanos?

a. FVTWIMHRLK
b. QWI
c. FSNMRLHKTV
d. DESNMRLHKTV
e. FSDNMRLHKEV

844. ¿Cuál de las siguientes afirmaciones es FALSA respecto a la biosíntesis de aminoácidos en humanos?

a. la cisteína suele considerarse aminoácido no esencial porque podemos fabricarlo a partir de la serina, pero en cierta forma es esencial ya que el azufre que incorpora proviene de la metionina, que ha de ser ingerida en dieta.
b. la fenilalanina es un aminoácido esencial y a partir él podemos fabricar la tirosina
c. la alanina no es un aminoácido esencial. Puede fabricarse directamente a partir del piruvato, por transaminación
d. la serina no es un aminoácido esencial. Puede fabricarse directamente a partir del 3-fosfoglicerato, por transaminación
e. existen rutas biosintéticas que fabrican la cadena lateral heterocíclica del triptófano en humanos. Aunque esta síntesis es exclusiva de algunas regiones de la corteza renal, puede considerarse este aminoácido como no esencial

845. La alanina se fabrica a partir de piruvato mediante una reacción de transaminación acoplada a otra transaminación en sentido inverso. ¿Cuál es esta segunda reacción acoplada?

a. glutamato → α-cetoglutarato
b. valina → α-cetoisovalerato
c. cisteína → α-cetocistinato
d. a y b
e. todas son ciertas

846. Existe un aminoácido que puede fabricarse a partir de la ornitina producida en el ciclo de la urea, y ello aporta cantidades suficientes del mismo para un adulto. Sin embargo, dado para las personas en crecimiento no es suficiente este ritmo de síntesis, por lo que suele considerarse un aminoácido esencial. ¿De cuál se trata?

a. fenilalanina
b. triptófano
c. metionina
d. arginina
e. lisina

847. La ruta de fabricación de la histidina (en E.coli) se inicia con un precursor llamado...

a. ribosa-5-fosfato
b. 5-fosforibosil pirofosfato
c. monofosfato de citidina
d. inulina-trifosfato
e. inositol-trifosfato

848. La _____ se fabrica directamente a partir de la _____, aunque requiere el azufre derivado de la _____.

a. cisteína / serina / metionina
b. cisteína / alanina / metionina
c. metionina / serina / cisteína
d. metionina / alanina / cisteína
e. metionina / treonina / cisteína

849. Existe un aminoácido que ha de ingerirse en la dieta, como precursor de la tirosina. ¿De cuál se trata?

a. prolina
b. triptófano
c. fenilalanina
d. histidina
e. arginina

850. La _____ de la fenilalanina es un paso crítico en el metabolismo de dicho aminoácido, siendo esencial en su transformación a tirosina, hormonas tiroideas o catecolaminas.

a. acetilación
b. hidroxilación
c. hidrogenación
d. transaminación
e. fosforilación

851. La lisina se fabrica a partir de _____ a través de la ruta de _____

a. el piruvato / Creutzfeldt
b. la alanina / las pentosas fosfato
c. el aspartato / el diaminopimelato
d. la arginina / las transaminasas hepáticas
e. la arginina / el corismato

852. La síntesis de los aminoácidos glutamato, glutamina, prolina y arginina se realiza mayoritariamente a partir de un intermediario del ciclo de Krebs. ¿Cuál?

a. citrato
b. α-cetoglutarato
c. succinato
d. fumarato
e. oxalacetato

853. La síntesis de serina pasa por los siguientes intermediarios...

a. 3-fosfoglicerato / fosfohidroxilpiruvato / fosfoserina / serina
b. dihidroxiacetonafosfato / gliceraldehído-3-fosfato / serina
c. 1,3-bisP-glicerato / 2-fosfoglicerato / fosfoenolpiruvato /serina
d. eritrosa-4-fosfato / eritrosa-1,4-bisP / glutamina fosfato /serina
e. glutamina fosfato / glutamina /serina

854. La síntesis de fenilalanina, tirosina y triptófano tiene en común la formación de un intermediario previo denominado _____, que se genera a partir de _____ y _____.

a. corismato / fosfoenolpiruvato / eritrosa-4-fosfato
b. ácido benzoico / fenol / ácido carbónico
c. 2-metil-butadieno / carbamoil fosfato / bicarbonato
d. ácido salicílico / 3-fosfoglicerato / acetilCoA
e. histidina / glutamina / ácido benzoico

855. El siguiente esquema representa dos etapas intermedias de la biosíntesis de un aminoácido ¿de cuál?

a. metionina
b. fenilalanina
c. glicina
d. valina
e. lisina

856. La aspartoquinasa es una enzima que cataliza la fosforilación del ácido aspártico, que es un paso previo para su conversión en otros aminoácidos. ¿en qué aminoácidos se transforma el ácido aspártico habitualmente?

a. lisina
b. metionina
c. asparagina
d. a y c
e. todas son ciertas

857. En la ruta biosintética de un aminoácido se llega a un compuesto llamado corismato. Este compuesto se transforma en antranilato mediante una enzima que requiere el aporte de nitrógeno proveniente de amonio o glutamina. Finalmente se llega al aminoácido en cuestión. ¿De cuál se trata?

a. histidina
b. triptófano
c. lisina
d. ácido glutámico
e. treonina

858. La metionina puede convertirse, mediante la acción de una enzima, en S-adenosil-metionina (SAM) ¿cuál de los siguientes es un papel habitual de SAM en los sistemas biológicos?

a. actúa de donador de grupos metil, asociado a numerosas enzimas
b. actúa de regulador del pH sanguíneo, de manera análoga al glutatión
c. actúa como precursor de las hormonas tiroideas
d. actúa como cofactor en la reacción de yodación de la tirosina para formar las hormonas tiroideas
e. actúa como moneda energética

Metabolismo de nucleótidos

859. La ruta de biosíntesis de las purinas se inicia con la ribosa-5-P y finaliza en un compuesto denominado...

a. adenina
b. monofosfato de adenina (AMP)
c. monofosfato de adenina cíclico (AMPc)
d. trifosfato de guanina (GTP)
e. monofosfato de inosina (IMP)

860. En la ruta de síntesis de las purinas, la enzima ribosa fosfato pirofosfoquinasa añade un fosfato a la ribosa-5-P (procedente de la vía de las pentosas fosfato) generando...

a. 5-fosforribosilpirofosfato (PRPP)
b. 1-fosforribosilpirofosfato (PRPP)
c. ribosa-1,5-bisP (RbP)
d. ribosa-2,5-bisP (RbP)
e. ribosa-3,5-bisP (RbP)

861. Para fabricar una molécula de monofosfato de inosina (IMP) a partir de ribosa-5-P son necesarias...

a. 1 molécula de ATP
b. 2 moléculas de ATP
c. 3 moléculas de ATP
d. 4 moléculas de ATP
e. 5 moléculas de ATP

862. El monofosfato de inosina puede transformarse en monofosfato de guanina en dos etapas, pasando por un intermediario llamado...

a. monofosfato de adenosina (AMP)
b. difosfato de guanidinio
c. guanidil trifosfato (GTP)
d. monofosfato de oxanosina (OMP)
e. monofosfato de xantina (XMP)

863. En la ruta de síntesis de las purinas, la enzima amidofosforribosil-transferasa cataliza la transformación del PRPP en 5-fosforribosilamina, como se muestra en el esquema.

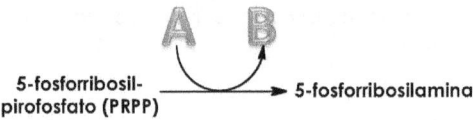

5-fosforribosil-pirofosfato (PRPP) → 5-fosforribosilamina

¿Qué compuestos vienen representados por las letras A y B?

a. A=glutamina; B=(glutamato + PP$_i$)
b. A=serina; B=(piruvato + PP$_i$)
c. A=glutamina; B=(glutamato)
d. A=serina; B=(piruvato)
e. A=(serina + ATP); B=(piruvato + AMP + PP$_i$)

864. El monofosfato de adenosina puede transformarse en monofosfato de guanina en dos etapas, pasando por un intermediario llamado...

a. adenil difosfato
b. adenilsuccinato
c. adenil-CoA
d. monofosfato de natrina (NMP)
e. monofosfato de xantina (XMP)

865. El paso de IMP a adenil-succinato transcurre, catalizado por la adenil-succinato sintetasa, según la siguiente ecuación química...

a. IMP + glutamato + GTP → GDP + adenil-succinato
b. IMP + ATP → ADP + adenil-succinato
c. IMP + GTP → GDP + adenil-succinato
d. IMP + aspartato + GTP → GDP + adenil-succinato
e. IMP + glutamato + ATP → ADP + adenil-succinato

866. El ácido úrico...

a. ...y el ácido ascórbico tienen un elevado poder antioxidante
b. ...procede de la acción de la xantina oxidasa sobre el heterociclo xantina
c. ...es el producto final del metabolismo de las purinas en humanos
d. b y c son ciertas
e. todas son ciertas

867. El paso de adenil-succinato a AMP, catalizado por la adenil-succinato liasa, transcurre según la siguiente ecuación química...

a. adenil-succinato + ATP → ADP + P$_i$ + AMP
b. adenil-succinato + ATP → ADP + P$_i$ + succinato + AMP
c. adenil-succinato + ATP → ADP + P$_i$ + succinilCoA + AMP
d. adenil-succinato + ATP → ADP + P$_i$ + fumarato + AMP
e. adenil-succinato → fumarato + AMP

868. El paso de IMP a XMP, catalizado por la IMP-deshidrogenasa, transcurre según la siguiente ecuación química...

a. IMP → XMP
b. IMP + NAD$^+$ → XMP + NADH + H$^+$
c. IMP + H$_2$O + NAD$^+$ → XMP + NADH + H$^+$
d. IMP + NADH + H$^+$ → XMP + NAD$^+$
e. IMP + H$_2$O + NADH + H$^+$ → XMP + NAD$^+$

869. ¿Cuál de las siguientes afirmaciones referentes al metabolismo del ácido úrico es FALSA?

a. La mayoría de mamíferos (excepto muchos primates) transforman el ácido úrico en alantoína
b. Los perros de la raza dálmata no pueden realizar la conversión del ácido úrico en alantoína, por lo quue son de los pocos mamíferos que excretan ácido úrico, y en eso se parecen a los seres humanos
c. El ácido úrico y el ácido ascórbico tienen un elevado poder antioxidante. Es muy probable que el ácido úrico realice en mamíferos no primates las funciones de la vitamina C en humanos.
d. Las aves y los reptiles excretan directamente el ácido úrico en forma sólida.
e. El cobre activa la xantina oxidasa y el hierro la inhibe. Así pues, los niveles plasmáticos de ambos metales (que varían con la edad del individuo) modulan la tasa de producción de ácido úrico a lo largo de la vida.

870. El paso de XMP a GMP, catalizado por la GMP-sintetasa, transcurre según la siguiente ecuación química...

a. XMP + glutamina + ATP → GMP + glutamato + AMP
b. XMP + ATP → GMP + AMP
c. XMP + glutamina → GMP + glutamato
d. XMP + serina + ATP → GMP + piruvato + AMP
e. XMP + serina → GMP + piruvato

871. Las bases púricas, para ser degradadas, se transforman todas en _____, que posteriormente se transforma en _____, que es el producto final del catabolismo de aminas en mamíferos.

a. inosina / inulina
b. inosina / xantina
c. inosina / hipoxantina
d. xantina / ácido úrico
e. inosina / ácido úrico

872. El precursor de todos los nucleótidos pirimidínicos de la célula es el...

a. monofosfato de uridina (UMP)
b. monofosfato de timidina (TMP)
c. monofosfato de 5-OH-timidina (5-OH-TMP)
d. monofosfato de citidina (UMP)
e. monofosfato de isocitidina (IMP)

873. La siguiente lista de compuestos indica los intermediarios que aparecen en la biosíntesis de novo del monofosfato de uridina (UMP). ¿Cuál es la lista correcta?

a. fumarato / carbamoilfosfato / carbamoilaspartato / dihidroorotato / orotato / UMP
b. glutamina / carbamoilfosfato / orotato / TMP / UMP
c. metionina / carbamoilfosfato / 5-OH-piridina / orotato / UMP
d. bicarbonato + glutamina / carbamoilfosfato / carbamoilaspartato / dihidroorotato / orotato / UMP
e. serotonina / aspartato / UMP

Enfermedades metabólicas

874. La cistinuria...

a. es un trastorno de los mecanismos de reabsorción de aminoácidos dibásicos a nivel renal
b. es un trastorno de la transaminación del cistinato para fabricar cisteína
c. es un trastorno del catabolismo de la cisteína
d. es un trastorno debido a la deficiencia en la enzima que aporta azufre a la serina para que se pueda fabricar cisteína
e. b y c son correctas

875. Entre los fármacos destinados al tratamiento de la diabetes tipo 2, encontramos las sulfonilureas. ¿Cuál es su mecanismo de acción?

a. aumentan la captación de glucosa por los tejidos
b. aumentan la sensibilidad de los tejidos por la insulina
c. estimulan la secreción de insulina
d. disminuyen la acidosis sanguínea
e. a y b son ciertas

876. La diabetes mellitus de tipo I se caracteriza...

a. ...por unos bajos niveles de glucagón en sangre
b. ...por unos bajos niveles de glucosa en sangre
c. ...por unos bajos niveles de hierro en sangre
d. ...por unos bajos niveles de adrenalina en sangre
e. ...por unos bajos niveles de insulina en sangre

877. ¿Cuál de los siguientes es un síntoma de la diabetes mellitus de tipo I?

a. incremento de la cantidad total de orina (poliuria)
b. excesiva sed (polidipsia)
c. excesiva hambre (polifagia)
d. boca seca (xerostomía)
e. todas son correctas

878. Una serie de alteraciones del catabolismo lipídico (deficiencias en el transporte de carnitina, deficiencias en la AcilCoA deshidrogenasa y síndrome de Zellweger) coinciden en un claro signo. ¿Cuál es?

a. presencia de acetaldehído en orina
b. presencia de acetona en orina
c. presencia de ácidos grasos de cadena media en orina
d. presencia de insulina en orina
e. presencia de acetilCoA en orina

879. La enfermedad monogénica más frecuente de entre las que afectan al metabolismo glucídico, con una incidencia de 1 de cada 55000 nacimientos, es la...

a. ...fenilcetonuria
b. ...incapacidad de metabolizar galactosa
c. ...deficiencia en fosfofructoquinasa-II
d. ...deficiencia en piruvato carboxilasa
e. ...denominada fiebre de Jacob

880. La deficiencia de la arginosuccinato sintasa provoca...

a. fenilcetonuria
b. cistinuria
c. succinaturia
d. galactosuria
e. citrulinuria

881. El exceso de amonio (NH_4^+) a nivel cerebral, especialmente en el cerebelo y núcleo estriado, provoca...

a. ...una notable activación de los receptores de NMDA (N-metil-D-aspartato), aumentando los niveles de GMP_c
b. ...una activación de la glutamato deshidrogenasa en su función de convertir α-cetoglutarato y amonio en glutamato, frenando la velocidad del ciclo de Krebs y contribuyendo indirectamente a la muerte celular
c. ...un incremento de los niveles de carbamoil fosfato, que actúa de antagonista competitivo de la serotonina interfiriendo en la función nerviosa
d. a y b son ciertas
e. todas son ciertas

882. La mayoría de casos de galactosemia de origen genético se producen por mutaciones en el gen de la...

a. galactosa-1-P uridililtransferasa
b. glucógeno fosforilasa
c. lactasa
d. fosfogalactomutasa
e. uridindifosfato galactosa-4-epimerasa

883. Existe una anomalía genética poco frecuente en la que la fructoquinasa hepática no es funcional. ¿Cuál de los siguientes síntomas te parece verosímil que acompañe a dicha patología?

a. un exceso de fructosa en orina (fructosuria)
b. disminución de los niveles de insulina
c. aumento de los niveles de glucagón
d. a y c son ciertas
e. todas son ciertas

884. ¿Cuál es la causa de la diabetes mellitus de tipo I?

a. la destrucción de las células β del páncreas
b. la proliferación maligna de células en la médula ósea
c. la disminución de los niveles de glucosa en sangre
d. la desensibilización de los receptores de acidez sanguínea situados en el cayado aórtico y en los senos carotídeos
e. la destrucción del parénquima del córtex renal

885. ¿Cuál de los siguientes es un síntoma de la diabetes mellitus de tipo I?

a. incremento de la cantidad total de orina (poliuria)
b. pérdida de peso
c. fatiga
d. a y c son ciertas
e. todas son ciertas

886. Entre las complicaciones frecuentes de la diabetes, encontramos la neuropatía diabética. ¿Por qué se produce?

a. porque la aldosa reductasa genera mucho sorbitol, que entra en el sistema nervioso e inhibe la entrada de mioinositol en las células nerviosas. Esto genera un efecto indirecto sobre la acción de la ATPasa Na^+/K^+ en las neuronas y altera la conducción nerviosa

b. porque el exceso de glucosa es transformado, gracias a una variante de fosfoglucomutasa, en alosa. La alosa transaminasa fabrica dos moléculas de glutamato por cada molécula de glucosa que inicia la ruta. Este aumento desorbitado del glutamato (que es un neurotransmisor), provoca importantes trastornos en la comunicación interneuronal

c. porque el exceso de glucosa es fosforilado, convertido en galactosa-6-P, y posteriormente en galactosa-1,6-bisP. Una ruta enzimática en tres pasos fabrica serotonina a partir de este reactivo. Este aumento desorbitado de la serotonina (que es un neurotransmisor), provoca importantes trastornos en la comunicación interneuronal

d. porque muchas veces la insulina inyectada genera episodios localizados de hipopotasemia en diversos lugares del cerebro, aunque puede afectar también a nervios periféricos

e. porque el exceso de glucosa, a través de una ruta enzimática en tres pasos, es transformado en idosa. Una enzima fabrica dos moléculas de GABA (ácido γ-aminobutírico) por cada molécula de glucosa que inicia la ruta. Este aumento desorbitado del GABA (que es un neurotransmisor), provoca importantes trastornos en la comunicación interneuronal

887. Una niña de unos 5 meses presenta episodios periódicos de vómitos y no gana peso. Su comportamiento presenta marcadas oscilaciones entre periodos de letargia y de excesiva irritabilidad. Tiene un electroencefalograma anormal y una concentración inusualmente alta de amonio en plasma (~550mg/dl cuando lo normal es 25-150 mg/dl). La concentración de glutamina también se encuentra aumentada respecto a sus valores basales. Además, en orina se detecta la presencia de orotato, un precursor de la pirimidina. ¿A cuál de los siguientes defectos genéticos puede ser debido este cuadro clínico?

a. la diabetes melitus de tipo I

b. la actividad ornitina transcarbamoilasa hepática está muy reducida

c. el síndrome de Zellweger (una incapacidad para la correcta fabricación de peroxisomas)

d. la citrulina deshidrogenasa muscular no es funcional

e. la fosfofructoquinasa-I hepática no es funcional

888. ¿Cuál de los siguientes signos, encontrados en un análisis de sangre, es indicativo de homocistinuria?

a. elevada concentración de sodio y amonio
b. elevada concentración de carbamoil fosfato
c. valores elevados de metionina y dímeros de homocisteína
d. valores elevados de ácido sulfhídrico
e. valores de concentración de cisteína y urea inusualmente elevados y muy similares entre sí

889. La fenilcetonuria es una enfermedad genética caracterizada por la incapacidad del paciente para transformar fenilalanina en tirosina. Suele deberse a un deficiencia en la enzima fenilalanina hidrolasa o la enzima tetrahidrobiopterina reductasa. ¿Qué se observa en los pacientes de dicha patología?

a. son más claros de piel, dado que la tirosina es un precursor de la síntesis de melanina
b. presentan un incremento de fenilalanina en orina
c. es necesario suplementar la dieta de estos pacientes con tirosina
d. a, b y c son correctas
e. sólo b y c son correctas

890. ¿Cuál de los siguientes signos clínicos se asocia a la enfermedad de la orina de jarabe de arce?

a. elevación de los niveles sanguíneos de los cetoácidos correspondientes a los aminoácidos aromáticos en general
b. elevación de los niveles sanguíneos de los cetoácidos correspondientes a los aminoácidos de cadena ramificada
c. elevación de los niveles sanguíneos de los aminoácidos aromáticos en general
d. elevación de los niveles sanguíneos de triptófano
e. elevación de los niveles sanguíneos de fenilalanina

891. Entre los fármacos destinados al tratamiento de la diabetes tipo 2, encontramos las biguanidas (por ejemplo, la metformina). ¿Cuál es su mecanismo de acción?

a. aumentan la captación de glucosa por los tejidos
b. aumentan la sensibilidad de los tejidos por la insulina
c. estimulan la secreción de insulina
d. disminuyen la acidosis sanguínea
e. a y b son ciertas

892. La fenilcetonuria...

a. es el resultado de la deficiencia de la enzima fenilalanina fosforilasa
b. es el resultado de la deficiencia de la enzima fenilalanina carboxiquinasa
c. es el resultado de la deficiencia de la enzima fenilalanina transaminasa
d. es el resultado de la deficiencia de la enzima fenilalanina deshidrogenasa
e. es el resultado de la deficiencia de la enzima fenilalanina hidroxilasa

893. La enfermedad de almacenamiento de glucógeno de tipo I (enfermedad de von Gierke) se produce por una deficiencia de la glucosa-6-fosfatasa, que da lugar a...

a. ...una hipoglucemia durante el ayuno que no remite al incrementar los niveles sanguíneos de insulina
b. ...una hipoglucemia durante el ayuno que no remite al incrementar los niveles sanguíneos de glucagón o adrenalina
c. ...una hiperglucemia durante las 2-3 primeras horas tras la comida, que no remite al incrementar los niveles sanguíneos de insulina
d. ...una hiperglucemia durante el ayuno que no remite al incrementar los niveles sanguíneos de insulina
e. ...una hiperglucemia durante el ayuno que no remite al incrementar los niveles sanguíneos de glucagón o adrenalina

894. ¿Cuál de las siguientes afirmaciones es FALSA?

a. la insulina incrementa la captación de potasio por las células
b. la falta de insulina provoca la liberación de potasio por las células, principalmente en el músculo esquelético
c. la mayoria de pacientes ingresados con una cetoacidosis diabética presentan niveles elevados de potasio en orina
d. la mayoria de pacientes ingresados con una cetoacidosis diabética presentan niveles elevados de potasio en sangre
e. inyectar insulina a pacientes con una cetoacidosis diabética aguda tiene un notable riesgo de generar hipopotasemia, que es peligrosa para el músculo cardiaco. Por ello, muchas veces es conveniente añadir suplementos de potasio en el tratamiento con insulina de este cuadro clínico.

895. Los pacientes de fenilcetonuria...

a. tienden a tener una pigmentación muy clara
b. presentan una cantidad excesiva de fenil-lactato y fenilpiruvato en orina
c. presentan epilepsia con elevada frecuencia
d. a y b son ciertas
e. todas son ciertas

896. La denominada 'enfermedad de la orina negra' (alcaptonuria)...

a. está causada por una deficiencia en la enzima que cataliza la oxidación del ácido homogentísico, un intermediario del catabolismo de la fenilalanina y la tirosina
b. suele derivar en la acumulación de depósitos sólidos en las articulaciones, provocando frecuentemente artritis a la edad de 30-40 años
c. se produce por un defecto genético en la ruta del catabolismo aminoacídico que va desde tirosina a acetilCoA-fumarato
d. b y c son correctas
e. todas son correctas

897. Entre los fármacos destinados al tratamiento de la diabetes tipo 2, encontramos las tiazolidinedionas. ¿Cuál es su mecanismo de acción?

a. aumentan la captación de glucosa por los tejidos
b. aumentan la sensibilidad de los tejidos por la insulina
c. estimulan la secreción de insulina
d. disminuyen la acidosis sanguínea
e. a y b son ciertas

898. La deficiencia en la glucógeno fosforilasa muscular (enfermedad de McArdle) provoca...

a. hipoglucemia
b. hiperglucemia
c. limitación en los pacientes para la realización de ejercicio físico extremo
d. a y c son correctas
e. b y c son correctas

899. ¿Cuál de las siguientes afirmaciones, referentes a la diabetes melitus de tipos I y II, es FALSA?

a. la diabetes mellitus tipo I suele detectarse antes de los 20 años de edad
b. la diabetes mellitus tipo II suele detectarse después de los 40 años de edad
c. la diabetes mellitus tipo II se produce por la degradación (probablemente inmunitaria) de las células β del páncreas
d. la diabetes mellitus tipo I cursa con una concentración de insulina en plasma prácticamente inexistente
e. una respuesta positiva a anticuerpos anti-células de los islotes de Langerhans es indicativo de la diabetes mellitus tipo I

Biosíntesis de carbohidratos en plantas y bacterias. Fotosíntesis.

Cuestiones generales

900. ¿Cuál de las siguientes es la ecuación global de la fotosíntesis?

a. $3 CO_2 + 3 H_2O$ + energía de la luz $\rightarrow C_3H_6O_3 + 3 O_2$

b. $6 CO_2 + 6 H_2O$ + energía de la luz $\rightarrow C_6H_{12}O_6 + 6 O_2$

c. $6 O_2 + 6 H_2O$ + energía de la luz $\rightarrow C_6H_{12}O_6 + 6 CO_2$

d. $5 O_2 + 5 H_2O$ + energía de la luz $\rightarrow C_5H_{10}O_5 + 5 CO_2$

e. $5 CO_2 + 5 H_2O$ + energía de la luz $\rightarrow C_5H_{10}O_5 + 5 O_2$

901. ¿De qué molécula(s) provienen los átomos de oxígeno presentes en el O_2 expulsado por los organismos fotosintéticos?

a. Del agua

b. Del agua y del CO_2

c. Del CO_2

d. De la glucosa

e. De la glucosa y del agua

902. La quimiosíntesis, mediante la que las bacterias sulfúricas púrpuras fijan el CO_2 atmosférico, es globalmente un proceso redox en el que el CO_2 se reduce a materia orgánica y un agente reductor se oxida. ¿Cuál es este agente reductor?

a. H_2O

b. H_2S

c. HSO_3^-

d. H_2

e. Lactato

903. La fotosíntesis de las plantas, algas verdes y cianobacterias es globalmente un proceso redox en el que el CO_2 se reduce a materia orgánica y un agente reductor se oxida. ¿Cuál es este agente reductor?

   a. H_2O

   b. H_2S

   c. HSO_3^-

   d. H_2

   e. Lactato

904. La quimiosíntesis, mediante la que las bacterias sulfúricas verdes fijan el CO_2 atmosférico, es globalmente un proceso redox en el que el CO_2 se reduce a materia orgánica y un agente reductor se oxida. ¿Cuál es este agente reductor?

   a. H_2O

   b. H_2S

   c. HSO_3^-

   d. H_2

   e. Lactato

El cloroplasto

905. Los cloroplastos son especialmente habituales en las células del mesófilo cercanas a la superficie de las hojas. ¿Cuál de las siguientes cifras podría considerarse correcta como indicador del número aproximado de cloroplastos que es habitual encontrar en cualquiera de estas células?

a. 1
b. 5
c. 50
d. 500
e. 50000

906. Las algas eucariotas tienen cloroplastos. ¿Cuál de las siguientes cifras podría considerarse correcta como indicador del número aproximado de cloroplastos que encontramos por lo general en una de estas algas?

a. 1
b. 5
c. 50
d. 500
e. 50000

907. ¿Cuál de las siguientes afirmaciones es FALSA?

a. Los cloroplastos poseen una membrana externa con una permeabilidad muy selectiva y una membrana interna con una permeabilidad bastante poco selectiva
b. Los cloroplastos tienen su propio ADN, así como ribosomas y otra maquinaria molecular que les permite expresar algunos de sus genes
c. Los tilacoides son sacos membranosos apilados en el interior del cloroplasto. En ellos se encuentra la clorofila y se realiza la fase lumínica de la fotosíntesis.
d. El ATP y el NADPH liberados en las reacciones de la fase lumínica son liberados al estroma, donde tiene lugar la fase oscura de la fotosíntesis.
e. La absorción de la luz del Sol tiene lugar en las membranas tilacoidales.

908. Los cloroplastos de las células eucariotas guardan una gran semejanza estructural y funcional con algunas cianobacterias, hasta el punto de que parece bastante probable que unos provengan evolutivamente de las otras. ¿Cuál de las siguientes especies bacterianas es una cianobacteria?

a. Entamoeba hystolitica
b. Helicobacter pilory
c. Staphylococcus aureus
d. Bacillus cereus
e. Anabaena azollae

Pigmentos, absorción de la luz y fase lumínica

909. ¿Cuál es la velocidad de propagación de la luz en el vacío?

a. $3 \cdot 10^{-6}$ m/s
b. 3 m/s
c. $3 \cdot 10^3$ m/s
d. $3 \cdot 10^6$ m/s
e. $3 \cdot 10^8$ m/s

910. ¿Cuál es el aceptor final de electrones en las reacciones de la fase lumínica?

a. el NADH
b. el $FADH_2$
c. el NADPH
d. el H_2O
e. el piruvato

911. Los electrones excitados en el fotosistema II (centro reactivo P680) dejan en este sistema un déficit de electrones que ha de ser repuesto por un dador de electrones ¿Cuál es este dador?

a. la plastocianina
b. el plastoquinol
c. el agua
d. la luz
e. la clorofila b

912. Cuando la concentración de NADP⁺ en el estroma es baja, se activa un mecanismo de flujo cíclico de electrones ¿en qué consiste?

a. los electrones que se excitan en el complejo P700 (fotosistema I) se transfieren al NADP⁺ y desde allí al complejo P680 (fotosistema II)
b. los electrones que se excitan en el complejo P700 (fotosistema I) se transfieren al NADP⁺ y desde allí regresan al complejo P700
c. los electrones que se excitan en el complejo P700 (fotosistema I) se transfieren al H_2O y desde allí regresan al complejo P700
d. los electrones que se excitan en el complejo P700 (fotosistema I) se transfieren a la plastocianina, de allí a la ferredoxina y desde allí regresan al complejo P700
e. los electrones que se excitan en el complejo P700 (fotosistema I) pasan a la ferredoxina y, de allí, al citocromo b_6f, desde donde regresan al complejo P700 a través de la plastocianina

913. La energía (E) de un fotón puede obtenerse, si se conocen algunos parámetros, mediante la Ley de Planck. ¿Cómo se calcula dicha energía según esta ley? (h=constante de Planck; ν =frecuencia de fotón; λ=longitud de onda del fotón)

    a. $E = (1/2) \cdot \nu^2$
    b. $E = h \nu$
    c. $E = h/\lambda$
    d. $E = (1/2) \cdot (h/\nu)^2$
    e. $E = (1/2) \cdot (\nu/h)^2$

914. La energía de un mol de fotones es un parámetro que en ocasiones se mide para evaluar la energía que llega a la fotosíntesis en función de la longitud de onda de la radiación incidente. Aproximadamente, ¿cuál de los siguientes valores sería verosímil como valor de la energía por mol de fotones de una radiación ultravioleta? (las letras K, M y G hacen referencia a los prefijos kilo, mega y giga, respectivamente)

    a. 3 KJ
    b. 500 KJ
    c. 3 MJ
    d. 500 MJ
    e. 3 GJ

915. La energía de un mol de fotones es un parámetro que en ocasiones se mide para evaluar la energía que llega a la fotosíntesis en función de la longitud de onda de la radiación incidente. Aproximadamente, ¿cuál es la diferencia entre la energía por mol de fotones entre dos radiaciones situadas en los extremos del espectro de radiación visible (violeta y rojo)?

    a. 5 KJ
    b. 40 KJ
    c. 150 KJ
    d. 400 KJ
    e. 2500 KJ

916. En la fase lumínica de la fotosíntesis intervienen dos fotosistemas, que absorben luz visible mayoritariamente a dos longitudes de onda. ¿De qué longitudes se trata?

a. 450 y 480 nm
b. 450 y 500 nm
c. 540 y 600 nm
d. 540 y 690 nm
e. 680 y 700 nm

917. ¿Cuál de las siguientes listas de tipos de radiaciones sigue el orden de mayor a menor energía por mol de fotones?

a. azul → verde → ultravioleta →amarillo → infrarojo
b. ultravioleta → azul → verde → amarillo → infrarojo
c. ultravioleta → amarillo → azul → verde →infrarojo
d. infrarojo → amarillo → verde → azul → ultravioleta
e. infrarojo → verde → amarillo → azul → ultravioleta

918. La estructura de la clorofila se caracteriza porque...

a. presenta un átomo de Mg^{2+} coordinado a dos anillos de piridina
b. presenta un átomo de Cu^{2+} coordinado a cuatro anillos de furano
c. presenta un átomo de Mg^{2+} coordinado a cuatro anillos de pirrol
d. presenta un átomo de Fe^{2+} coordinado a cuatro anillos de tiofeno
e. presenta un átomo de Cl^- coordinado a dos anillos de tirosina

919. Los siguientes pigmentos tienen su máximo pico de absorción de luz visible a una determinada longitud de onda entre 400 y 700 nm. ¿Cuál de las siguientes listas los ordena de menor a mayor según la longitud de onda de ese pico de absorción?

a. ficocianina → clorofila a → β-caroteno → ficoeritrina
b. clorofila a → β-caroteno → ficoeritrina → ficocianina
c. β-caroteno → ficoeritrina → ficocianina → clorofila a
d. clorofila a → ficocianina → β-caroteno → ficoeritrina
e. ficocianina → β-caroteno → clorofila a → ficoeritrina

920. Las feofitinas son moléculas casi idénticas a las clorofilas. La diferencia está en que el átomo de Mg^{2+} central ha sido sustituído en las feofitinas por...

a. un Fe^{2+}
b. dos Na$^+$
c. un Ca^{2+}
d. dos Li$^+$
e. dos protones

921. ¿Cuál de las siguientes afirmaciones es FALSA?

a. la clorofila a tiene dos picos de absorción dentro del espectro de luz visible, uno a ~440 nm y otro a ~680 nm
b. la clorofila b tiene los mismos dos picos que la clorofila a, pero ligeramente más centrados en el espectro, uno a ~490 nm y otro a ~670 nm
c. la ficocianina absorbe con buena intensidad entre 550 y 650 nm, teniendo el máximo de absorción a ~620 nm
d. las ficoeritrinas tienen un pico de absorción muy localizado cerca de los 700 nm
e. entre 500 y 600 nm, las clorofilas (tanto la a como la b) absorben muy poca radiación

922. El fotosistema I...

a. recibe los electrones del fotosistema II, que han pasado por diversas moléculas transportadoras, y los transfiere al NADP$^+$, generando NADPH
b. genera un potencial redox necesario para la reducción del O$_2$ a agua
c. se mueve libremente por la luz tilacoidal
d. fabrica ATP gracias a la fuerza electromotriz de los protones que lo atraviesan
e. le pasa los electrones a la plastocianina, que los transporta hasta el fotosistema II, donde tiene lugar la fotolisis del agua

923. La radiación solar que llega a la superficie terrestre lo hace con diferente intensidad en el espectro de luz visible. ¿A qué longitud de onda la intensidad es máxima?

a. 300 nm
b. 400 nm
c. 500 nm
d. 600 nm
e. 700 nm

924. La plastocianina es una proteína que capta los electrones cedidos por el citocromo b6f, se mueve dentro de la luz tilacoidal y los transfiere al centro de reacción P700, del fotosistema I. ¿Qué proceso redox tiene lugar en esta proteina para que se dé la captación y cesión de electrones?

a. la coenzima NAD^+, unida no covalentemente a la plastocianina, capta electrones transformándose en $NADH+H^+$ y vuelve a ser NAD^+ al cederlos

b. un átomo de cobre pasa de Cu^{2+} a Cu^+ al captar un electrón y vuelve a Cu^{2+} al cederlo

c. la coenzima FAD^+, ligada covalentemente a la plastocianina, capta electrones transformándose en $FADH_2$ y vuelve a ser FAD^+ al cederlos

d. un átomo de hierro pasa de Fe^{3+} a Fe^{2+} al captar un electrón y vuelve a Fe^{3+} al cederlo

e. dos protones presentes en el centro activo de la plastocianina se convierten en hidrógeno molecular (H_2) al captar electrones y vuelven a estar disociados ($2\ H^+$) al ceder los electrones

925. Los investigadores Robert Emerson y William Arnold realizaron en la década de 1930 numerosos experimentos con algas del género *Chlorella*, llegando a un importante descubrimiento relativo a la fotosíntesis. ¿De qué se trataba?

a. vieron que aunque esta alga actuara con máxima eficacia, tan sólo producía una molécula de O_2 por cada ~2500 moléculas de clorofila presentes, estableciendo los primeros indicios del sistema de transmisión de la resonancia en los fotosistemas.

b. observaron que, además de la clorofila a, otros pigmentos como la ficoeritrina o la ficocianina estaban presentes en estas algas y se excitaban con luz visible

c. observaron que la relación entre el CO_2 consumido y el O_2 producido era menor de la unidad (alrededor de 0.8), aportando los primeros indicios de que cierta cantidad de oxígeno del CO_2 acaba convirtiéndose en H_2O, como se verificaría unos años más tarde mediante marcaje isotópico

d. establecieron que alrededor del 40% de la energía solar absorbida servía para excitar pigmentos distintos de la clorofila (ficoeritrina y ficocianina), cuya excitación no redundaba en una fijación neta de carbono

e. observaron que si alimentaban a las algas con CO_2 marcado isotópicamente, la mayor parte de los átomos de oxígeno de dicho gas quedaban finalmente incorporados en la glucosa de la planta y no en el O_2 desprendido

926. En la fotofosforilación cíclica...

a. El complejo citocromo b_6f y la ferredoxina actúan como competidores por los electrones de la ferredoxina
b. El complejo citocromo b_6f bombea protones a la luz tilacoidal permitiendo la síntesis de ATP
c. No se libera O_2
d. a y b son correctas
e. Todas son correctas

927. Las reacciones de Hill (Robert Hill, Universidad de Cambridge, 1939) demostraron que...

a. los fotones recibidos por un sistema fotosintético son transmitidos entre las moléculas de clorofila hasta llegar a unos lugares denominados 'centros de reacción'
b. los cloroplastos, iluminados con luz visible, son capaces de oxidar el agua a O_2 sin que intervenga el CO_2
c. al alimentar un cultivo de algas verdes con CO_2 y óxido ferroso (Fe^{2+}), el hierro se oxida a Fe^{3+} y el CO_2 se incorpora a moléculas de 5 carbonos
d. al alimentar un cultivo de algas verdes con CO_2 en presencia de luz visible, se produce un gas reactivo denominado oxígeno
e. al alimentar un cultivo de algas verdes con CO_2 y ácido sulfhídrico (H_2S), el azufre se oxida (formando SO_2) y el CO_2 se reduce incorporándose a moléculas de 6 carbonos (no identificadas entonces, pero que resultaron ser glucosa mayoritariamente)

928. El fotosistema II recibe la excitación lumínica y se excita uno de sus electrones. Este electrón se transfiere a un primer aceptor llamado...

a. feofitina a
b. citocromo b_6f
c. plastoquinona
d. plastocianina
e. NADPH

929. En la fotofosforilación cíclica...

a. El complejo citocromo b_6f y la ferredoxina actúan como competidores por los electrones de la ferredoxina
b. No se produce NADPH ni O_2 de forma neta
c. Se permite la síntesis de ATP, aprovechando así la intensidad de la luz solar en condiciones de baja concentración de precursores oxidados ($NADP^+$)
d. a y b son correctas
e. Todas son correctas

930. Los electrones de la feofitina a se transmiten a ...

a. el fotosistema I
b. el citocromo b_6f
c. la plastoquinona
d. la plastocianina
e. el NADPH

931. La plastoquinona reducida por los electrones aportados por la feofitina a se denomina plastoquinol. Viaja a través de la bicapa lipídica tilacoidal y cede sus electrones a un sistema proteico con varios centros hierro-azufre denominado...

a. citocromo c
b. citocromo b_6f
c. hemocianina
d. complejo de Rieske
e. citocromo f

932. El citocromo b_6f transmite sus electrones a...

a. el fotosistema I
b. el fotosistema II
c. la plastoquinona
d. la plastocianina
e. el NADPH

933. Completa los huecos:

"Los electrones excitados en el fotosistema I pasan inicialmente a un aceptor clorofílico (__). Posteriormente son transferidos a una molécula de _____, para pasar más tarde a un conjunto de tres proteínas hierro-azufre (_____, _____ y _____). Más tarde, llegan a la _____ soluble, que encontramos en el estroma, de donde los electrones llegan finalmente al _____"

    a. A_0 / filoquinona / F_x / F_B / F_A / ferredoxina / NADPH
    b. filoquinona / A_0 / F_x / F_B / F_A / ferredoxina / NADPH
    c. A_0 / ferredoxina / F_x / F_B / F_A / filoquinona / NADPH
    d. ferredoxina / NADPH / F_x / F_B / F_A / filoquinona / A_0
    e. A_0 / NADPH / F_x / F_B / F_A / ferredoxina / filoquinona

934. Los electrones transferidos a la cadena de transporte electrónico desde el fotosistema I han de ser repuestos para compensar el déficit de electrones en origen ¿de dónde provienen estos 'electrones de repuesto'?

    a. del agua
    b. de la plastocianina
    c. de la ferredoxina reducida
    d. del CO_2
    e. de la cadena de transporte electrónico mitocondrial

935. El conjunto de reacciones de la fase lumínica de la fotosíntesis puede resumirse en la siguiente ecuación química, en la que $h\nu$ simboliza un fotón (señala la opción correcta)

    a. $6\ H_2O + 6\ CO_2 + 12\ NADP^+ + 12\ H^+\ 6\ h\nu \rightarrow C_6H_{12}O_6 + 6\ O_2 + 12\ NADPH$
    b. $6\ H_2O + 6\ CO_2 + 6\ NADP^+ + 12\ H^+\ 6\ h\nu \rightarrow C_6H_{12}O_6 + 6\ O_2 + 6\ NADPH$
    c. $6\ H_2O + 6\ CO_2 + 12\ NAD^+ + 12\ H^+\ 6\ h\nu \rightarrow C_6H_{12}O_6 + 6\ O_2 + 12\ NADH$
    d. $2\ H_2O + 2\ NAD^+ + 4\ h\nu \rightarrow 2\ H^+ + O_2 + 2\ NADH$
    e. $2\ H_2O + 2\ NADP^+ + 4\ h\nu \rightarrow 2\ H^+ + O_2 + 2\ NADPH$

936. La acción conjunta de los fotosistemas I y II da lugar a...

    a. la reducción de $NADP^+$ a NADPH
    b. la acidificación de la luz tilacoidal respecto al estroma
    c. la generación de un gradiente de protones a través de la membrana tilacoidal
    d. a y c son correctas
    e. todas son correctas

937. El gradiente de protones generado en la membrana tilacoidal como consecuencia del funcionamiento de los fotosistemas I y II permite generar un flujo de protones y acoplar dicho flujo a la síntesis de ATP. La maquinaria proteica encargada de dicho proceso en el cloroplasto es similar a la mitocondrial y recibe el nombre de complejo CF_0-CF_1. Se ha calculado cuántos protones es necesario que atraviesen la membrana mediante este sistema para generar una molécula de ATP. ¿Cuántos son?

a. 3
b. 5
c. 7
d. 9
e. 12

938. ¿Cuál de las siguientes afirmaciones es correcta respecto a la distribución de los diferentes fotosistemas en la membrana del tilacoide?

a. la membrana tilacoidal replegada, que no está en contacto directo con el estroma, tiene mucho más fotosistema I que fotosistema II
b. la membrana tilacoidal que está en contacto directo con el estroma tiene mucho más fotosistema I que fotosistema II
c. la membrana tilacoidal que está en contacto directo con el estroma tiene mayor cantidad de complejos ATP sintasa que la membrana replegada hacia el interior de los grana, que no está en contacto directo con el estroma
d. b y c son correctas
e. todas son correctas

939. En la fotofosforilación cíclica...

a. El complejo citocromo b_6f y la ferredoxina actúan como competidores por los electrones del complejo P680
b. Se produce NADPH
c. Se genera aproximadamente un ATP por cada dos electrones que completan el ciclo
d. El complejo citocromo b_6f bombea protones desde la luz tilacoidal al estroma, permitiendo la síntesis de ATP
e. Se libera O_2

Fase oscura. Ciclo de Calvin

940. ¿Dónde se produce la fase oscura de la fotosíntesis?

a. en la luz tilacoidal
b. en la membrana tilacoidal
c. en el estroma
d. en la membrana interna del cloroplasto
e. en la membrana externa del cloroplasto

941. ¿Cuál de las siguientes frases resume el papel biológico de la fase oscura de la fotosíntesis?

a. proteger la clorofila, reponiendo sus electrones, tras el intenso desgaste de la fase lumínica
b. fijar el CO_2 atmosférico en forma de azúcares, empleando el poder reductor (NADPH) y la energía (ATP) obtenida en la fase lumínica
c. generar ATP a partir de los protones procedentes del NADPH generado en la fase lumínica
d. obtener electrones procedentes del H_2O para generar ATP y poder reductor que sea empleado en la biosíntesis de glúcidos
e. favorecer la extracción de agua del subsuelo, para que sea evapotranspirada, al tiempo que ayuda a repartir los nutrientes por toda la planta

942. Las reacciones de la fase oscura de la fotosíntesis...

a. pueden producirse sin luz, pero se aceleran en presencia de luz
b. implican la adición cíclica de moléculas de CO_2 al ciclo de Calvin
c. utilizan la energía química (ATP) generada en la membrana tilacoidal en presencia de luz
d. b y c son ciertas
e. todas son ciertas

943. El aceptor inicial del CO_2 en el ciclo de Calvin es la ribulosa-1,5-bisP. ¿A qué carbono de esta molécula se une inicialmente el CO_2?

a. 1
b. 2
c. 3
d. 4
e. 5

944. Al incorporarse al ciclo de Calvin, el CO_2 se une a la ribulosa-1,5-bisP formando un intermediario de seis carbonos llamado 2-carboxi-3-ceto-D-arabinitol-1,5-bisfosfato. Este intermediario es después hidrolizado y da lugar a dos moléculas de tres carbonos, en una de las cuales queda el carbono recién incorporado al ciclo. ¿De qué moléculas se trata?

a. 2 moléculas de 3-fosfoglicerato
b. 3-fosfoglicerato y 1,3-bisfosfoglicerato
c. gliceraldehído-3-fosfato y dihidroxiacetona fosfato
d. piruvato y dihidroxiacetona fosfato
e. gliceraldehído-3-fosfato y 1,3-bisfosfoglicerato

945. ¿Cuántas moléculas de ATP se consumen para que 1 molécula de CO_2 quede incorporada en una molécula de 3-fosfoglicerato del ciclo de Calvin?

a. ninguna
b. 1
c. 2
d. 3
e. 4

946. En el ciclo de Calvin entran 6 moléculas de CO_2 por cada molécula de glucosa producida. Para está síntesis es necesario el consumo de energía química (ATP) y la oxidación de NADPH. ¿Cuántos ATPs y cuántos NADPHs son necesarios para fabricar una glucosa?

a. 6 ATPs y 3 NADPHs
b. 6 ATPs y 6 NADPHs
c. 12 ATPs y 6 NADPHs
d. 6 ATPs y 12 NADPHs
e. 12 ATPs y 12 NADPHs

947. La ribulosa-1,5-bisfosfato oxidasa (rubisco)...

a. se estimula por un aumento de pH
b. se estimula por un incremento en la $[CO_2]$
c. se inhibe por un incremento de la $[Mg^{2+}]$
d. a y b son correctas
e. todas son correctas

948. Al incorporarse al ciclo de Calvin, el CO_2 se une a la ribulosa-1,5-bisP formando un intermediario de seis carbonos llamado 2-carboxi-3-ceto-D-arabinitol-1,5-bisfosfato. Este intermediario es después hidrolizado y da lugar a dos moléculas de tres carbonos, en una de las cuales queda el carbono recién incorporado al ciclo. ¿Qué enzima cataliza esta reacción?

    a. ribulosa-1,5-bisP carboxilasa-oxidasa
    b. citoctomo b_6f
    c. ribulosa-1,5-bisP deshidrogenasa
    d. ribulosa-1-P carboxiquinasa
    e. ribulosa-5-P carboxiquinasa

949. ¿Cuántas moléculas de NADPH se reducen a $NADP^+$ para que una molécula de CO_2 quede incorporada en una molécula de 3-fosfoglicerato del ciclo de Calvin?

    a. ninguna
    b. 1
    c. 2
    d. 3
    e. 4

Fotorrespiración y ciclo C_4

950. ¿Cuándo se activa preferentemente la actividad oxigenasa de la Rubisco?

a. en condiciones de baja $[O_2]$ y alta $[CO_2]$
b. en condiciones de alta $[O_2]$ y baja $[CO_2]$
c. en condiciones de alta [glioxilato]
d. en condiciones de baja [ribulosa-1,5-bisP]
e. en condiciones de alta [3-fosfoglicerato]

951. La fotorrespiración...
a. se activa al disminuir la $[CO_2]$
b. se inhibe por la luz solar
c. se inhibe por el incremento de la temperatura
d. a y c son correctas
e. todas son correctas

952. La activación de la fotorrespiración provoca la producción de dos intermediarios a nivel del cloroplasto. ¿Cuáles son?
a. 3-fosfoglicerato y fosfoglicolato
b. ribulosa-1,5-bisP y peróxido de hidrógeno
c. ribulosa-1,5-bisP y lactato
d. glicina y serina
e. glicina y glioxilato

953. El fosfoglicolato producido en algunas etapas de la fotorrespiración...

a. es conducido a las mitocondrias, donde se transforma en oxalacetato y se incorpora al ciclo de Krebs
b. sale al citosol, donde es transformado en fosfoenolpiruvato, que se incorpora mayoritariamente a la piruvato deshidrogenasa y ciclo de Krebs
c. es desfosforilado a glicolato y reducido a glicina, que entra en diferentes rutas de biosíntesis de aminoácidos
d. se desfosforila a glicolato, que pasa a los peroxisomas y se transforma en peróxido de hidrógeno y glioxilato. El peróxido es destruido por la catalasa y el glioxilato es transformado en glicina
e. se lleva a las mitocondrias, donde mediante un complejo multienzimático tiene lugar la unión de dos fosfoglicolatos para formar una serina, con pérdida de CO_2 y NH_3

954. Las plantas C$_4$...

a. realizan la fotosíntesis sin fotolisis del agua

b. incorporan los intermediarios de 4 carbonos del ciclo de Calvin al ciclo de Krebs en forma mayoritariamente de oxalacetato

c. tienen una ruta fotosintética adicional que permite un mejor aprovechamiento del CO_2 producido en la fotorrespiración

d. no hacen fotorrespiración

e. incorporan el CO_2 a aminoácidos de cadena corta para fabricar aminoácidos complejos

955. ¿Cuál de las siguientes afirmaciones es FALSA?

a. las plantas C$_4$ reducen las pérdidas debidas a la fotorrespiración mediante una ruta complementaria al ciclo de Calvin

b. la fosfoenolpiruvato carboxilasa, de las plantas C$_4$, tiene una afinidad por el CO_2 mayor que la rubisco

c. en las plantas C$_4$, las células más internas (células de funda de haz) realizan el ciclo de Calvin con el CO_2 que les proporcionan las células mesófilas, más cercanas a la superficie de la hoja

d. en las plantas C$_4$, en las células mesófilas, el CO_2 se adiciona al fosfoenolpiruvato, formando oxalacetato que, posteriormente, se convierte en malato, pasando a las células de funda de haz

e. la fosfoenolpiruvato carboxilasa de las plantas C$_4$, al igual que la rubisco, tiene una actividad oxigenasa que se activa a concentraciones bajas de CO_2

956. La siguiente figura representa el ciclo de las plantas C₄. ¿Qué compuestos representan las letras A, B C y D?

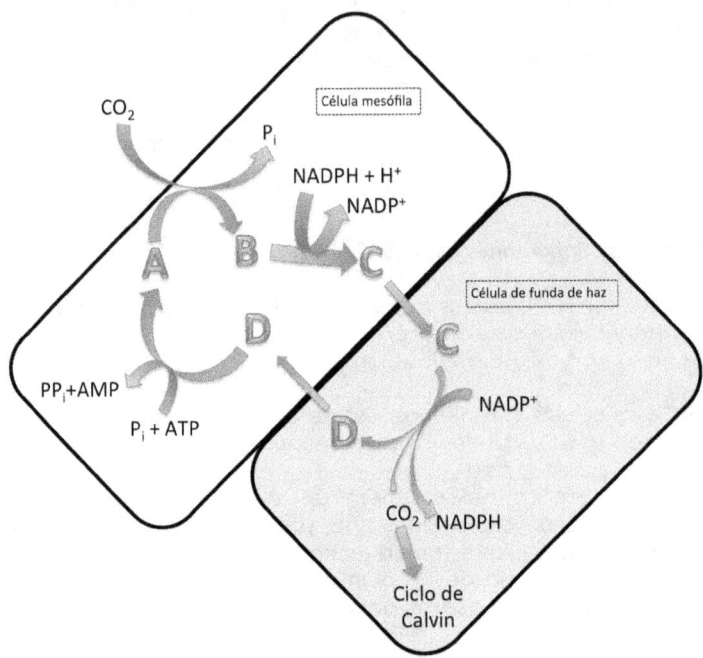

a. A=piruvato; B=fosfoenolpiruvato; C=lactato; D=citrato
b. A=ribulosa-1,5-bisP; B=3-fosfoglicerato; C=piruvato; D=malato
c. A=fosfoenolpiruvato; B=oxalacetato; C=malato; D=piruvato
d. A=malato; B=piruvato; C=fosfoenolpiruvato; D=oxalacetato
e. A=dihidroxiacetona fosfato; B=piruvato; C=acetilCoA; D=ATP

Cuestiones sobre prácticas habituales en materias de bioquímica general

957. La Ley de Lambert-Beer relaciona la absorbancia de una disolución con la concentración de una determinada sustancia. Se enuncia como...

$$\log I_0/I = \varepsilon \cdot c \cdot l$$

donde I_0 es la intensidad de la luz incidente, I es la intensidad de la luz transmitida, ε es el coeficiente de absorción molar, c la concentración de la sustancia y l la anchura de la cubeta en la que se introduce la muestra (el paso óptico).

a. negativa, cátodo, positiva, ánodo
b. negativa, ánodo, positiva, cátodo
c. neta, cátodo, negativa, ánodo
d. neutra, nátodo, positiva, ánodo
e. neutra, nátodo, negativa, cátodo

958. ¿Cuál de las siguientes afirmaciones sobre espectrofotometría es FALSA?

a. la absorbancia es una medida de la cantidad de luz que atraviesa la disolución
b. la Ley de Lambert-Beer sólo puede aplicarse si asumimos que las partículas de soluto se orientan al azar
c. la Ley de Lambert-Beer sólo puede aplicarse si asumimos que la luz incidente es monocromática
d. el coeficiente de extinción molar varía con la naturaleza del soluto
e. el coeficiente de extinción molar varía con la naturaleza del disolvente

959. La disolución de conservación, en la que ha de estar sumergido el electrodo del pHmetro en reposo tiene un pH de...

a. 1
b. 3
c. 5
d. 7
e. 9

960. ¿Cuál de las siguientes afirmaciones es FALSA?

a. al añadir progresivamente sal (por ejemplo, sulfato amónico) a una disolución de proteínas, aumenta la solubilidad de las proteínas hasta alcanzar un máximo de solubilidad, si se añade más sal desde ese punto, las proteínas empiezan a precipitar
b. el colorante azul Coomassie (principal agente activo del reactivo de Bradford) colorea disoluciones de proteínas uniéndose preferentemente a aminoácidos básicos (especialmente la arginina) y aromáticos
c. En una electroforésis, las partículas cargadas positivamente se desplazarán hacia el ánodo y las cargadas negativamente hacia el cátodo.
d. En una electroforesis, las partículas más grandes se moverán más despacio que las más pequeñas, considerando que el signo y magnitud de la carga eléctrica es la misma para ambas.
e. En la 'fabricación' de un gel de poliacrilamida, la polimerización de la acrilamida y la bis-acrilamida es promovida por el persulfato amónico y estabilizada por la TEMED.

961. El SDS...

a. es un detergente que se emplea en la separación de proteínas con geles de poliacrilamida
b. está cargado negativamente
c. se une a las proteínas de una forma más o menos proporcional con la masa de éstas. Aproximadamente, en condiciones de saturación, se une 1,4 g de SDS por cada g de proteína
d. b y c son correctas
e. todas son correctas

962. Al aplicar una corriente eléctrica a una disolución, las moleculas de soluto con carga eléctrica _____ migran hacia el _____, y las que tienen carga _____ migran hacia el cátodo.

a. negativa, cátodo, positiva, ánodo
b. negativa, ánodo, positiva, cátodo
c. neta, cátodo, negativa, ánodo
d. neutra, nátodo, positiva, ánodo
e. neutra, nátodo, negativa, cátodo

315 preguntas tipo test de bioquímica para universitarios

963. La movilidad electroforética (μ) de una partícula es...

a. el cociente entre la carga de la partícula y su coeficiente de fricción
b. el cociente enre la carga de la partícula y el campo eléctrico
c. el cociente entre la velocidad de la partícula y el campo eléctrico
d. el producto entre la carga y la velocidad de la partícula
e. b y c son correctas

964. El coeficiente de sedimentación se mide en...

a. Newton / s^2
b. Svedberg
c. watios / s
d. Siemens
e. m / s

965. Cualquier partícula, al girar en trayectoria circular está sujeta a una fuerza centrífuga. La magnitud de esta fuerza...

a. es mayor cuanto mayor sea su distancia al centro de la circunferencia
b. es mayor cuanto menor sea la velocidad angular del movimiento
c. es mayor cuanto mayor sea la densidad de la disolución en que se haya suspendida
d. es mayor cuanto mayor sea el volumen específico de la partícula
e. a y d son correctas

966. El factor de flotación se calcula como...

a. la inversa del producto entre el volumen específico de la partícula y la densidad de la disolución
b. la diferencia entre el volumen específico de la partícula y la densidad de la disolución
c. el cociente entre el volumen específico de la partícula y la densidad de la disolución
d. el cociente entre la densidad de la disolución y el volumen específico de la partícula
e. la diferencia entre 1 y el producto entre el volumen específico de la partícula y la densidad de la disolución

967. En un proceso de centrifugación...

a. si la densidad de una partícula es igual a la densidad de la disolución, la fuerza centrífuga sobre la partícula y, por tanto, su velocidad de sedimentación, serán máximas

b. si la densidad de una partícula es igual a la densidad de la disolución, la fuerza centrífuga sobre la partícula serán nula y, por tanto, no sedimentará

c. si la densidad de una partícula es igual a la densidad de la disolución, el factor de flotación de la partícula será cero

d. b y c son correctas

e. a y c son correctas

968. El factor de flotación se calcula como...

a. el producto entre la densidad de la partícula y la densidad de la disolución

b. el cociente entre la densidad de la partícula y la densidad de la disolución

c. 1 menos el cociente entre la densidad de la partícula y la densidad de la disolución

d. 1 menos el cociente entre la densidad de la disolución y la densidad de la partícula

d. 1 menos el producto entre la densidad de la disolución y la densidad de la partícula

969. El coeficiente de sedimentación de una determinada partícula se calcula como...

a. el cociente entre la velocidad de la partícula y la intensidad del campo centrífugo, que es el producto del radio por el cuadrado de la velocidad angular

b. el cociente entre el coeficiente de fricción y el producto del factor de flotación por la masa de la partícula

c. el inverso del cociente indicado en la opción b

d. a y b son correctas

e. a y c son correctas

970. La unidad estándar para medir el coeficiente de sedimentación es el Svedberg (S). Un S equivale a...

a. 10^{-10} s

b. 10^{-11} s

c. 10^{-12} s

d. 10^{-13} s

e. 10^{-14} s

971. Realizamos una cromatografía de intercambio iónico, empleando para la columna (fase fija) una resina aniónica. Como fase eluyente, empleamos una disolución salina de concentración creciente (la [Na+] es baja en las primeras fracciones y aumenta progresivamente hacia las fracciones finales.

Al recoger las fracciones de la fase eluyente, obtenemos las siguientes concentraciones de las moléculas A, B y C.

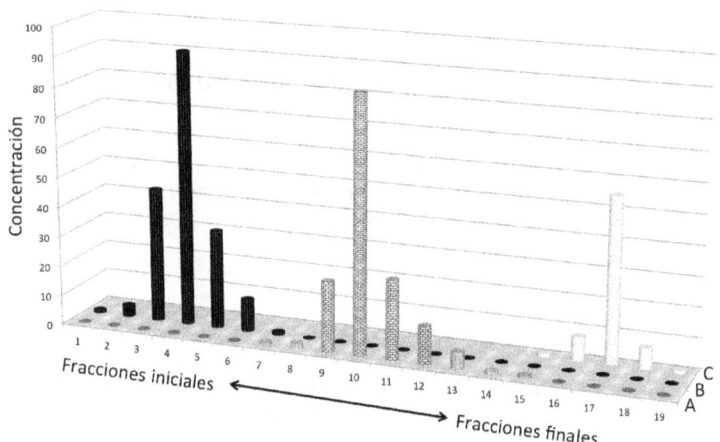

Si sabemos que una de las moléculas está cargada negativamente, otra tiene una carga positiva muy débil y otra tiene una carga positiva muy fuerte. ¿Cuál será a la vista de los resultados cada una de estas moléculas?

a. A=negativa; B=débilmente positiva; C=positiva
b. A=positiva; B=débilmente positiva; C=negativa
c. A= débilmente positiva; B=negativa; C=positiva
d. A=débilmente positiva; B=positiva; C=negativa
e. A=positiva; B=negativa; C=débilemente positiva

972. Las proteínas tienen un máximo de absorbancia a una longitud de onda de 270-290 nm. Éste es debido a la absorción producida por...

a. las cadenas laterales de fenilalanina, tirosina y triptófano
b. las cadenas laterales de ácido glutámico y ácido aspártico
c. las cadenas laterales de valina, isoleucina, leucina y alanina
d. las cadenas laterales de lisina y arginina
e. los enlaces de la cadena polipeptídica principal

973. Las proteínas tienen un máximo de absorbancia a una longitud de onda de 180-220 nm. Éste es debido a la absorción producida por...

a. las cadenas laterales de fenilalanina, tirosina y triptófano
b. las cadenas laterales de ácido glutámico y ácido aspártico
c. las cadenas laterales de valina, isoleucina, leucina y alanina
d. las cadenas laterales de lisina y arginina
e. los enlaces de la cadena polipeptídica principal

974. El coeficiente de extinción para una determinada proteína a 200 nm de longitud de onda...

a. ...varía en función de la conformación de la proteína
b. ...varía en función del número de aminoácidos que tenga la proteína
c. ...varía en función de la naturaleza de los aminoácidos que constituyen la proteína
d. a, b y c son correctas
e. b y c son correcta, a es falsa

975. El siguiente esquema representa el funcionamiento de un espectrofotómetro convencional.

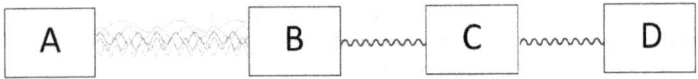

Las letras A, B, C y D corresponden a...

a. A = fuente emisora de luz; B = detector; C = cubeta con la muestra; D = monocromador
b. A = cubeta con la muestra; B = detector; C = monocromador; D = fuente emisora de luz
c. A = monocromador; B = fuente emisora de luz; C = cubeta con la muestra; D = detector
d. A = fuente emisora de luz; B = cubeta con la muestra; C = monocromador; D = detector
e. A = fuente emisora de luz; B = monocromador; C = cubeta con la muestra; D = detector

976. La función del monocromador es...

a. conseguir que la radiación que incide en la muestra sea de una intensidad constante
b. conseguir que la radiación que llega a la muestra sea de una intensidad superior a la que sale de la fuente de luz
c. conseguir que la radiación que llega a la muestra sea de una intensidad inferior a la que sale de la fuente de luz
d. conseguir que la radiación que llega a la muestra esté en un rango muy reducido de longitudes de onda, respecto a la que sale de la fuente de luz
e. conseguir que la radiación inferior a 200 nm de longitud de onda no llegue a la muestra

977. El funcionamiento de un espectrofotómetro viene especificado por el siguiente esquema.

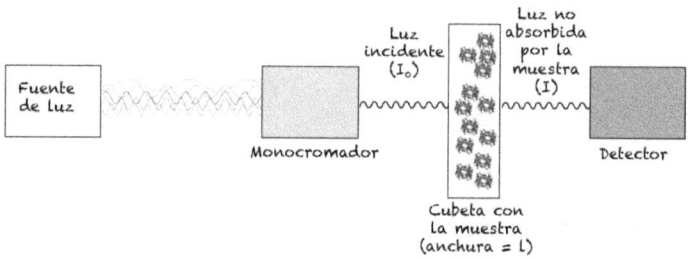

La intensidad de la radiación incidente es I_0, la intensidad de la radiación no absorbida por la muestra es I, la longitud de onda de la radiación incidente es λ. De este modo, la absorbancia para una determinada λ viene dada por la ecuación...

a. $A = \log (I_0/I)$
b. $A = \ln (I_0/I)$
c. $A = \log (I/I_0)$
d. $A = \ln (I/I_0)$
e. $A = \log (I_0 - I)$

978. El NADH absorbe con bastante intensidad a cierta longitud de onda, en la que el NAD+ absorbe muy poco, lo que ofrece la posibilidad de emplear esa longitud de onda para medir el desarrollo de reacciones redox en las que participe esta pareja de coenzimas. ¿Cuál es esta longitud de onda?

a. 340 nm
b. 380 nm
c. 420 nm
d. 460 nm
e. 500 nm

979. La absorbancia se puede relacionar con la concentración (C) de una determinada proteína mediante la Ley de Lambert-Beer. Si consideramos I_0 e I como las intensidades de la radiación incidente y saliente, respectivamente, y ε es el coeficiente de extinción molar para una determinada longitud de onda, la ley de Lambert-Beer relaciona absorbancia y concentración mediate la ecuación siguiente:

a. $A = \varepsilon \cdot C$
b. $A = (I_0/I) \cdot \varepsilon \cdot C$
c. $A = \log (I_0/I) \cdot (\varepsilon / C)$
d. $A = (I_0 \cdot \varepsilon) - (I \cdot C)$
e. $A = \varepsilon / C$

980. ¿Cuál de las siguientes afirmaciones es FALSA?

a. el hidrógeno tiene un isótopo estable ($^2H_1$ o deuterio) y un isótopo radiactivo ($^3H_1$ o tritio)
b. la incorporación de un isótopo estable, generalmente, supone un aumento en el peso molecular del compuesto al que se incorpora
c. el ^{15}N es un isótopo estable (no radiactivo) del nitrógeno
d. el ^{131}I es un isótopo radiactivo del yodo que emite radiación γ
e. un rayo β es un fotón emitido con alta energía

981. La unidad de desintegración radiactiva es...

a. el curio (Ci)
b. el bequerelio (Bq)
c. el wattio (W)
d. el einstenio (En)
e. el joule $\cdot$ mol^{-1}

982. Para una muestra con 0,6 μCi de radiactividad, ¿qué medida en cuentas por minuto (cpm) daría un contador que tenga una eficiencia del 25%? (1 Ci = 2,22·10^{12} desintegraciones por minuto)

- a. 1,33 cpm
- b. 1,33·10^6 cpm
- c. 0,33·10^{12} cpm
- d. 0,33·10^6 cpm
- e. 0,66·10^{12} cpm

983. ¿Cuál de las siguientes expresiones corresponde a la ley de desintegración radiactiva y, por tanto, permite calcular la cantidad de un determinado isótopo que quedará transcurrido un tiempo de desintegración? N_0 es el número de átomos radiactivos de un determinado isótopo que hay a tiempo 0, t es el tiempo y γ es la constante de desintegración radiactiva para este isótopo en particular.

$$A \quad N = N_0 t e^{\gamma/2}$$

$$B \quad N = N_0 e^{-\gamma t}$$

$$C \quad N = N_0 (e^{\gamma/2t})/2$$

$$D \quad N = N_0 t e^{-\gamma}$$

$$E \quad N = N_0 + N_0 t + ((e^{\gamma/2t})/2)$$

- a. A
- b. B
- c. C
- d. D
- e. E

984. Un curio se define como...

- a. la cantidad de radiactividad equivalente a la existente en 1 kg de radio
- b. la cantidad de radiactividad equivalente a la existente en 1 g de radio
- c. la cantidad de radiactividad equivalente a la existente en 1 kg de uranio
- d. la cantidad de radiactividad equivalente a 1000 desintegraciones por minuto
- e. la cantidad de radiactividad equivalente a 1 desintegración por minuto

Aspectos históricos

985. Desde la Antigüedad, se pensaba que el agua era un elemento químico, fue en 1781 cuando se descubrió que se trataba de una sustancia compuesta y no un elemento. ¿Quién fue el autor de este descubrimiento?

    a. Antoine-Laurent de Lavoisier
    b. James Watt
    c. Isaac Newton
    d. Claude Bernard
    e. Henry Cavendish

986. ¿Cuál de estas afirmaciones sobre la mioglobina es correcta?

    a. fue descrita por primera vez a mediados de siglo XX
    b. fue purificada por primera vez en 1958, por John Kendrew
    c. su estructura tridimensional fue resuelta mediante estructura de rayos X en 1958, por Max Perutz
    d. el descubrimiento de su estructura tridimensional mereció el premio Nobel de química en 1962
    e. su estructura tridimensional fue descrita tan sólo un año después que la de la hemoglobina

987. El modelo de la estructura tridimensional del ADN, en forma de doble hélice dextrógira, fue enunciado por primera vez por...

    a. Lavoisier en el siglo XIX
    b. Watson y Crick en 1953
    c. Stanley Miller en 1953
    d. Jacob Schleiden en 1918
    e. Santiago Ramón y Cajal en 1906

988. Los investigadores Robert Emerson y William Arnold realizaron en la década de 1930 numerosos experimentos con algas del género *Chlorella*, llegando a un importante descubrimiento relativo a la fotosíntesis. ¿De qué se trataba?

 a. vieron que aunque esta alga actuara con máxima eficacia, tan sólo producía una molécula de O_2 por cada ~2500 moléculas de clorofila presentes, estableciendo los primeros indicios del sistema de transmisión de la resonancia en los fotosistemas.
 b. observaron que, además de la clorofila a, otros pigmentos como la ficoeritrina o la ficocianina estaban presentes en estas algas y se excitaban con luz visible
 c. observaron que la relación entre el CO_2 consumido y el O_2 producido era menor de la unidad (alrededor de 0.8), aportando los primeros indicios de que cierta cantidad de oxígeno del CO_2 acaba convirtiéndose en H_2O, como se verificaría unos años más tarde mediante marcaje isotópico
 d. establecieron que alrededor del 40% de la energía solar absorbida servía para excitar pigmentos distintos de la clorofila (ficoeritrina y ficocianina), cuya excitación no redundaba en una fijación neta de carbono
 e. observaron que si alimentaban a las algas con CO_2 marcado isotópicamente, la mayor parte de los átomos de oxígeno de dicho gas quedaban finalmente incorporados en la glucosa de la planta y no en el O_2 desprendido

989. Rosalynd Franklin...

 a. realizó los primeros ensayos mediante electroforesis que permitieron conocer la composición proteica de la sangre humana
 b. colaboró con Stanley Miller y Joan Oró en la determinación de las condiciones necesarias para que pudiese generarse materia orgánica a partir de inorgánica mediante descargas termoeléctricas
 c. puso a punto la técnica de PCR para amplificación de secuencias de ADN mediante la acción de la polimerasa Taq
 d. destacó por sus estudios sobre la modulación alostérica de la hemoglobina por 2,3-bisfosfoglicerato
 e. obtuvo la llamada 'fotografía 51', una imagen de difracción de rayos X realizada sobre cristales con ADN, que sirvió de fundamento para que Watson y Crick enunciaran en 1953 su hipótesis sobre la estructura tridimensional del ADN

990. En 1804 dos científicos demostraron que el agua estaba compuesta por dos volúmenes de hidrógeno y uno de oxígeno. ¿De quienes se trata?

    a. Antoine-Laurent de Lavoisier y Henry Cavendish
    b. Joseph Louis Gauy-Lussac y Alexander von Humboldt
    c. Isaac Newton y Robert Hooke
    d. Henry Moseley y Dmtri Mendeleiev
    e. Stephen Boltzmman y Jaques Dobbereiner

991. El conocimiento de la excitabilidad de las células nerviosas, mediante los potenciales de acción, la transmisión del impulso eléctrico, etc. se empezó a desarrollar gracias a unos estudios pioneros muy elaborados que empleaban como material _____, en los que introducían electrodos para registrar excitabilidades, etc.

    a. axones de neuronas de pez espada
    b. axones de neuronas de *Drosophila*
    c. axones de neuronas de turbelarios
    d. axones de neuronas de comadreja
    e. axones de neuronas de calamar

992. El modelo del mosaico fluido sobre las membranas biológicas fue propuesto en 1972 por...

    a. S.J. Singer y G.L. Nicholson
    b. S. Miller y J. Oró
    c. P. Mitchell
    d. J. Watson y F. Crick
    e. F. Burlington y M. Perutz

993. Louis Pasteur observó un comportamiento en la vía glucolítica que hoy se conoce por 'efecto Pasteur' ¿De qué se trata?

    a. La glucolisis se detenía en presencia de ácidos fuertes
    b. A medida que las levaduras que están degradando glucosa son sometidas a concentraciones crecientes de etanol, derivan la ruta glucolítica hacia la producción de lactato
    c. La tasa glucolítica es mucho mayor en levaduras que simultáneamente son alimentadas con ácidos grasos
    d. La adición de etanol a un cultivo de levaduras provoca una acumulación de piruvato y detiene la vía glucolítica
    e. La tasa de la glucólisis se reduce drásticamente al exponer un cultivo de lavaduras al aire

994. Fritz Lipmann recibió el premio Nobel junto con Hans Krebs en la primera mitad del siglo XX. A Krebs se lo dieron por descubrir que los compuestos orgánicos se degradaban en una ruta cíclica. ¿Cuál fue el descubrimiento más conocido de Fritz Lipmann?

   a. la coenzima A
   b. el ciclo de los ácidos tricarboxílicos
   c. el ciclo del ácido cítrico
   d. b y c
   e. la degradación anaeróbica del piruvato en lactato

995. En los experimentos de Hans Krebs con tejido muscular de paloma, ¿qué efectos se observaban al añadir citrato a dicho tejido?

   a. un aumento de la oxidación del piruvato directamente proporcional a la cantidad de citrato añadida
   b. una reducción del consumo de O_2 directamente proporcional a la cantidad de citrato añadida
   c. una reducción de la oxidación del piruvato directamente proporcional a la cantidad de citrato añadida
   d. un aumento del consumo de O_2 directamente proporcional a la cantidad de citrato añadida
   e. un aumento del consumo de O_2 directamente desproporcionadamente elevado en comparación con la cantidad de citrato añadida

996. En el estudio de las vitaminas, son conocidos los trabajos de un bioquímico polaco llamado Casimir Funk. ¿Cuál de las siguientes es una aportación suya?

   a. Observó que algunas enfermedades como el beriberi, la pelagra, el raquitismo y el escorbuto se debían a la carencia alimentaria de una sustancia que él denominó vitamina ('amina de la vida'), llevando esto a la denominación 'vitamina' para dichas sustancias.
   b. Descubrió el papel del ácido fólico en la prevención de la espina bífida.
   c. Indicó que la acumulación de ácidos tricarboxílicos en células que realizaban glucólisis aerobia era muy superior en presencia de pirofosfato tiamina (TPP), estableciendo por primera vez el papel de esta coenzima en el metabolismo de azúcares.
   d. Describió la importancia del ácido retinoico en procesos de regeneración celular.
   e. Descubrió que la enzima L-gulonolactona oxidasa (esencial en la síntesis de vitamina C), presente en numerosos animales, no era funcional en los seres humanos. Ello explicaba por qué esta vitamina tiene carácter esencial para las personas mientras no es necesario que esté en la dieta de numerosos mamíferos domésticos, hecho que se conocía desde antiguo.

997. Las reacciones de Hill (Robert Hill, Universidad de Cambridge, 1939) demostraron que...

a. los fotones recibidos por un sistema fotosintético son transmitidos entre las moléculas de clorofila hasta llegar a unos lugares denominados 'centros de reacción'

b. los cloroplastos, iluminados con luz visible, son capaces de oxidar el agua a O_2 sin que intervenga el CO_2

c. al alimentar un cultivo de algas verdes con CO_2 y óxido ferroso (Fe^{2+}), el hierro se oxida a Fe^{3+} y el CO_2 se incorpora a moléculas de 5 carbonos

d. al alimentar un cultivo de algas verdes con CO_2 en presencia de luz visible, se produce un gas reactivo denominado oxígeno

e. al alimentar un cultivo de algas verdes con CO_2 y ácido sulfhídrico (H_2S), el azufre se oxida (formando SO_2) y el CO_2 se reduce incorporándose a moléculas de 6 carbonos (no identificadas entonces, pero que resultaron ser glucosa mayoritariamente)

998. A principios de siglo XX (1904) una serie de completos experimentos realizados por un químico alemán, empleando la sustitución metilo→fenilo como trazador metabólico y adelantándose de este modo a la aparición de los trazadores de naturaleza radiactiva, permitieron dilucidar la naturaleza de la ruta de degradación de ácidos grasos en células eucariotas ¿Quién era este químico?

a. Lothar Andgewante
b. Franz Knoop
c. Feodor Lynen
d. Adouls Diels-Alder
e. Frederick Wittig

327

999. Von Mering y Minkowski fueron dos médicos de la segunda mitad del siglo XIX a quienes se les atribuye un importante descubrimiento relacionado con el metabolismo. ¿De qué se trata?

a. demostraron que la disfunción del pancreas estaba relacionada con la generación de diabetes
b. aislaron el ATP como mediador de la mayoría de transacciones de energía química en el cuerpo
c. demostraron que el grupo hemo se degradaba en el hígado generando bilirrubina
d. probaron que la fosfofructoquinasa-I era un importante punto de control del flujo glucolítico
e. describieron que la ribosa-5-P, proveniente de la vía de las pentosas fosfato, era el principal precursor de la biosíntesis endógena de purinas

1000. En el año 1806, los químicos franceses Louis-Nicolas Vauquelin y Pierre Jean Robiquet, aislaron de una planta el primer aminoácido conocido. ¿De qué aminoácido se trata?

a. asparagina
b. glicina
c. alanina
d. fenilalanina
e. treonina

Bibliografía de referencia

La colección de preguntas *tipo test* presentada proviene de realizar un repaso exhaustivo de las siguientes obras de referencia en Bioquímica General y Bioquímica Médica

Baynes, J. W. y Dominiczak M. H. (2006) "Bioquímica Médica" 2ª Edición. Ed. Elsevier-Mosby.

Champe, P. C. (2008) "Bioquímica" 4ªEdición. Ed. LWW España.

Devlin, T. M. (2004). "Bioquímica. Un texto con aplicaciones clínicas." 4ª edición. Ed. Reverte.

Feduchi Canosa, E. y otros **(2010) "Bioquímica: conceptos esenciales"** Ed. Médica Panamericana

Hicks, J.J. (2007) "Bioquímica" 2ª edición. Ed. McGraw-Hill

Koolman, J. y Rohn, KH (2012) "Bioquímica humana: texto y atlas" 4ª edición. Ed. Médica Panamericana

Manzoul, S. M. (2011) "Bioquímica" 1ªedición. Ed. Manual Moderno

McKee, T. y McKee J. R. (2003) "Bioquímica. La base molecular de la vida" 3ª edición. Ed. McGraw-Hill

Mathews, C.K., Van Holde, K.E. y Ahern KG (2002) "Bioquímica" 3ª edición. Ed. Addison Wesley/Pearson Education. Madrid.

Murray, R.K. (2010) "Harper. Bioquímica ilustrada" 28ª edición. Ed. McGraw-Hill-Interamericana

Nelson, D.L. y Cox, M.M. (2009) "Lehninger Principios de Bioquímica" 5ª edición. Ed. Omega.

Pratt, C.W, Voet, J. G. y Voet, D. "Fundamentos de bioquímica" 2ª edición. Ed. Médica Panamericana

Stryer & Berg (2007) "Bioquímica" 6ª edición. Ed. Reverté.

Respuestas correctas

1d	44d	87e	130e	173a	216a	259b	302b
2c	45c	88b	131e	174a	217d	260a	303a
3d	46a	89a	132a	175b	218c	261e	304e
4e	47a	90d	133d	176e	219e	262c	305a
5d	48c	91b	134e	177d	220e	263a	306a
6c	49b	92e	135b	178d	221e	264a	307d
7a	50a	93d	136d	179b	222b	265b	308b
8b	51d	94e	137b	180a	223a	266e	309d
9c	52e	95b	138e	181a	224c	267d	310e
10b	53c	96c	139d	182b	225e	268a	311d
11b	54e	97c	140c	183d	226c	269b	312a
12a	55b	98d	141c	184c	227e	270a	313d
13a	56d	99c	142d	185b	228a	271c	314d
14c	57e	100a	143d	186c	229a	272d	315b
15a	58d	101d	144c	187e	230a	273b	316e
16e	59a	102c	145e	188d	231c	274b	317b
17e	60e	103e	146e	189a	232d	275b	318b
18b	61d	104a	147b	190c	233c	276a	319b
19b	62b	105c	148d	191a	234d	277e	320b
20d	63b	106c	149b	192d	235b	278c	321d
21d	64d	107a	150d	193e	236c	279d	322a
22a	65d	108a	151a	194b	237e	280c	323a
23e	66b	109c	152d	195a	238e	281a	324e
24a	67d	110b	153e	196d	239c	282b	325b
25e	68d	111a	154d	197a	240d	283e	326c
26a	69b	112b	155b	198a	241e	284d	327a
27c	70e	113b	156d	199d	242a	285d	328b
28b	71e	114e	157b	200e	243b	286a	329b
29a	72d	115c	158d	201d	244e	287d	330c
30a	73e	116a	159a	202d	245e	288d	331e
31b	74b	117d	160d	203a	246d	289b	332c
32b	75a	118e	161d	204e	247a	290d	333c
33e	76c	119b	162b	205c	248d	291e	334a
34d	77d	120b	163a	206b	249a	292e	335b
35e	78a	121d	164e	207a	250e	293d	336d
36a	79e	122a	165e	208a	251d	294a	337d
37c	80c	123e	166a	209c	252c	295c	338d
38b	81e	124b	167c	210e	253e	296d	339e
39d	82c	125c	168c	211b	254e	297e	340e
40e	83b	126b	169d	212c	255b	298b	341b
41a	84c	127b	170b	213d	256e	299a	342d
42d	85a	128d	171a	214a	257d	300b	343a
43e	86e	129b	172a	215e	258d	301d	344b

345b	392a	439d	486b	533b	580c	627a	674a
346a	393b	440b	487e	534e	581a	628d	675b
347b	394d	441c	488c	535e	582e	629b	676c
348d	395b	442e	489c	536b	583c	630a	677c
349a	396d	443b	490c	537d	584b	631c	678d
350e	397b	444a	491c	538d	585a	632d	679e
351c	398a	445c	492d	539a	586c	633a	680d
352e	399d	446b	493a	540d	587d	634b	681d
353b	400e	447a	494a	541b	588b	635d	682b
354a	401c	448e	495d	542c	589e	636d	683b
355d	402d	449b	496e	543a	590a	637a	684b
356a	403d	450e	497a	544c	591b	638a	685d
357c	404b	451b	498b	545b	592a	639e	686b
358b	405e	452e	499b	546b	593d	640c	687a
359a	406d	453e	500c	547e	594e	641c	688a
360a	407b	454d	501b	548d	595a	642b	689b
361b	408a	455a	502e	549d	596d	643a	690c
362b	409d	456a	503e	550a	597d	644e	691e
363b	410a	457a	504e	551e	598a	645c	692b
364c	411a	458a	505b	552b	599e	646d	693a
365a	412d	459c	506d	553a	600e	647b	694c
366b	413e	460a	507a	554c	601c	648e	695a
367b	414c	461b	508b	555e	602b	649e	696c
368e	415e	462a	509a	556b	603a	650d	697d
369a	416d	463d	510a	557b	604a	651b	698d
370d	417c	464e	511e	558c	605d	652a	699c
371c	418a	465a	512a	559b	606a	653b	700b
372d	419b	466a	513c	560a	607a	654c	701c
373d	420c	467d	514e	561c	608e	655a	702d
374b	421d	468e	515b	562b	609c	656d	703d
375a	422a	469c	516e	563c	610a	657e	704c
376c	423d	470e	517b	564a	611a	658a	705c
377c	424a	471d	518c	565a	612e	659a	706a
378b	425c	472c	519b	566d	613b	660d	707b
379a	426b	473e	520b	567b	614e	661e	708d
380c	427e	474a	521b	568a	615b	662e	709b
381b	428b	475e	522e	569a	616b	663b	710a
382c	429e	476b	523a	570b	617a	664b	711b
383c	430a	477d	524e	571c	618e	665a	712d
384c	431d	478e	525d	572b	619b	666c	713e
385d	432e	479a	526d	573b	620e	667a	714d
386b	433e	480d	527e	574b	621e	668a	715a
387e	434a	481d	528c	575c	622e	669b	716e
388a	435b	482d	529c	576e	623b	670d	717c
389a	436c	483e	530e	577e	624a	671c	718e
390e	437c	484a	531b	578d	625d	672a	719b
391d	438c	485a	532e	579d	626b	673e	720b

721e	756c	791e	826a	861e	896e	931b	966e
722b	757c	792b	827e	862e	897e	932d	967d
723b	758a	793d	828d	863a	898c	933a	968d
724d	759a	794a	829e	864b	899c	934b	969d
725c	760b	795d	830e	865d	900b	935e	970d
726b	761d	796a	831c	866e	901a	936e	971c
727b	762a	797a	832e	867e	902c	937a	972a
728c	763b	798a	833d	868c	903a	938d	973e
729e	764b	799c	834d	869e	904b	939c	974d
730e	765c	800a	835a	870a	905c	940c	975e
731a	766b	801a	836c	871d	906a	941b	976d
732b	767d	802a	837b	872a	907a	942e	977a
733b	768d	803d	838e	873d	908e	943b	978a
734b	769d	804c	839a	874a	909e	944a	979e
735a	770b	805a	840d	875c	910c	945c	980e
736e	771e	806c	841e	876e	911c	946e	981a
737e	772b	807a	842c	877e	912e	947d	982d
738c	773b	808e	843a	878c	913b	948a	983b
739a	774b	809b	844e	879b	914b	949c	984b
740a	775a	810e	845d	880e	915c	950b	985e
741e	776d	811d	846d	881e	916e	951a	986d
742c	777e	812e	847b	882a	917b	952a	987b
743b	778c	813e	848a	883a	918c	953d	988a
744a	779b	814b	849c	884a	919b	954c	989e
745e	780b	815e	850b	885e	920e	955e	990b
746a	781b	816a	851c	886a	921d	956c	991e
747a	782a	817c	852b	887b	922a	957b	992a
748d	783b	818d	853a	888c	923c	958a	993e
749a	784c	819e	854a	889d	924b	959b	994a
750a	785a	820b	855b	890b	925a	960c	995e
751e	786a	821a	856e	891a	926e	961e	996a
752b	787d	822a	857b	892e	927b	962b	997b
753d	788e	823c	858a	893b	928a	963e	998b
754e	789c	824e	859e	894d	929e	964b	999a
755d	790e	825a	860a	895e	930c	965a	1000a